U0199861

涂料速查手册

第 2 版

主　编　曾正明
副主编　李伟东

机 械 工 业 出 版 社

本手册是一部综合性的涂料速查工具书。共 12 章，主要内容包括：涂料的基本知识、建筑涂料、底漆及防锈漆、磁漆及电泳漆、船舶及铁路车辆用漆、汽车及自行车用漆、装饰装修用涂料、电工用漆、涂料辅助材料、颜料、涂料中有害物质限量、涂料的选用。书中全面地介绍了各种涂料的规格、性能和用途。

本书可供涂料和涂装行业的工程技术人员及生产、维修、营销、采购、管理人员阅读，也可供大专院校师生参考。

图书在版编目（CIP）数据

涂料速查手册/曾正明主编．—2 版．—北京：机械工业出版社，2018.8
ISBN 978-7-111-60434-1

Ⅰ．①涂…　Ⅱ．①曾…　Ⅲ．①涂料－手册　Ⅳ．①TQ630.7-62

中国版本图书馆 CIP 数据核字（2018）第 156145 号

机械工业出版社（北京市百万庄大街 22 号　邮政编码 100037）
策划编辑：孔　劲　　　责任编辑：孔　劲　王　珑
责任校对：张晓蓉　潘　蕊　封面设计：张　静
责任印制：常天培
北京圣夫亚美印刷有限公司印刷
2018 年 9 月第 2 版第 1 次印刷
140mm×203mm·10.75 印张·2 插页·402 千字
0001—2500 册
标准书号：ISBN 978-7-111-60434-1
定价：39.00 元

凡购本书，如有缺页、倒页、脱页，由本社发行部调换

电话服务　　　　　　　　　　网络服务
服务咨询热线：010-88361066　机工官网：www.cmpbook.com
读者购书热线：010-68326294　机工官博：weibo.com/cmp1952
　　　　　　　010-88379203　金书网：www.golden-book.com
封面无防伪标均为盗版　　教育服务网：www.cmpedu.com

前　言

《涂料速查手册》自 2009 年 3 月面市以来，深受读者的欢迎。涂料与经济建设及人民生活密切相关，其品种规格繁多，性能用途各异，为方便广大读者正确选择和合理使用，我们对《涂料速查手册》进行了修订。

本手册共 12 章，主要内容包括：涂料的基本知识、建筑涂料、底漆及防锈漆、磁漆及电泳漆、船舶及铁路车辆用漆、汽车及自行车用漆、装饰装修用涂料、电工用漆、涂料辅助材料、颜料、涂料中有害物质限量、涂料的选用。书中全面地介绍了各种涂料的规格、性能和用途。

本手册在内容上力求新、准、全，在文字上力求简明扼要，在形式上力求多用表格，以使其尽可能做到实用、可靠及查找方便。因此，本手册具有内容新颖、取材实用、数据准确、使用方便等特点。

本手册可供涂料和涂装行业的工程技术人员及生产、维修、营销、采购、管理人员阅读，也可供大专院校师生参考。

本书由曾正明担任主编，由李伟东担任副主编，参加编写的人员有陈雷、王贵华、胡清寒、付蓉、付宏祥、曾晶、曾鹏、付杰、虞莲莲。由于编者水平有限，书中难免存在错误和不足之处，敬请广大读者批评指正。

编　者

目　录

第一章 涂料的基本知识

涂料是有机涂料的简称，就是我们通常所说的油漆。它是利用各种不同的施工方法，均匀地涂装在物体的表面，再经过干燥形成具有保护、装饰、标志和其他特殊作用的连续固体薄膜的一种有机高分子材料。

涂料的作用主要有以下几个方面。

（1）保护作用

用金属、木材制造的各种设备、车辆和器具长期暴露在大气中，受到水分、日光、气体、微生物的侵蚀后会逐渐损毁，特别是钢铁制品的氧化锈蚀现象最为严重。若使用涂料，则可将金属或木材制品的表面与大气隔离，防止其锈蚀或腐朽，延长其使用寿命。

（2）装饰作用

物件涂上涂料后会在其表面形成不同颜色、不同光泽和不同质感的薄膜，得到多彩多色的外观，起到美化环境、装饰生活的作用。涂料对各种制品的装饰作用是显而易见的，从日常生活中的家具、电冰箱等轻工产品，到古色古香的历史名胜建筑和现代化的高楼大厦，无不需要涂料的装饰和保护。

（3）标志作用

企业使用的有毒和易燃等危险物品可利用涂料的颜色来做标志，以引起人们的注意，避免事故的发生。各种管道、气体钢瓶、电气设备上的启、闭按钮和其他零部件亦可以涂上的不同颜色的涂料作为标志，便于使用人员识别、操作。

（4）特殊作用

如在导线上涂布的绝缘漆，船舶、船坞和声呐等水下设备用的防污涂料，火箭壳体表面的烧蚀材料，卫星内部的温控涂料，信息材料用的磁性涂料，国防军事用的迷彩涂料，医院和食品生产车间用的防霉杀菌涂料，电子工业用的半导体或导电涂料等都充分发挥了涂料的功能作用。

一、涂料的分类
1. 涂料的分类方法

分类方法	分类名称
1. 按主要成膜物质	酯酸漆、硝基漆、过氯乙烯漆、聚酯漆、环氧漆、聚氨酯漆、有机硅漆、沥青漆等
2. 按基本品种	清油、清漆、厚漆（俗称铅油）、调合漆、磁漆、粉末涂料、底漆、腻子、大漆、电泳漆、乳胶漆等

（续）

分类方法	分类名称
3. 按所用颜料	无颜料的清漆和加颜料的色漆
4. 按形态	水性涂料、溶剂性涂料、粉末涂料、无溶剂涂粉等
5. 按用途	汽车涂料、木器涂料、船舶涂料、桥梁涂料、家电涂料、电工涂料、建筑涂料、塑料涂料等
6. 按使用效果	装饰涂料、防锈涂料、防腐涂料、防污涂料、绝缘涂料、耐高温涂料、示温涂料等
7. 按成膜工序	底漆、腻子、中涂（或二道浆）、二道底漆、面漆、罩光漆等
8. 按涂装方法	喷涂涂料、浸渍涂料、电泳涂料、烘烤涂料、刷涂涂料、辊涂涂料等

2. 涂料的品种名词

品　种	名词解释
1. 清漆	不含着色物质的一类涂料。涂于底材时，能形成具有保护、装饰或特殊性能的透明漆膜
2. 透明（色）漆	含有着色物质的、透明的涂料。它是在清漆中加入醇溶性、油溶性染料或少量有机着色颜料调制而成的涂料
3. 色漆	含有颜料的一类涂料。涂于底材时，能形成具有保护、装饰或特殊性能的不透明漆膜
4. 厚漆	颜料分很高的浆状色漆。使用前需加适量的清油或清漆调稀
5. 调合漆	一般指不需调配即能使用的色漆。以油脂为单一成膜物制成的调合漆称为油性调合漆；以油脂为主，加入少量的松香脂、酚醛树脂等制成的调合漆称为磁性调合漆
6. 磁漆、瓷漆	施涂后所形成的漆膜坚硬，平整光滑，外观通常类似于搪瓷的色漆。其漆膜的光泽可变化于有无之间
7. 腻子	用于消除涂漆前较小表面缺陷的厚浆状涂料
8. 底漆	多层涂装时，直接涂到底材上的涂料
9. 二道底漆、二道浆	多层涂装时，介于底漆和面漆之间，用来修整不平整表面的色漆
10. 面漆	多层涂装时，涂于最上层的清漆或色漆

3. 涂料产品分类和命名（GB/T 2705—2003）

（1）用途

本标准适用于对涂料产品进行分类和命名的管理工作，也适用于识别涂料产品的类别及其差异。

（2）分类

分类方法	分类内容
1. 分类方法1	主要是以涂料产品的用途为主线，并辅以主要成膜物的分类方法。将涂料产品划分为三个主要类别：建筑涂料、工业涂料、通用涂料及辅助材料。详见表1
2. 分类方法2	除建筑涂料外，主要以涂料产品的主要成膜物为主线，并适当辅以产品主要用途的分类方法。将涂料产品划分为两个主要类别：建筑涂料、其他涂料及辅助材料。详见表2～表4

表1　涂料分类方法1

	主要产品类型		主要成膜物类型
建筑涂料	墙面涂料	合成树脂乳液内墙涂料 合成树脂乳液外墙涂料 溶剂型外墙涂料 其他墙面涂料	丙烯酸酯类及其改性共聚乳液；醋酸乙烯及其改性共聚乳液；聚氨酯、氟碳等树脂；无机黏合剂等
	防水涂料	溶剂型树脂防水涂料 聚合物乳液防水涂料 其他防水涂料	EVA、丙烯酸酯类乳液；聚氨酯、沥青、PVC胶泥或油膏、聚丁二烯等树脂
	地坪涂料	水泥基等非木质地面用涂料	聚氨酯、环氧等树脂
	功能性建筑涂料	防火涂料 防霉（藻）涂料 保温隔热涂料 其他功能性建筑涂料	聚氨酯、环氧、丙烯酸酯类、乙烯类、氟碳等树脂
工业涂料	汽车涂料（含摩托车涂料）	汽车底漆（电泳漆） 汽车中涂漆 汽车面漆 汽车罩光漆 汽车修补漆 其他汽车专用漆	丙烯酸酯类、聚酯、聚氨酯、醇酸、环氧、氨基、硝基、PVC等树脂
	木器涂料	溶剂型木器涂料 水性木器涂料 光固化木器涂料 其他木器涂料	聚酯、聚氨酯、丙烯酸酯类、醇酸、硝基、氨基、酚醛、虫胶等树脂
	铁路、公路涂料	铁路车辆涂料 道路标志涂料 其他铁路、公路设施用涂料	丙烯酸酯类、聚氨酯、环氧、醇酸、乙烯类等树脂

（续）

主要产品类型			主要成膜物类型
工业涂料	轻工涂料	自行车涂料 家用电器涂料 仪器、仪表涂料 塑料涂料 纸张涂料 其他轻工专用涂料	聚氨酯、聚酯、醇酸、丙烯酸酯类、环氧、酚醛、氨基、乙烯类等树脂
	船舶涂料	船壳及上层建筑物漆 船底防锈漆 船底防污漆 水线漆 甲板漆 其他船舶漆	聚氨酯、醇酸、丙烯酸酯类、环氧、乙烯类、酚醛、氯化橡胶、沥青等树脂
	防腐涂料	桥梁涂料 集装箱涂料 专用埋地管道及设施涂料 耐高温涂料 其他防腐涂料	聚氨酯、丙烯酸酯类、环氧、醇酸、酚醛、氯化橡胶、乙烯类、沥青、有机硅、氟碳等树脂
	其他专用涂料	卷材涂料 绝缘涂料 机床、农机、工程机械等涂料 航空、航天涂料 军用器械涂料 电子元器件涂料 以上未涵盖的其他专用涂料	聚酯、聚氨酯、环氧、丙烯酸酯类、醇酸、乙烯类、氨基、有机硅、氟碳、酚醛、硝基等树脂
通用涂料及辅助材料	调合漆 清漆 磁漆 底漆 腻子 稀释剂 防潮剂 催干剂 脱漆剂 固化剂 其他通用涂料及辅助材料	以上未涵盖的无明确应用领域的涂料产品	改性油脂；天然树脂；酚醛、沥青、醇酸等树脂

注：主要成膜物类型中树脂类型包括水性、溶剂型、无溶剂型和固体粉末等。

表2 分类方法2：建筑涂料

	主要产品类型	主要成膜物类型
墙面涂料	合成树脂乳液内墙涂料 合成树脂乳液外墙涂料 溶剂型外墙涂料 其他墙面涂料	丙烯酸酯类及其改性共聚乳液；醋酸乙烯及其改性共聚乳液；聚氨酯、氟碳等树脂；无机黏合剂等
防水涂料	溶剂型树脂防水涂料 聚合物乳液防水涂料 其他防水涂料	EVA、丙烯酸酯类乳液；聚氨酯、沥青、PVC胶泥或油膏、聚丁二烯等树脂
地坪涂料	水泥基等非木质地面用涂料	聚氨酯、环氧等树脂
功能性建筑涂料	防火涂料 防霉（藻）涂料 保温隔热涂料 其他功能性建筑涂料	聚氨酯、环氧、丙烯酸酯类、乙烯类、氟碳等树脂

注：主要成膜物类型中树脂类型包括水性、溶剂型和无溶剂型等。

表3 分类方法2：其他涂料

	主要产品类型	主要成膜物类型
油脂漆类	清油、厚漆、调合漆、防锈漆、其他油脂漆	天然植物油、动物油（脂）、合成油等
天然树脂①漆类	清漆、调合漆、磁漆、底漆、绝缘漆、生漆、其他天然树脂漆	松香、虫胶、乳酪素、动物胶及其衍生物等
酚醛树脂漆类	清漆、调合漆、磁漆、底漆、绝缘漆、船舶漆、防锈漆、耐热漆、黑板漆、防腐漆、其他酚醛树脂漆	酚醛树脂、改性酚醛树脂等
沥青漆类	清漆、磁漆、底漆、绝缘漆、防污漆、船舶漆、耐酸漆、防腐漆、锅炉漆、其他沥青漆	天然沥青、（煤）焦油沥青、石油沥青等
醇酸树脂漆类	清漆、调合漆、磁漆、底漆、绝缘漆、船舶漆、防锈漆、汽车漆、木器漆、其他醇酸树脂漆	甘油醇酸树脂、季戊四醇醇酸树脂、其他醇类的醇酸树脂、改性醇酸树脂等
氨基树脂漆类	清漆、磁漆、绝缘漆、美术漆、闪光漆、汽车漆、其他氨基树脂漆	三聚氰胺甲醛树脂、脲（甲）醛树脂及其改性树脂等
硝基漆类	清漆、磁漆、铅笔漆、木器漆、汽车修补漆、其他硝基漆	硝基纤维素（酯）等
过氯乙烯树脂漆类	清漆、磁漆、机床漆、防腐漆、可剥漆、胶液、其他过氯乙烯树脂漆	过氯乙烯树脂等

（续）

主要产品类型		主要成膜物类型
烯类树脂漆类	聚乙烯醇缩醛树脂漆、氯化聚烯烃树脂漆、其他烯类树脂漆	聚二乙烯乙炔树脂、聚多烯树脂、氯乙烯醋酸乙烯共聚物、聚乙烯醇缩醛树脂、聚苯乙烯树脂、含氟树脂、氯化聚丙烯树脂、石油树脂等
丙烯酸酯类树脂漆类	清漆、透明漆、磁漆、汽车漆、工程机械漆、摩托车漆、家电漆、塑料漆、标志漆、电泳漆、乳胶漆、木器漆、汽车修补漆、粉末涂料、船舶漆、绝缘漆、其他丙烯酸酯类树脂漆	热塑性丙烯酸酯类树脂、热固性丙烯酸酯类树脂等
聚酯树脂漆类	粉末涂料、卷材涂料、木器漆、防锈漆、绝缘漆、其他聚酯树脂漆	饱和聚酯树脂、不饱和聚酯树脂等
环氧树脂漆类	底漆、电泳漆、光固化漆、船舶漆、绝缘漆、划线漆、罐头漆、粉末涂料、其他环氧树脂漆	环氧树脂、环氧酯、改性环氧树脂等
聚氨酯树脂漆类	清漆、磁漆、木器漆、汽车漆、防腐漆、飞机蒙皮漆、车皮漆、船舶漆、绝缘漆、其他聚氨酯树脂漆	聚氨（基甲酸）酯树脂等
元素有机漆类	耐热漆、绝缘漆、电阻漆、防腐漆、其他元素有机漆	有机硅、氟碳树脂等
橡胶漆类	清漆、磁漆、底漆、船舶漆、防腐漆、防火漆、划线漆、可剥漆、其他橡胶漆	氯化橡胶、环化橡胶、氯丁橡胶、氯化氯丁橡胶、丁苯橡胶、氯磺化聚乙烯橡胶等
其他成膜物类涂料		无机高分子材料、聚酰亚胺树脂、二甲苯树脂等以上未包括的主要成膜材料

注：主要成膜物类型中树脂类型包括水性、溶剂型、无溶剂型和固体粉末等。
① 包括直接来自天然资源的物质及其经过加工处理后的物质。

表4 分类方法2：涂料辅助材料

主要品种	主要品种
稀释剂	脱漆剂
防潮剂	固化剂
催干剂	其他辅助材料

（3）命名

序号	内　　容
1	命名原则：涂料全名一般是由颜色或颜料名称加上成膜物质名称，再加上基本名称（特性或专业用途）组成。对于不含颜料的清漆，其全名一般是由成膜物质名称加上基本名称而组成
2	颜色名称通常由红、黄、蓝、白、黑、绿、紫、棕、灰等颜色，有时再加上深、中、浅（淡）等词构成。若颜料对漆膜性能起显著作用，则可用颜料的名称代替颜色的名称，例如铁红、锌黄、红丹等
3	成膜物质名称可做适当简化，例如聚氨基甲酸酯简化成聚氨酯，环氧树脂简化成环氧，硝酸纤维素（酯）简化为硝基等。漆基中含有多种成膜物质时，选取起主要作用的一种成膜物质命名。必要时也可选取两或三种成膜物质命名，主要成膜物质名称在前，次要成膜物质名称在后，例如红环氧硝基磁漆。成膜物名称可参见表5
4	基本名称表示涂料的基本品种、特性和专业用途，例如清漆、磁漆、底漆、锤纹漆、罐头漆、甲板漆和汽车修补漆等。涂料基本名称可参见表5
5	在成膜物质名称和基本名称之间，必要时可插入适当词语来标明专业用途和特性等，例如白硝基球台磁漆、绿硝基外用磁漆、红过氯乙烯静电磁漆等
6	需烘烤干燥的漆，名称中（成膜物质名称和基本名称之间）应有"烘干"字样，如银灰氨基烘干磁漆、铁红环氧聚酯酚醛烘干绝缘漆。如果名称中无"烘干"一词，则表明该漆是自然干燥或自然干燥、烘烤干燥均可
7	凡双（多）组分的涂料，在名称后应增加"（双组分）"或"（三组分）"等字样，例如聚氨酯木器漆（双组分）

注：除稀释剂外，混合后产生化学反应或不产生化学反应的独立包装的产品都可认为是涂料组分之一。

表5　涂料基本名称

基本名称	基本名称
清油	水溶（性）漆
清漆	透明漆
厚漆	斑纹漆、裂纹漆、桔纹漆
调合漆	锤纹漆
磁漆	皱纹漆
粉末涂料	金属漆、闪光漆
底漆	防污漆
腻子	水线漆
大漆	甲板漆、甲板防滑漆
电泳漆	船壳漆
乳胶漆	船底防锈漆

（续）

基本名称	基本名称
饮水舱漆	机床漆
油舱漆	工程机械用漆
压载舱漆	农机用漆
化学品舱漆	发电、输配电设备用漆
车间（预涂）底漆	内墙涂料
耐酸漆、耐碱漆	外墙涂料
防腐漆	防水涂料
防锈漆	地板漆、地坪漆
铅笔漆	锅炉漆
罐头漆	耐油漆
木器漆	耐水漆
家用电器涂料	防火涂料
自行车涂料	防霉（藻）涂料
玩具涂料	耐热（高温）涂料
塑料涂料	示温涂料
（浸渍）绝缘漆	涂布漆
（覆盖）绝缘漆	桥梁漆、输电塔漆及其他
抗弧（磁）漆、互感器漆	（大型露天）钢结构漆
（黏合）绝缘漆	航空、航天用漆
漆包线漆	烟囱漆
硅钢片漆	黑板漆
电容器漆	标志漆、路标漆、马路划线漆
电阻漆、电位器漆	汽车底漆、汽车中涂漆、
半导体漆	汽车面漆、汽车罩光漆
电缆漆	汽车修补漆
可剥漆	集装箱涂料
卷材涂料	铁路车辆涂料
光固化涂料	胶液
保温隔热涂料	其他未列出的基本名称

二、涂料的组成

组 成 部 分			常 用 原 料
不挥发物质	主要成膜物质	油料	干性油——植物油主要有桐油、梓油、亚麻籽油和苏子油等，动物油主要有鲨鱼肝油和鳁鱼油等
			半干性油——植物油主要有豆油、向日葵油和棉子油等，动物油主要有带鱼油和鲢油等
			不干性油——植物油主要有蓖麻油、椰子油和花生油等，动物油主要有牛油、羊油和猪油等
		树脂	天然树脂——虫胶、松香和天然沥青等
			合成树脂——酚醛、醇酸、氨基、环氧、丙烯酸、聚氨酯、聚酯、有机硅和过氯乙烯等
			人造树脂——松香钙脂、松香甘油酯、硝基纤维、乙基纤维、氯化橡胶和环化橡胶等
	次要成膜物质	着色颜料	无机颜料——钛白、氧化锌、铬黄、铁蓝、铬绿、氧化铁红和炭黑等
			有机颜料——甲苯胺红、酞菁蓝和耐晒黄等
		防锈颜料	红丹、锌铬黄、铝粉、锌粉和铅酸钙等
		体质颜料	滑石粉、云母粉、硫酸钡和碳酸钙等
	辅助成膜物质	助剂	增塑剂、催干剂、固化剂、稳定剂、防霉剂、防污剂、乳化剂、润湿剂、引发剂和防结皮剂等
挥发物质		溶剂（或称稀释剂）	石油溶剂（如200号油漆溶剂油）、苯、甲苯、二甲苯、氯苯、松节油、醋酸丁酯、醋酸乙酯、丙酮、环己酮、丁醇、乙醇和环戊二烯等

三、涂料的制造

涂料制造的繁简因品种而异，一般分为两步：制造漆料以及由漆料制造清漆和色漆（包括腻子、厚漆）。

漆料可分别用油料、天然树脂和人造树脂及合成树脂作为原料，也可相互拼用。漆料加助剂并经过滤就制成了清漆，漆料加助剂加颜料（或清漆加颜料）混合、研磨、调漆、过滤后就是成品色漆。涂料制造程序如下：

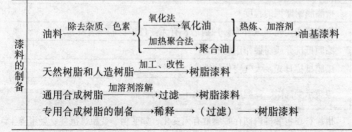

（续）

成品漆料的制造	漆料 $\xrightarrow{\text{加助剂}}$ 过滤 $\longrightarrow$ 清漆 漆料（或清漆）$\xrightarrow{\text{加颜料、助剂}}$ 混合 $\longrightarrow$ 研磨 $\longrightarrow$ 调漆 $\longrightarrow$ 过滤 $\longrightarrow$ 色漆

四、涂料的性能

1. 涂料的性能术语

名　称	含　义
细度	指色漆和漆浆内颜料、填充料及杂质等颗粒的细度
黏度	指液体分子间相互作用而产生阻碍其分子间相对运动能力的数量。涂料的条件黏度是指一定数量的漆在一定温度下从规定的孔中流出的时间
固体含量（质量分数）	指涂料中不挥发物的总含量。测量时以一定量的涂料在规定温度下加热干燥后的剩余物质量与原试样质量的比值来表示
酸值	用滴定法测定涂料中游离酸的含量，以中和 1g 涂料中所含游离酸所需苛性钾的毫克数表示其酸值
透明度	指清油、清漆、漆料、稀料是否含有机械杂质和浑浊物。一般用目视或铁钴溶液比色法测定
柔韧性	涂有涂料的金属板在不同直径的轴棒上弯曲，以其弯曲后不引起漆膜破坏的最小轴棒的直径表示
附着力	漆膜与被涂漆的物体表面牢固结合的性能
冲击韧度	承受冲击的能力，是以重锤的质量与重锤落在涂漆金属样板上不引起漆膜破坏的最大高度的乘积表示
光泽	漆膜的光亮程度。用光电光泽计测量
硬度	是将一定质量的摆置于被试漆膜上，以在规定振幅中摆动衰减的时间与在玻璃板上于同样振幅中摆动衰减的时间的比值来表示
耐水性	漆膜抵抗水作用的性能。根据不同要求进行如冷水、沸水、海水等性能试验
耐热性	漆膜对热的稳定性。检查漆膜受热后，有无变黏、变软、破裂、分解等情况
抗磨性	指漆膜耐摩擦的程度
耐光性	指漆膜在受光（紫外光）照射后，有无变色、褪色等现象
耐蚀性	漆膜抵抗介质腐蚀作用的能力
耐候性	漆膜抵抗日光及大气变化的性能
耐湿热性	漆膜承受高温、高湿度的作用而不变质的性能
稳定性	指涂料在包装桶内储存时质量有无变化，如变稠、变粗、沉淀、凝聚等

2. 各类涂料的理化性能（5分评比法）

涂料类别 / 性能	油脂漆	天然树脂漆	酚醛漆	沥青漆	醇酸漆	氨基漆	硝基漆	纤维素漆	过氯乙烯漆	烯树脂漆	丙烯酸漆	聚酯漆	环氧漆	聚氨酯漆	有机硅漆	氯化橡胶漆
光泽	2	4	3	4	4	5	4	4	3	3	5	4	1	3	2	2
附着力	4	4	5	4	5	4	4	3	3	3	4	2	5	5	3	3
耐大气性	4	2	3	2	4	5	4	4	5	4	5	5	1	2	5	5
保色性	3	3	2	4	4	4	3	4	4	4	5	3	2	2	3	4
柔韧性	5	3	3	3	4	3	4	4	4	4	4	3	4	3	3	4
耐冲击性	4	4	4	4	4	4	3	3	3	5	5	4	4	5	5	4
硬度	1	5	5	3	5	3	4	3	3	3	4	4	4	5	3	3
耐水性	2	2	4	5	4	4	3	3	4	4	4	5	4	4	4	4
耐盐雾	4	2	4	5	4	3	2	2	4	4	4	5	4	4	4	4
耐汽油性	3	3	4	1	3	4	2	2	4	3	3	5	5	4	4	4
耐烃类溶剂	2	4	5	1	3	5	2	2	2	3	2	5	5	5	3	1
耐酯酮溶剂	1	2	2	1	2	3	1	1	1	1	1	1	1	1	1	1
耐碱	1	2	1,1	3	1,1	4,1	1,1	2,1	5	5	3,2	1	5,5	4,1	5,2	5
耐无机酸	2	2	3,4,3	3	2,1,1	3,2,1	5,3,1	3,2,1	4	5,5,3	3,2,1	5	5,4,3	4,3,2	3,3,1	5,5,3
耐有机酸	3	2	3,2,1	5	1,1,1	1,1,1	1,1,1	1,1,1	1	5,1,1	1,1,1	1	3,2,1	3,2,1	1,1,1	3,1,1
电性能	2	3	5	3	3	4	3	4	4	4	4	3	4	5	5	5
最高使用温度/℃	80	93	170	93	93	120	70	80	65	65	180	93	170	150	280	93

注：1. 此表仅指大类涂料的性能，不代表每一品种的性能。

2. 数字表示：1＝差，2＝较差，3＝中等，4＝良好，5＝优秀。

3. 两个数字的：第一个针对体积分数为20%的稀溶液，第二个针对浓溶液。

4. 三个数字的：第一个针对体积分数为10%的稀溶液，第二个针对体积分数为10%～30%的溶液，第三个代表浓溶液。

5. 无机酸不包括硝酸、磷酸及全部氧化性酸。

6. 有机酸不包括醋酸。

3. 各类涂料的使用性能比较（5分评比法）

性能		油脂漆	天然树脂漆	酚醛树脂漆	沥青涂料	醇酸树脂涂料	氨基树脂涂料	硝基涂料	纤维素涂料	过氯乙烯树脂涂料	乙烯树脂涂料	丙烯酸树脂涂料	聚酯树脂涂料	环氧树脂涂料	聚氨酯树脂涂料	有机硅树脂涂料	氯化橡胶涂料
力学性能	硬度	1	5	5	3	5	3	3	3	3	4	4	4	5	3	3	3
	柔韧性	5	3	3	3	4	3	4	4	4	4	3	4	4	3	3	3
	耐冲击性		3	3	4	5	5	3	3	5	5	3	5	5	5	5	5
	附着力	4	4	5	4	5	4	3	2	3	4	2	5	5	3	3	3
	光泽	2	4	4	4	5	4	4	5	4			4	4	5	2	2
	耐磨性	1	1		3	4	2		2	4	2	3	4	2	3		
施工性能	涂装方法	刷	刷	任意	浸	任意	任意	刷喷	任意	任意	任意	任意	任意	任意	任意	任意	任意
	是否先涂底漆	不要	不要	不要	不要	要	要	不要	要	要	要	要	要	要	要	要	要
	溶剂	200号溶剂	200号溶剂	烃、酯	烃	烃	烃、酯	酮、酯、醇混合	混合	混合	混合	混合	混合	不用酯类，混合	混合	混合	混合
	干燥	自干	自干	自干或烘干	自干或烘干	自干或烘干	烘干	自干	自干	自干	自干	自干或烘干	烘干	自干或烘干	自干或烘干	烘干	自干
耐蚀性及其他	耐水性	2	2	5	5	3	3	3	4	3	4	4	4	4	5	4	5
	耐盐雾	4												4	4	4	5
	耐大气性	4	2	3	2	4	4		5	4	5	5		1	5	5	5
	保色性	3	3	1		2	3		2		3	2		2	5	3	
	耐汽油性													4	4	2	3
	耐碱	1	2	1,1	3	1,1	4,1	1,1	2,1	5	5	3,2	1	5,5	4,1	5,2	5
	耐无机酸	2	2	3,4,3	3	2,1,1	3,2,1	5,3,1	3,2,1		5,5,3	3,2,1	5	5,4,3	4,3,2	3,3,1	5,5,3
	耐有机酸	3	2	3,2,1	5	1,1,1	1,1,1	1,1,1	1,1,1	1	5,1,1	1,1,1	1	3,2,1	3,2,1	1,1,1	3,1,1

（续）

涂料类别 性能		油脂漆	天然树脂漆	酚醛树脂漆	沥青涂料	醇酸树脂涂料	氨基树脂涂料	硝基涂料	纤维素涂料	过氯乙烯树脂涂料	乙烯树脂涂料	丙烯酸树脂涂料	聚酯树脂涂料	环氧树脂涂料	聚氨酯涂料	有机硅树脂涂料	氯化橡胶涂料
耐蚀性及其他	电性能	3	2	5	3	3	4	3	3	3	5	4	3	4	5	5	5
	最高使用温度/℃	80	93	170	93	93	120	70	80	65	65	180	93	170	150	280	93

注：1. 此表仅指大类涂料的性能，不代表每一品种的性能。
2. 数字表示：1＝差，2＝较差，3＝中等，4＝良好，5＝优秀。
3. 200 号溶剂即 200 号油漆溶剂油。
4. 两个数字的：第一个针对体积分数为 20% 的稀溶液，第二个针对浓溶液。
5. 三个数字的：第一个针对体积分数为 10% 的稀溶液，第二个针对体积分数为 10%～30% 的溶液，第三个针对浓溶液。
6. 无机酸不包括硝酸、磷酸及全部氧化性酸。
7. 有机酸不包括醋酸。

4. 面漆用七大类涂料品种的主要技术性能

项　目	醇酸树脂漆	过氯乙烯漆	氨基树脂漆	环氧树脂漆	氯化橡胶漆	聚氨酯漆	丙烯酸漆
耐候性	优异	良好	优异	较差	优异	较差	优异
耐水性	较差	优异	良好	优异	优异	优异	较好
耐热性	<120℃	<75℃	100～150℃	100～150℃	<60℃	120～150℃	<100℃
耐酸性	一般	优异	较好	良好	优异	优异	较好
耐碱性	较差	良好	一般	优异	优异	优异	较好
耐矿油性	较好	良好	优异	优异	较差	优异	一般
对金属附着力	良好	较差	良好	优异	良好	优异	优异
施工方法	刷、浸喷、滚涂均可	喷涂	喷涂为主，刷、浸也可	刷、浸喷、滚涂均可	喷涂	刷、浸喷、滚涂均可	喷涂
干燥方式	自干、烘干	自干	烘干	自干、烘干	自干	自干、烘干	自干、烘干

注：该技术性能仅供粗略参考，各大类涂料的性能也随品种不同而有较大不同，如聚氨酯漆中芳香族的耐候性较差，而脂肪族的耐候性则较好。

5. 各类涂料的特性和用途

名　称	主要特性	用途举例
油脂漆（Y）	耐大气性、涂刷性、渗透性好，价廉；干燥较慢，膜软，力学性能差，水膨胀性大，不耐碱，不能打磨抛光	用于质量要求不高的建筑工程或其他制品的涂饰
天然树脂漆（T）	涂膜干燥较油脂漆快，坚硬耐磨，光泽好，短油度的涂膜坚硬好打光，长油度的漆膜柔韧，耐大气性较好；力学性能差，短油度的耐大气性差，长油度的不能打磨抛光，天然大漆毒性较大	短油度的适宜作为室内物件的涂层，长油度的适宜室外使用
酚醛树脂漆（F）	涂膜坚硬，耐水性良好，耐化学腐蚀性良好，有一定的绝缘强度，附着力好；涂膜较脆，颜色易变深，易粉化，不能制白漆或浅色漆	广泛应用于木器、建筑、船舶、机械、电气设备的涂装及防化学腐蚀等方面
沥青漆（L）	耐潮、耐水性良好，价廉，耐化学腐蚀性较好，有一定的绝缘强度，黑度好；对日光不稳定，不能制白漆或浅色漆，有渗透性，干燥性不好	广泛应用于缝纫机、自行车及五金零件的涂装，还可用于浸渍、覆盖及制造绝缘制品
醇酸漆（C）	光泽较亮，耐候性优良，施工性好，可刷、烘、喷，附着力较好；涂膜较软，耐水性和耐碱性差，干燥较慢，不能打磨	适用于大型机床、农业机械、工程机械、门窗、室内木结构的涂装
氨基漆（A）	涂膜坚硬、丰满、光泽亮，可以打磨抛光，色浅，不易泛黄，附着力较好，有一定的耐热性、耐水性、耐候性较好；须高温烘烤才能固化，若烘烤过度，漆膜变脆	广泛用于五金零件、仪器仪表、电机电器设备的涂装
硝基漆（Q）	干燥迅速，涂膜耐油、坚韧，可以打磨抛光；易燃，清漆不耐紫外线，不能在60℃以上使用，固体分低	适合金属、木材、皮革、织物等的涂饰
纤维素漆（M）	耐大气性和保色性好，可打磨抛光，个别品种耐热、耐碱，绝缘性也较好；附着力和耐潮性较差，价格高	用于金属、木材、皮革、纺织品、塑料、混凝土等的涂覆
过氯乙烯漆（G）	耐候性和耐化学腐蚀性优良，耐水、耐油、防延燃性及三防性能好；附着力较差，打磨抛光性差，不能在70℃以上使用，固体分低	用于化工厂的厂房建筑、机械设备的防护，木材、水泥表面的涂饰
乙烯树脂漆（X）	有一定的柔韧性，色淡，耐化学腐蚀性较好，耐水性好，耐溶剂性差，固体分低，高温时碳化，清漆不耐紫外线	用于织物防水、化工设备防腐、玻璃、纸张、电缆、船底防锈、防污、防延烧用的涂层

（续）

名　称	主要特性	用途举例
丙烯酸漆（B）	色浅，保光性良好，耐候性优良，耐热性较好，有一定的耐化学腐蚀性；耐溶剂性差，固体分低	用于汽车、医疗器械、仪表表盘、轻工产品、高级木器、湿热带地区的机械设备等的涂饰
聚酯漆（Z）	固体分高，能耐一定的温度，耐磨，能抛光，绝缘性较好；施工较复杂，干燥性不易掌握，对金属附着力差	用于木器、防化学腐蚀设备以及金属、砖石、水泥、电气绝缘件的涂装
环氧漆（H）	涂膜坚韧，耐碱，耐溶剂，绝缘性良好，附着力强；保光性差，色泽较深，外观较差，室外暴晒易粉化	适于作底漆和内用防腐蚀涂料
聚氨酯漆（S）	耐潮、耐水、耐热、耐溶剂性好，耐化学和石油腐蚀，耐磨性好，附着力强，绝缘性良好；涂膜易粉化泛黄，对酸碱盐、水等物敏感，施工要求高，有一定毒性	广泛用于石油、化工设备、海洋船舶、机电设备等作为金属防腐蚀漆，也适用于木器、水泥、皮革、塑料、橡胶、织物等非金属材料的涂装
有机硅漆（W）	耐候性极好，耐高温，耐水性、耐潮性好，绝缘性能良好；耐汽油性差，涂膜变硬较脆，需要烘烤干燥，附着力较差	主要用于涂装耐高温机械设备
橡胶漆（J）	耐磨、耐化学腐蚀性良好，耐水性好；易变色，个别品种施工复杂，清漆不耐紫外线，耐溶剂性差	主要用于涂装化工设备、橡胶制品、水泥、砖石、船壳及水线部位、道路标志、耐大气暴晒机械设备等

6. 各类涂料的优缺点比较

涂料种类	优　点	缺　点
油脂漆	耐候性良好，涂刷性好，可内用和外用，价廉	干燥慢，力学性能不高，漆膜水膨胀性大，不能打磨、抛光
天然树脂漆	干燥快，短油度漆膜坚硬，易打磨；长油度柔韧性、耐候性较好	短油的耐候性差，长油的不能打磨抛光
酚醛漆	干燥快，漆膜坚硬，耐水，耐化学腐蚀，能绝缘	漆膜易泛黄、变深，故很少生产白色漆
沥青漆	耐水，耐酸，耐碱，绝缘，价廉	颜色黑，没有浅、白色漆，对日光不稳定，耐溶剂性差

（续）

涂料种类	优　点	缺　点
醇酸漆	漆膜光亮，施工性能好，耐候性优良，附着力好	漆膜较软，耐碱性、耐水性较差
氨基漆	漆膜光亮、丰满、硬度高、不易泛黄、耐热、耐碱、附着力也好	需加温固化，烘烤过度时漆膜泛黄、发脆，不适用于木质表面
硝基漆	干燥快，耐油，坚韧耐磨，耐候性尚好	易燃，清漆不耐紫外光，不能在60℃以上温度使用，固体分低
纤维素漆	耐候性好，色浅，个别品种能耐碱、耐热	附着力、耐潮性较差，价格高
过氯乙烯漆	耐候性好，耐化学腐蚀，耐水，耐油，耐燃	附着力、打磨、抛光性能较差，不耐70℃以上温度，固体分低
烯树脂漆	柔韧性好，色浅，耐化学腐蚀性优良	固体分低，清漆不耐晒
丙烯酸漆	漆膜光亮、色浅、不泛黄，耐热、耐化学药品、耐候性优良	耐溶剂性差，固体分低
聚酯漆	漆膜光亮，韧性好，耐热，耐磨，耐化学药品	不饱和聚酯干性不易掌握，对金属附着力差，施工方法复杂
环氧漆	附着力强，漆膜坚韧，耐碱，绝缘性能好	室外使用易粉化，保光性差，色泽较深
聚氨酯漆	漆膜坚韧、耐磨、耐水、耐化学腐蚀、绝缘性能良好	喷涂时遇潮易起泡，漆膜易粉化、泛黄，有一定毒性
有机硅漆	耐高温，耐化学性好，绝缘性能优良	耐汽油性较差，个别品种漆膜较脆，附着力较差
橡胶漆	耐酸、碱腐蚀，耐水、耐磨、耐大气性好	易变色，清漆不耐晒，施工性能不太好

7. 各类涂料产品的基本性能

涂料名称	基本性能
1. 油脂涂料	油脂涂料是以干性油（如桐油、亚麻油、梓油等）为主要成膜物的一类涂料。其特点是：易于生产，价廉，涂刷性好，涂膜柔韧，但干燥慢，力学性能不高，浸水膨胀，不耐酸碱和有机溶剂，不能打磨抛光，不适宜流水作业应用。主要用于建筑、维修和涂装要求不高的工程 油脂涂料的品种主要有清油、厚漆、油性调合漆和油性防锈漆四大系列

（续）

涂料名称	基本性能
2. 天然树脂涂料	天然树脂涂料是以天然树脂及其衍生物为主要成膜物的一类涂料。该类涂料具有原料易得、制造容易、价格低廉、施工方便、性能比油脂漆有所提高等特点，但耐候性欠佳。主要用于室内涂装，如木器、家具、建筑、金属制品等的涂装 天然树脂涂料的主要品种有大漆、虫胶漆、各种钙脂漆和酯胶漆等 （1）大漆：天然大漆及改性大漆具有优异的力学性能和耐化学药品侵蚀性能。天然大漆虽然具有许多优良性能，但干燥条件苛刻，施工操作复杂，毒性大，现在已较少直接使用，一般经过化学改性后使用 （2）虫胶漆：虫胶可溶于醇类、酮类溶剂及碱溶液中，一般用乙醇将虫胶溶解成虫胶清漆，常用于木器家具的封底涂装 （3）钙脂漆和酯胶漆：以石灰松香（钙脂）或松香甘油（酯胶）与植物油熬炼的基料为主要成膜物质、中短油度的品种干燥快，坚硬易打磨，耐候性很差；长油度的品种柔韧性较好，耐候性好于短油度的，但涂膜软，不能打磨抛光
3. 酚醛树脂涂料	是以酚醛树脂为主要成膜物质的涂料。其特点是：干燥快，硬度高，耐水、耐化学腐蚀，但性脆，易泛黄，曝晒后易粉化。广泛用于涂装木器家具、建筑、机械、电机、船舶和化工防腐蚀等。酚醛树脂的种类很多，按所用酚醛树脂的类型不同可将酚醛树脂涂料分为四类： （1）醇溶性酚醛树脂涂料：将醇溶性酚醛树脂溶于乙醇而制成的清漆或透明漆。多用于防潮、绝缘及黏合等 （2）油溶性纯酚醛树脂涂料：由对叔丁酚或对苯基苯酚与甲醛反应制成的酚醛树脂可直接热溶于油中，由它与干性油及其他树脂共炼而制成的涂料即为油溶性纯酚醛树脂涂料。该类涂料涂膜坚硬，干燥快，附着力好，耐候性稍次于醇酸树脂涂料，但其耐水、耐化学腐蚀性能比醇酸树脂涂料强，适合用作防腐蚀涂料、罐头漆、绝缘漆、耐水漆和船舶漆等 （3）改性酚醛树脂涂料：松香改性酚醛树脂涂料（如酚醛清漆、调合漆、磁漆及专用漆等）涂膜干燥较快，耐水性等性能良好，广泛用于木器家具、建筑、机械、船舶和绝缘等方面的涂装 丁醇改性酚醛树脂涂料由丁醇醚化热固性酚醛缩合物与环氧树脂或干性油混炼制成，涂膜柔韧，耐化学腐蚀，适合用作化工防腐蚀涂料和罐头内壁涂料 （4）水溶性酚醛树脂涂料：由改性而成的水溶性酚醛树脂与颜料混合研磨后加入催干剂等制成，可以制成电泳涂料，有利于自动化流水线作业，提高生产率

涂料名称	基本性能
4. 沥青涂料	是以沥青和改性沥青为主要成膜物质的一类涂料，其特点是：耐水，耐酸，耐碱，绝缘，价廉，但对日光不稳定，耐溶剂性差。按其成膜物的组成可分为四类： （1）纯沥青漆：由同一种或两种沥青溶于溶剂中而成，俗称"水罗松"，靠溶剂的挥发而成膜。应用于车辆底盘、地下管道和室内金属器材的涂装 （2）沥青-树脂涂料：常见的有煤焦沥青和环氧或聚氨酯树脂拼用而成的防腐蚀涂料 （3）沥青-油脂涂料：由石油沥青或天然沥青与干性油制成，耐候、耐光性有所改善，但干燥慢，耐水性差，烘烤后性能提高。多用作绝缘漆 （4）沥青-油脂-树脂涂料：由沥青、油脂和树脂制成。油脂和树脂的加入，对涂膜的附着力、柔韧性、耐候性、外观和力学性能均有很大提高，但一般需高温烘干
5. 醇酸树脂涂料	醇酸树脂涂料是以醇酸树脂为主要成膜物质的涂料，品种多，用途广，产量大，具有施工方便、耐候性、附着力好和涂膜光亮、丰满的特点，但涂膜较软，耐水性、耐碱性欠佳。醇酸树脂涂料有底漆、面漆、清漆等性能各异的众多品种，广泛用于建筑、桥梁、机械、车辆、船舶、仪器仪表等各个领域。按其用途和形态可分为以下几类： （1）通用醇酸树脂涂料：其涂膜综合性能好，品种多，用途广 （2）外用醇酸树脂涂料：耐候性好，宜用于户外装饰性涂装 （3）醇酸树脂底漆和防锈漆：对钢材、轻金属及木材等表面均有良好附着力，同时与多种面漆也有良好的结合力 （4）快干醇酸树脂涂料：主要是苯乙烯改性醇酸树脂涂料、丙烯酸改性醇酸树脂涂料等。这类涂料提高了涂料的干燥速度，但施工时要注意涂层之间的配套性和施工间隔，防止产生咬底等不良现象 （5）醇酸树脂绝缘涂料：最高可制成耐热性达 F 级（155℃）的绝缘漆 （6）醇酸树脂皱纹涂料：主要用于仪器、仪表及小五金等的装饰性涂装 （7）水溶性醇酸树脂涂料：有水溶性自干涂料、水溶性烘干涂料、水性电泳涂料等。它是醇酸树脂涂料向低污染方向发展的一种趋势

涂料名称	基本性能
6. 氨基树脂涂料	这类以氨基树脂和醇酸树脂为主要成膜物质的涂料兼有两者的优异性能、色浅、保色、保光、耐候、涂膜坚硬、附着力好，具有优良的装饰性能，耐化学腐蚀性能也较醇酸树脂涂料好，是一种广泛应用的高级装饰性涂料，主要用于车辆、电冰箱、洗衣机、钢制家具等的工业涂装 氨基涂料正在向低温烘干、高固体分、水性化等方向发展。其中，低温氨基烘漆是指涂料的成膜温度比普通的氨基涂料低（普通氨基涂料烘干温度在120℃/2h左右），根据品种不同，可设定在 100~80℃ 进行烘干，烘干时间比普通氨基涂料短，5~20min 即可达到固化成膜。低温、快干氨基烘涂料可以节约能源，提高生产率，广泛用于车辆、轻工仪表等领域 氨基涂料常用的配套底漆有环氧酯底漆、醇酸底漆、氨基底漆、电泳底漆等
7. 纤维素酯树脂涂料	纤维素酯涂料中最重要的代表产品为硝基纤维素涂料，它是以硝化棉（硝基纤维素）为主要成膜物，通常称为硝基涂料。硝基涂料具有涂膜干燥快、平整光亮、硬而坚韧的特点，可用砂光蜡抛光。涂膜具有热塑性，易于修补。但硝基涂料易燃，不耐热，不能在 60℃ 以上的环境中使用；涂料中成膜物含量较低，故施工道数较多，一般需涂装多道。常用于各种木器、车辆、机床、仪器仪表、设备和工具的保护装饰 硝基涂料施工时多采用喷涂，两道涂装间隔时间可较短，10min 以上达到表干即可。常用的配套底漆有醇酸底漆、硝基底漆和环氧底漆等。喷涂时可用 X-1 硝基稀释剂调节黏度。在潮湿的气候条件下施工，如发现涂膜发白，可适量加入 F-1 硝基漆防潮剂调整，仍有发白现象时可补加体积分数为 5% 左右的环己酮，此时干燥时间会延长 4~5min 其他纤维素酯涂料产品还有醋酸丁酸纤维素涂料和乙基纤维素涂料等，其生产量较小，应用范围很窄，由于具有耐水、耐寒等特点，在飞机蒙布涂装、纸张涂装等方面有所应用
8. 烯类树脂涂料	随着石油化工业的发展，烯类树脂涂料的品种越来越多，特别是在防腐蚀涂装方面的应用量越来越大 （1）过氯乙烯树脂涂料：耐候性好，优于硝基涂料和一般的醇酸涂料；耐化学腐蚀，对酸、碱、氨水及臭氧等介质都很稳定，且耐水、耐油，适合用于防腐蚀涂装；具有三防（防湿热、霉、盐雾）性能，适合用于湿热带地区；还有干燥速度快、耐寒性好、抗延燃等特点。但其附着力差，打磨抛光性也较差，不耐70℃以上温度，涂料的固体分低，要求获得厚度大的涂膜时，施工的遍数需增加 过氯乙烯树脂涂料使用时，要特别注意底、面漆的配套性以及施工工艺，防止造成咬底、附着力不佳，甚至产生整张涂膜被揭起的现象

（续）

涂料名称	基 本 性 能
8. 烯类树脂涂料	（2）含氟乙烯树脂涂料：有聚四氟乙烯树脂（PTFE）涂料、聚偏氟乙烯树脂（PVDF）涂料、聚氟乙烯树脂（PVF）涂料等。现在常将含氟树脂涂料统称为"氟碳涂料"或"氟树脂涂料"，与有机硅树脂涂料同归为元素有机树脂类产品 （3）高氯化聚乙烯树脂涂料：性能和用途与过氯乙烯树脂涂料类似，是新兴的含氯乙烯类树脂涂料，由于其树脂比过氯乙烯树脂更容易生产，制成的涂料具有优异的耐蚀性，所以大量用于防腐蚀涂装，可自成配套体系（底涂、中涂、面涂），也可与其他底漆配套使用 （4）聚氯乙烯树脂涂料：主要用于塑料制品和搪瓷、玩具等的涂装 （5）偏氯乙烯共聚树脂涂料：具有强度高、透气性小、柔韧、耐水、耐寒、耐化学腐蚀、抗潮、难燃的优点，但耐热和耐光性欠佳。主要用于各类材料的防水、防腐涂装 （6）氯醋共聚树脂涂料：涂膜附着力、耐候性、耐化学腐蚀性及力学性能都较好。主要用于要求耐腐蚀和耐候的化工设备、仪表、船舶及海上建筑物的防腐蚀涂装 （7）醋酸乙烯乳胶涂料：具有很好的储存稳定性、保色性和附着力，是很好的内墙涂料品种 （8）聚乙烯醇缩醛树脂涂料：具有好的附着力、柔韧性、耐光性、耐热性、耐油性等。可用于轻金属、电容器等材料的涂装，用四盐基锌黄等制成的磷化底漆可用于多种金属（并可用于铝镁合金）的底层涂装，具有磷化处理和金属钝化处理的双重作用 （9）聚苯乙烯树脂涂料：由苯乙烯、丙烯酸酯共聚乳液所制造的乳胶涂料，常用于建筑涂装。溶剂型改性聚苯乙烯树脂涂料可用于塑料表面的涂装 （10）石油树脂涂料：成本低廉，具有较好的耐水性和耐蚀性，可用于室内金属构件、建筑物门窗等的涂装 （11）聚二乙烯基乙炔树脂涂料：依靠空气氧化成膜，快干，耐水、耐腐蚀，但高温时易碳化，清漆不耐晒，涂膜脆性大、附着力不佳，可作防水、防腐涂层
9. 丙烯酸酯树脂涂料	这类是以聚丙烯酸酯树脂为主要成膜物质的涂料，其特点是清漆色浅、透明度高、色漆颜色正、保色、保光、光亮丰满、耐候、耐热、耐腐蚀、三防性能好、附着力强、坚硬、柔韧等。广泛用于轿车、机床、铁道车辆、桥梁、飞机、高级木器、家用电器、建筑、自行车、仪表、设备、轻工产品等方面的涂装

（续）

涂料名称	基 本 性 能
9. 丙烯酸酯树脂涂料	（1）单组分挥发型快干涂料：涂膜色浅，耐热、耐候性优良，耐化学药品。耐溶剂性差，固体含量低。有纯丙烯酸树脂配制的快干涂料，也可以将丙烯酸树脂与硝化棉配合使用，使涂料不仅具有丙烯酸树脂的优点，还提高了溶剂释放性，从而提高了涂膜的干燥速度 （2）烘干型涂料：用量较大的为丙烯酸树脂与氨基树脂相配合的烘干涂料。其装饰效果优良，涂膜光亮丰满、坚韧、耐候、附着力好，具有较好的三防性能。常用于汽车、家用电器、仪器仪表、轻工产品等的涂装 （3）双组分固化型涂料：主要以含羟基的丙烯酸树脂为一个组分，以含异氰酸酯的聚氨酯固化剂为另一个组分，商品以两组分分装，使用时将两组分按比例调配。其中，以芳香族聚氨酯为固化剂的涂料主要用于室内机械、仪器仪表、轻工产品等的装饰性涂装；以脂肪族聚氨酯为固化剂的涂料具有优异的耐候性能，而且其涂膜硬度、柔韧性、附着力、光泽等各方面性能都非常突出，广泛用于室外各类建筑、钢构、器具、机械等的高档次、长效保护的装饰性或防腐性涂装 （4）丙烯酸酯类乳胶涂料：广泛用于建筑的内外墙涂装，特别是由于其具有优秀的耐候性能、保色保光、耐水透气、良好的成膜性和施工性，可配制弹性涂料。用于外墙涂装后可延长建筑物的使用寿命 （5）其他改性涂料：采用环氧、聚氨酯、有机硅等进行改性，使涂料在具有丙烯酸酯树脂优良特性的基础上还拥有耐热、耐蚀、光固化等某些方面的特殊性能
10. 聚酯树脂涂料	这类是以聚酯树脂为主要成膜物的涂料。聚酯树脂是由多元醇和多元酸缩聚而制得，根据所用多元醇和多元酸是否含不饱和双键，分为饱和聚酯、不饱和聚酯两类树脂 （1）饱和聚酯涂料：烘干型饱和聚酯树脂涂料的涂膜坚韧、耐磨、耐热、涂膜丰满，常用作漆包线漆、卷钢涂料、汽车面层涂装等；聚酯粉末涂料具有耐候性较好、装饰性好的特点；与聚氨酯固化剂配套的双组分涂料得到普遍应用，尤其在木器家具的涂装方面用量很大 （2）多组分不饱和聚酯涂料：具有一次涂装的涂膜厚度大，固化时无溶剂挥发、污染小等特点，但干性常不易掌握，对金属的附着力差，施工方法较复杂，主要用于钢琴等高级木器或电绝缘材料等的涂装 （3）光固化不饱和聚酯涂料：机械化涂装，涂装效率高，一次成膜厚度大，涂膜光亮丰满，装饰效果好，并有底漆、面漆等配套产品，根据品种和用途的不同，可采用辊涂、淋涂及喷涂等涂装工艺

（续）

涂料名称	基本性能
11. 聚氨 酯树脂涂料	聚氨酯涂料性能优异，适用面广，近年来其品种和用量均增长很快，在各行业、各领域均有很多应用，是新兴涂料的主要品种之一 （1）单组分湿固化型：涂膜交联密度大，耐磨，耐化学腐蚀，抗污染，能在潮湿环境下施工，但耐候性较差 （2）氨酯油（氧化干燥型）：光泽、丰满度、硬度、耐磨性、耐水性、耐油性、耐化学腐蚀性等性能皆优于醇酸树脂涂料，但耐候性欠佳，易泛黄，多用于木器家具、地板和机床等的涂装 （3）双组分固化型：主要类型为以含羟基的聚酯、丙烯酸酯类树脂、醇酸树脂、聚醚、环氧树脂等为一个组分，以含异氰酸酯基的加成物或预聚物为另一组分，使用时按比例混合。该类涂料应用面广、使用量大，是聚氨酯树脂涂料的主要品种 使用芳香族聚氨酯固化成膜的涂料，涂膜的机械强度大，光泽高，耐蚀性好，在金属、木材、水泥和塑料等各类材料表面均具有良好的性能，但耐候性能较差，长时间光照后易产生变黄、粉化等现象。主要用于不要求高耐候性的装饰、保护、防腐蚀面层涂装。底漆可与耐候性面漆配套用于室外涂装 使用脂肪族聚氨酯固化成膜的涂料，硬度、柔韧性、附着力和光泽等各方面性能俱佳，而且具有优异的耐候性能，可用于车辆、飞机、桥梁和海上装置等各种高装饰性、高耐候性、高机械强度要求的面层涂装，但其价格高于芳香族聚氨酯 （4）聚氨酯弹性涂料：成膜物质常为聚氨酯与聚醚、聚酯的结合改性，涂膜弹性突出，抗挠曲性，经特别处理的弹性聚氨酯涂料还具有优异的手感效果，可用于软性材料，如皮革、纤维和橡胶等表面的涂装 （5）聚氨酯烘干型涂料：以封闭型聚氨酯涂料为代表。受热时封闭的异氰酸酯解封，显现出反应活性，与涂料中含有羟基的组成成分发生反应而固化成膜。该类涂料附着力、耐蚀性、机械强度等性能优异，适用于工业大规模流水线涂装生产。常用的品种有漆包线电绝缘涂料、阴极电泳涂料和粉末涂料等产品 （6）水性聚氨酯涂料：有聚氨酯水乳液、聚氨酯水分散体等，用于木器、皮革等的表面涂装，替代溶剂型涂料，具有环保意义

（续）

涂料名称	基 本 性 能
12. 环氧树脂涂料	这类是以环氧树脂为主要成膜物质的涂料，使用最多的是双酚 A 型环氧树脂涂料，其特点是具有极好的附着力、机械强度、坚韧性、耐蚀性、耐碱性和电绝缘性能，但耐候性差，室外曝晒易粉化，不宜作装饰性涂料（脂环族环氧树脂耐候性较好，但成本很高），广泛用于防锈底涂及重防腐蚀涂装，主要有以下几种类型： （1）环氧酯涂料：为气干型涂料，也可烘干，附着力、防锈性能、与面漆的配套性、施工性能等优良，常用的品种有环氧酯底漆和环氧酯改性硝基漆等产品 （2）双组分固化型涂料：耐化学腐蚀性优异，室温固化成膜，主要用于不烘烤的大型构件（如桥梁、油罐、船舶、化工装置及设备等）的防腐蚀涂装。常用品种为胺固化环氧树脂涂料，使用时将两组分按比例配制而成，但在低温下干燥速度较慢，使用时要注意施工的环境温度（一般要求不低于 5℃）。该类涂料在防腐蚀涂装方面占有很重要的地位。根据涂料中环氧树脂的型号不同、配套的固化剂的不同，以及涂料颜料、填料的品种变化，有很多种型号的双组分环氧涂料可供选择，适用于各种防腐蚀涂装的要求。聚氨酯固化环氧树脂涂料等也为双组分，在较低的温度下也可固化 （3）热塑性环氧树脂涂料：单组分，常温自干，耐温、耐化学腐蚀、附着力好，但耐水性欠佳，主要用于化工设备的防腐蚀涂装 （4）环氧粉末涂料：一次成膜厚，附着力强，机械强度高，耐化学腐蚀，主要用于石油化工管道、设备装置的防腐蚀涂装 （5）无溶剂环氧树脂涂料：采用活性稀释剂降低涂料的施工黏度，活性稀释剂参加固化反应成膜，没有溶剂挥发，利于环保，一次涂装可得到厚涂层，耐化学腐蚀，但施工比较困难，主要用于地坪、油罐和石油化工设备的防腐蚀涂装 （6）水性环氧树脂涂料：主要有水溶性环氧酯制备的各种电泳涂料，用于工业生产线涂装，作为底层涂料，需高温烘烤固化成膜。水乳化环氧树脂涂料可代替溶剂型环氧树脂涂料用于防腐蚀涂装，减少溶剂挥发，利于环保和安全 （7）改性环氧树脂涂料：通过有机硅等对环氧树脂的改性，赋予改性树脂耐热性能；通过酚醛树脂与环氧树脂的配合交联，使涂膜具有高温环境使用状态下的防腐性能；通过环氧与丙烯酸单体的反应，在成膜物质中引入双键，添加光引发剂后配制成光固化涂料，是较早用于工业化大规模涂装的光固化涂料之一，可用于木器和轻工产品的光固化涂装等

（续）

涂料名称	基 本 性 能
13. 元素有机聚合物涂料	元素有机聚合物涂料主要有含硅有机聚合物涂料和含氟有机聚合物涂料等 （1）有机硅涂料：不仅具有耐高温、耐低温、优异的耐候性等特点，而且还具有优良的电绝缘性、耐潮湿、抗水性、耐臭氧性，并可耐一般的化学药品的侵蚀，在特殊性能要求的涂装方面占有很重要的地位。常用的品种有： 1）有机硅耐热涂料：有常温自干型、高温烘干型等多种系列的品种，并可配合铝粉、锌粉使用，提高涂膜的防锈、耐热性能 2）有机硅绝缘涂料：有机硅绝缘涂料的绝缘等级为 H 级（绝缘耐热温度可达180℃），各项绝缘性能指标在很宽的温度范围内变动不大，对提高电机及电器设备的技术水平起到了非常重要的作用。按用途分为浸渍绝缘漆、黏合绝缘漆、涂覆绝缘漆、硅钢片绝缘漆，以及用于各类电器元件的绝缘保护漆等 3）有机硅耐候涂料：有机硅涂料耐候性优异，可耐长期曝晒，不易产生失光、粉化、变色等现象。常采用有机硅树脂对醇酸树脂、丙烯酸树脂、环氧树脂和聚酯树脂等其他树脂进行改性，制造兼具长效耐候性和优良装饰性的涂料，如用于建筑外墙抗水、长效涂装的硅丙建筑涂料，用于钢结构、船舶、卷材涂装的高耐候面饰涂料等 （2）氟碳树脂涂料：分子主链或侧链含有氟碳键（F—C）的聚合物被称为氟碳树脂，以其为主要成膜物质的涂料称为氟碳树脂涂料，也称氟树脂涂料 氟碳树脂涂料具有极佳的耐候性、化学稳定性、耐热性、防黏性、低摩擦系数和良好的机械强度，是高性能、长效耐久的新兴涂料品种。随着涂料科研技术水平的提高，该系列产品正得到快速发展，用途越来越广，在高表面性能建筑材料、外墙涂装、船舶自清洁防污、不粘器具、车辆和钢架桥梁等涂装领域占有很重要的地位，是今后重点发展的涂料品种之一。但氟碳树脂涂料的成本较高，部分品种的涂装方法有一定的限制 目前应用较多的氟碳涂料有：以含氟碳多元醇树脂（如三氟氯乙烯-烷烯基醚共聚树脂 FEVE、氟化丙烯酸树脂等）与脂肪族聚氨酯树脂相配合的双组分涂料；水分散型氟碳树脂涂料；氟碳弹性体涂料；聚四氟乙烯树脂（PTFE、特富龙）涂料；聚偏氟乙烯树脂（PVDF）涂料；聚氟乙烯树脂（PVF）涂料等

（续）

涂料名称	基 本 性 能
14. 橡胶类涂料	这类是以天然橡胶衍生物或合成橡胶为主要成膜物的涂料，具有快干、耐碱、耐化学腐蚀、柔韧、耐水、耐磨及抗老化等特点，但涂料的固体分低，不耐晒。主要用于船舶、水闸、化工产品的防腐蚀涂装，也可用作防火涂料。按照涂料中的成膜物质不同分为： （1）氯化橡胶涂料：耐酸碱腐蚀，耐水，耐盐雾，耐磨，防霉，阻燃，但涂膜易变色，清漆不耐曝晒，施工性能不太好。使用时要注意配套溶剂的选择，对于刷涂和滚涂的施工方法要注意调节涂料的重涂性，防止产生咬底现象 （2）氯磺化聚乙烯涂料：氯磺化聚乙烯涂料的耐候性、抗老化性、耐臭氧性及耐化学品性显著，尤其是在低温下也能形成柔软的涂膜，涂膜抗酸、碱、盐及抗水性好，具有优良的弹性、柔韧性、耐寒性和抗霉菌性能，但装饰性一般。多用于室内外钢结构及化工设施的防腐蚀涂装 （3）氯丁橡胶涂料：氯丁橡胶涂料在各类底材表面具有良好的附着力，涂膜耐水、耐酸碱、耐盐，耐温范围为 -40 ~ 90℃，常用于防腐蚀涂装 此外，还有氯化氯丁橡胶漆和丁苯橡胶漆等
15. 无机涂料	这类是以无机高分子聚合物为成膜基料的涂料。与有机高分子涂料相比，无机涂料具有耐热、耐燃、耐候、耐射线、耐油、耐溶剂等优势，但施工方法要求比较高，涂膜柔韧性差，易开裂，装饰效果较差，对木材、塑料、金属等底材的附着力不高，应用范围受到一定的限制 （1）硅酸盐建筑涂料：与水泥砂浆基层的附着力优良，涂膜的硬度较高，耐候，耐热，耐火，耐碱，不易滋生霉菌。但涂膜脆性大，基层形变时涂膜易产生裂纹 （2）硅溶胶涂料：硅溶胶可以单独调制墙面涂料，也常用于和丙烯酸类乳液配合制作复合外墙涂料，可增强涂膜的致密性，提高耐水和耐污染的能力 （3）水性无机富锌涂料：以硅酸盐为主要成膜物质，与锌粉以一定的比例配套使用，一般为双组分或三组分包装，涂覆于钢铁表面作防锈底漆，具有优异的耐油、耐溶剂、耐热性能和防锈性能，焊接性能优于有机富锌底漆。但涂装时对底材的表面处理要求高，涂膜性能受施工条件的影响大 （4）溶剂型无机富锌涂料：以正硅酸乙酯水解物（聚硅氧烷）溶于醇类溶剂中作为主要成膜物质，一般为双组分或三组分包装，表面干燥较快，施工性能优于水性无机富锌涂料，可用作防锈底漆和车间底漆

（续）

涂料名称	基本性能
15. 无机涂料	（5）磷酸盐涂料：根据性能用途，有磷酸盐防腐涂料、磷酸盐防火涂料和发动机耐热涂料等 （6）无机防火涂料：由于无机成膜物质具有不燃性，所以用其制造的防火涂料具有更好的防火性能。但是无机防火涂料的涂膜力学性能差，装饰效果不佳。与有机基料制成的防火涂料相比各有特点，可以复合使用
16. 其他涂料	其他还有用于漆包线涂装的具有耐高温绝缘特性的聚酰亚胺树脂涂料、具有各种特殊功能的有机无机复合成膜涂料、二甲苯树脂涂料、苯胺树脂涂料等

8. 涂料辅助材料

名　称	说　明
1. 稀释剂	稀释剂简称稀料。稀释剂可采用单一溶剂，但大多数为多种溶剂的混合物 稀释剂的主要作用为：溶解成膜物，降低涂料黏度，增加涂料的流动性有利于涂装施工，并且增强了涂料对被涂物表面的润湿性，从而提高涂膜的附着力，以获得完好的、性能优良的涂膜 选择、使用稀释剂时要特别注意稀释剂的适用性，不同类型和不同品种的涂料都有适用于自身的特定稀释剂，而且不同的施工条件和施工方法也可能要选用不同型号和性能的稀释剂，不能错用和滥用稀释剂，以免造成涂装质量事故
2. 脱漆剂	脱漆剂也称去漆剂，主要作用是除去旧涂层 使用脱漆剂脱除旧涂层时，必须根据涂膜类型及其结构和性能等因素选用不同的脱漆剂品种 如果使用的脱漆剂为酸性或碱性，或脱漆剂中含有石蜡，除去旧涂层的表面会有残留物，必须将其清除干净，否则会影响涂装后涂膜的附着力和其他性能
3. 防潮剂	防潮剂也称为防白剂、化白水。在空气湿度比较大的条件下施工时，涂料（尤其是挥发性干燥涂料）在成膜过程中容易产生泛白、针孔等缺陷。防潮剂的主要作用是调节溶剂体系的挥发速度，防止因溶剂挥发速度过快而产生发白现象。一般可以在涂料中加入稀释剂总量的 10% ~ 30%（体积分数）的防潮剂以代替稀释剂 选用防潮剂时要注意与涂料品种配套，并根据施工湿度和对涂膜干燥速度的要求控制其用量，防潮剂用量太大会造成涂膜干燥速度过慢

（续）

名　称	说　明
4. 催干剂	催干剂的作用是加快涂膜的干燥速度，俗称干料或燥液。例如：用于油基涂料和醇酸树脂涂料促进氧化聚合过程的环烷酸盐催干剂、异辛酸盐催干剂；用于聚氨酯涂料加快交联固化的有机锡催干剂等 催干剂一般在涂料生产时添加或按照比例分装，涂装时如果需添加催干剂必须严格按照产品使用说明的要求进行。催干剂用量超过一定的范围，将会对涂膜造成不良影响，致使涂膜产生皱皮、底层不干及早期老化等弊病

9. 一般无机和有机颜料在涂料中的性能比较

性能要求	选用	选用原因
色彩鲜艳	有机	有机颜料大多具有鲜艳的色彩
不渗色	无机	无机颜料在有机溶剂中溶解度极小。但也有不溶于涂料溶剂中的有机颜料
耐光性好	无机	无机化合物中的价键对紫外线具有稳定性，通常都高于有机化合物中的价键
耐热性	无机	在300℃以上能保持稳定的有机颜料为数不多，不少有机颜料在较低的温度下就被分解或熔化
同时适用于白色和黑色漆	无机	有机颜料中没有白色和黑色。在无机颜料中有最洁白的钛白粉，也有最乌黑的炭黑
遮盖力强	无机	无机颜料一般不透明，遮盖力强，而有机颜料的透明度一般比较高
色饱和度	有机	有机颜料的色泽清澈明亮，混色时更为有利，而无机颜料略显暗涩
密度	有机	无机颜料的密度一般比有机颜料大

五、涂料的病态及防治
1. 原料常见的病态及防治

病态现象	病态原因	防治方法
浑浊 　主要针对清漆和清油而言，正常的清漆和清油为透明的胶体漆液，如出现微浑浊便是发生了病态	1）溶剂（或其他材料）中含有水分，或由于容器内的水未倾倒干净，或因桶未盖紧，放置室外漏入雨水等	1）防止水分进入桶内，若溶剂里含有水分、苯类、汽油和松节油等，可用分层法分离；丙酮、酒精可用蒸馏法分离

（续）

病态现象	病态原因	防治方法
浑浊 主要针对清漆和清油而言，正常的清漆和清油为透明的胶体漆液，如出现微浑浊便是发生了病态	2）清油和清漆加入催干剂（尤其是铅催干剂）后，在有水分或低温的地方放置，催干剂析出 3）稀释剂使用不当，如用量过多，清漆呈胶状；如稀释剂溶解性差，会引起部分成膜物质不溶解 4）性质不同的两种清漆相混合	2）用水浴加热方法（65℃）清除，贮存室里要保持在26℃左右 3）少许浑浊时，可加适量松节油或苯类烃类溶剂来改善。根据成膜物质的不同，采用合适的稀释剂 4）避免不同种类和性能的清漆相混合
沉淀 涂料开桶后呈上下分层的明显沉淀状态	1）清漆内有杂质或不溶性物质存在，或长期暴露于空气之中，使胶体破坏产生沉淀 2）颜料密度大、颗粒较粗或填充料较多，或研磨的粉料分散得不均匀；漆液黏度小、色漆存放时间长等 3）加入稀释剂太多，涂料的黏度下降过大，以及贮存时间过久	1）进行过滤清除杂质，先入库的先使用，避免长期暴露在空气中 2）对于干硬的，必须取出硬块碾轧或粉碎后再放回原桶，充分搅拌均匀，过滤后仍可使用 3）定期将涂料桶横放或倒放
变稠（变厚）	1）用200号溶剂汽油稀释沥青漆 2）硝基漆中有水分存在时，能与桶壁生成硝酸铁，使漆变稠 3）快干氨基烘漆在贮存中容易变稠 4）醇酸清漆使用后桶盖未盖紧 5）漆桶漏气、漏液，溶剂挥发，贮存温度过高或过低	1）应用松节油或三甲苯稀释沥青漆 2）可加入丁醇或醋酸丁酯解决 3）在溶剂中至少用25%的丁醇稀释 4）桶盖要盖紧，同时漆内可加一些丁醇 5）更换漆桶，贮存室温度保持在20℃左右，避免曝晒
结皮 涂料在贮存过程中，表层易结成一层半干结漆皮，此层漆皮不再溶于涂料中，使用时应除掉	1）装桶不满或桶盖不严密，使涂料表面与空气接触 2）色漆过稠，颜料含量较多，钴锰催干剂用量多，涂料含过量聚合桐油 3）贮存温度过高，受到阳光曝晒	1）盖紧桶盖，使之严密，如漆桶漏气应更换新桶 2）制造时加入的各组成成分的用量应适当 3）不得超温保管和受阳光曝晒 4）使用时去掉皮膜，用后在表面倒一层同类型稀料，盖紧桶盖

（续）

病态现象	病态原因	防治方法
变色 涂料的变色主要指清漆变色，即由原色变成棕色或黑色；没有本来的透明无色或极浅淡的黄色	1）虫胶清漆在马口铁桶中颜色变深，贮存越久色越深，且带黄色 2）金粉、银粉与清漆发生酸蚀作用，以致失去鲜艳光泽，色彩变绿、变暗 3）清漆中的有些溶剂水解，如酯类溶剂与铁容器反应使色泽变深 4）复色漆内几种颜料密度不同，密度大的颜料下沉，轻的上浮而引起变色	1）虫胶清漆忌用金属容器，应使用非金属容器（陶瓷、玻璃等）溶解和贮存 2）把金属颜料金粉、银粉与清漆分开包装，使用时用多少调多少，随调随用 3）清漆和溶剂均应用木桶、瓷罐、玻璃瓶等贮存 4）用时搅拌均匀
发胀 指涂料的黏度大大增加，最后变成厚浆硬块。在形态上常以肝化、胶凝和假厚三种形式出现	1）肝化是指色漆的黏度发生连续性的不可逆的增长，最后胶凝成为半固体肝状物。常由于漆料中的游离酸和碱性颜料之间发生反应，生成皂化物引起，一旦肝化，涂料即报废 2）胶凝是指油料聚合过度，其中含有聚合胶体，黏度增高或结成冻胶 3）假厚亦称触变，外表看来稠厚，但一经机械搅拌立即流动自如，停止搅拌后又会变厚。主要出现在含颜料成分较高的漆中，以滑石粉、氧化锌、红丹粉等最为明显，涂刷时刷痕不易消失	1）色漆最好自行调配，随配随用 2）这是暂时现象，经过机械作用可以重新分散，或加入少许有机酸（如安息香酸）就可恢复正常 3）这种现象实际上不是涂料的病态（涂刷呈刷痕除外），相反倒有其优点，因为它可以防止涂料在涂刷后发生流挂，造成漆膜厚薄不均匀，同时颜料不易沉淀

2. 涂料在施工中常见的病态及防治

病态现象	病态原因	防治方法
流挂 涂料施工于垂直物体的表面上，未干前深层有下流现象，造成干后漆膜厚薄不均匀，并有流痕，这种现象称为流挂	1）刷涂时，漆刷蘸漆过多而又未涂刷均匀；刷毛太软，漆液又稠，涂不开；或刷毛短，漆液又稀 2）喷涂时漆液的黏度太稀，喷枪的出漆嘴直径过大、气压过小，勉强喷涂，喷枪口距被涂表面太近，喷枪移动速度太慢，油性漆、烘干漆干燥慢，喷涂重叠 3）浸涂时，黏度过大，涂层过厚，有沟、槽形的零件也易于积漆溢流 4）涂件表面凹凸不平，形状复杂 5）施工环境温度高，涂膜干燥慢	1）漆刷蘸漆一次不要太多，漆液稀时刷毛要软，漆液稠时，刷毛宜短，涂刷厚薄要适当，刷涂要均匀 2）漆液黏度要适中，喷硝基漆时喷嘴直径略小一点，气压为 $(4\sim5)\times10^5\mathrm{Pa}$，距离工件约30cm，喷油性漆或烘干漆距离更远些，不可多次重叠 3）浸涂时，漆液黏度以18～20s为宜，浸漆后取出用滤网放置20min，再用离心设备及时除去漆件下端及沟、槽处的积漆 4）选用刷毛长、软硬适中的漆刷 5）根据施工环境条件，先做涂膜干燥试验
起泡 涂膜干结后，局部与被涂覆工件表面失去附着力，成直径不同的球状小泡向上膨胀鼓起，内部包藏着液体或气体，或者发生破裂的状态，这种现象称为起泡	1）除油未尽，在金属表面黏附黄油，清洗不彻底就涂底漆，或底漆上附有机油就刮腻子 2）墙壁潮湿，急于涂漆施工，涂漆后水分向外扩散顶起漆膜，严重时漆膜可撕起 3）木质制件潮湿，涂漆后水分遇热蒸发冲击漆膜，漆膜越厚起泡越严重 4）在没有干透的底漆上涂装面漆，内部的挥发性液体受热膨胀而将漆膜拱起 5）刚涂装的新漆膜很快接近高温或受日光直射，由于表面迅速干燥成膜，而稀释剂继续往外挥发，将漆膜顶起，造成起泡	1）金属表面或腻子底层上的油污、蜡质等要仔细清除干净 2）新抹的粉墙或混凝土表面必须彻底干燥，然后涂装 3）木质制件涂漆前应采用低温烘干或自然晾干 4）每层漆均须在干透后再涂覆下层漆，已起泡的部位彻底消除后重新修补 5）工件涂装后，应待溶剂初步挥发后再进烘，要逐渐升温，切忌曝晒

（续）

病态现象	病态原因	防治方法
起泡 涂膜干结后，局部与被涂覆工件表面失去附着力，成直径不同的球状小泡向上膨胀鼓起，内部包藏着液体或气体，或者发生破裂的状态。这种现象称为起泡	6）工件除锈不干净，产生锈泡或经烘烤扩散出部分气体 7）酸洗件中和不彻底，有余酸存在，涂漆后产生气泡 8）空气压缩机及管道带有水分	6）工件除锈必须彻底 7）必须彻底清除余酸 8）采用油水分离器
针孔 在漆膜表面出现的一种凹陷的透底的针尖细孔现象称为针孔	1）涂漆后从溶剂挥发到初期结膜阶段，由于溶剂的急剧挥发，特别是受高温烘烤时，漆膜本身又来不及补足空档而形成一系列小穴（即针孔） 2）溶剂使用不当，如沥青烘漆用汽油稀释就会产生针孔，若经烘烤则更严重 3）施工粗糙，腻子底层不光滑，未涂底漆或二道底漆就急于喷面漆。硝基漆比其他漆尤为突出 4）施工环境温度过高，涂料中有水或空气中有灰尘等	1）烘干型漆黏度要适中，涂漆后在室温下静置15min，烘烤时先以低温预热，按规定控制温度和时间，让溶剂能正常挥发 2）沥青烘漆用松节油稀释，涂漆后静置15min，然后按规程控制温度和时间 3）腻子层经涂刮及打磨后表面要光滑，最好先喷二道底漆，再喷面漆，以填塞腻子层针孔 4）喷涂时施工环境相对湿度小于70%，施工时设法杜绝水及其他杂质
桔皮 涂料在喷涂施工后，由于漆膜的流平性差，干燥后的漆膜表面形成起伏不平的凹陷现象，类似干桔子皮，这种病态称桔皮	1）施工喷涂不得当，如漆的黏度过大，喷涂压力太高，喷嘴太小，喷枪与工件表面距离不合适，施工环境温度太高或太低 2）由于涂料中的高挥发成分急剧挥发而致	1）可采用较多的稀释剂，在稀释剂中可酌情加沸点较高的溶剂，如环己酮。硝基漆的黏度应该用硝基漆的稀释剂调稀，过氧乙烯漆的施工黏度特别是在采用小口径喷枪时要求更低，一般可按原漆量的30%~60%用过氧乙烯稀释剂调稀，并注意调整有关施工条件 2）注意避免高挥发成分急剧挥发

（续）

病态现象	病态原因	防治方法
刷痕 涂料用刷涂法施工后，表面流平性差，干燥后的漆膜留有涂刷的痕迹，这种现象称为刷痕	1) 因底漆颜料含量多，稀释不足，涂刷时和干燥后都会出现刷痕 2) 漆刷保管不善，刷毛不清洁、干硬，或毛刷过旧 3) 涂料黏度太小，刷毛太硬 4) 挥发型涂料不宜用刷涂，即使黏度很小，也会产生刷痕	1) 涂刷底漆宜稀，干后用细砂纸打平，使底漆平滑，面漆就会光滑 2) 刷毛内有脏物要铲除干净，不让其干硬，漆刷太旧应更换 3) 黏度不宜太小，改用软毛刷 4) 可改用喷涂方法施工
发白 硝基漆或其他挥发干燥型涂料在施工或干燥后漆膜光泽减退，如为清漆，则表面发白而透明度降低，这种现象称为发白	1) 湿度过大，空气中相对湿度超过80%时，由于涂装后挥发性漆膜中溶剂的挥发，使湿度降低，水分积聚在漆膜中，形成白雾状 2) 喷涂设备中有较多的水分凝聚，在喷涂时水分进入漆中 3) 薄钢板比厚钢板和铸件的热容量小，冬季在薄钢板上漆膜更容易泛白 4) 溶剂选用不当，低沸点稀料较多，或稀料内含有水分	1) 喷涂挥发性漆时如施工环境湿度较大，可将工件经低温预热后喷涂，或加入相应的防潮剂 2) 检查油水分离器，彻底清除喷涂设备中凝聚的水分 3) 低温预热后喷涂，或采用相应的防潮剂 4) 低沸点稀料内可加防潮剂，稀料内若有水分应予更换
渗色 底层漆涂覆面漆后，底层漆的颜色由于面漆溶剂的作用而渗透于表面，这种病态称为渗色	1) 多数出现于面漆色浅、底漆色深时，如红色底漆上涂覆其他浅色漆，红色浮渗，使白色漆变粉红，黄色漆变桔红 2) 喷涂硝基漆时，溶剂的溶解力强，下层底漆有时会透过面漆，使面漆的颜色被污染 3) 涂木器时，如遇到木材上有染色剂或木质含有染料颜色，就会渗色	1) 可用相近的浅色漆作为底漆，或采用虫胶清漆或铝粉漆作为封闭层 2) 喷涂时如发现渗色现象应立即停止施工，已喷上的漆膜经干燥后打磨揩净，涂虫胶清漆加以封闭 3) 事先涂虫胶清漆封闭染色剂，或采用相适应的颜色漆

（续）

病态现象	病态原因	防治方法
咬底 指面漆中的溶剂很容易将底漆漆膜软化，甚至会影响底漆与工件表面的附着力，这种在涂覆面漆后，将底层漆膜咬起的现象称为咬底	1）不同成膜物的咬底：醇酸漆或油脂漆加涂硝基漆时，强溶性对油性漆膜的渗透和溶胀 2）相同成膜物的咬底：环氧清漆或环氧绝缘漆（气干）干燥较快，再涂第二层漆时也会出现咬底的现象 3）不同天然树脂漆的咬底：含松香的树脂漆成胶后复涂大漆也会咬底 4）酚醛防锈漆上复涂硝基漆或过氯乙烯漆，因强溶剂的影响产生咬底 5）环氧底漆上复涂硝基漆或过氯乙烯漆	1）各类磁性漆最好是加涂同类型的漆，也可经打磨清理后涂一层铁红醇酸底漆给以隔离 2）环氧清漆或环氧绝缘漆需涂第二层时，可在涂完第一层未干时即涂第二层，或稍厚一层涂均匀 3）在松香树脂漆膜上不宜复涂大漆，必要时先将漆面打磨，刷一层豆浆水，再复涂大漆 4）使酚醛底漆彻底干透后再复涂面漆，或涂铁红醇酸底漆 5）待环氧底漆干透后再复涂面漆
粗粒 粗粒又称起粒或表面粗糙，指漆膜表面有颗粒状杂物	1）涂料颜料过粗，涂料中含有杂质，或颜料沉淀后未曾调开 2）工具、漆桶、被涂工件表面不洁，漆刷中夹带灰尘、颗粒等 3）施工环境不清洁，尘埃落于漆面 4）漆皮混入漆内，造成漆膜呈现颗粒 5）喷涂挥发型涂料时，枪口小，压力大，特别是喷枪与工件面距离太远，涂料黏度太大，都会造成"虚掩""粗粒"	1）施工前将涂料充分搅拌均匀并过滤 2）保持漆刷、漆桶及被涂工件表面的清洁，使其不被脏物沾污 3）施工前打扫好场地，保持环境干净 4）细心去除漆皮并过滤 5）调整工艺来克服粗粒的弊病

（续）

病态现象	病态原因	防治方法
发汗 涂膜上有油脂等从底层渗出的一种现象称为发汗	1）树脂含量少的亚麻籽油或清油，漆膜容易发汗，一般潮湿、黑暗，尤其是通风不良的场所易发汗 2）硝基漆表面复喷漆时，由于旧漆膜残存石蜡、矿物油等，新漆溶剂渗入漆膜，使其重新软化，以致发汗	1）使用涂料时，从选择涂料特性来考虑，湿润性好的清油适宜用在户外和阳光充足的环境 2）涂新漆前，将旧漆膜上的蜡质、油污用汽油揩干净，再用新棉纱边检查边揩抹
皱纹 指涂料成膜不光滑，收缩成很多弯曲的棱脊	1）催干剂搭配不当或加得过多，使内外层干燥不均匀，干得快的涂膜表面所占的面积比下面未干部分的面积大，四面无处伸展，只向上收拢而起皱 2）涂料中含有挥发快的溶剂，当漆膜尚未流平时黏度已经增稠，因此造成皱纹 3）漆膜涂覆过厚，表层先干结成膜，隔绝了下层和空气的接触，造成表里不干；底漆未干透；黏度太大；施工环境不良；涂漆后曝晒或烘烤温度过高	1）减少催干剂，调入同品种干性慢的涂料 2）选择合适的溶剂，酌加稀释剂 3）涂刷时必须纵横展开，避免涂覆过厚。注意施工条件、施工环境和烘烤温度，切忌曝晒
漆膜变色 常见的为漆膜变黄的现象	1）受热烘烤，日光曝晒，或放在黑暗环境中，均会使白色、淡色或透明的漆膜变黄 2）涂料中催干剂过量，也会使漆膜变色 3）有些颜料（如铁蓝和铬绿）遇碱即变色。大气中有硫的蒸气存在，往往造成含有铅锌等的氧化物或金属粉的涂料中的颜料变成黑色，致使漆膜变色	1）烘烤温度应低些，且温度要保持均匀，避免烟气流入烘房。忌曝晒 2）减少催干剂 3）注意根据工件的使用环境选择合适的涂料

病态现象	病态原因	防治方法
发笑 它与针孔病态相似。漆膜部分地收缩形成锯齿、圆珠状，斑斑点点露出底层，酷似人的笑脸，故称发笑	1）某些涂料品种（如环氧漆）在形成漆膜时若掌握不当，很容易产生空膜引起发笑 2）被涂工件表面粗糙度很小时也容易出现收缩 3）被涂工件表面有灰尘、汗迹、油污、蜡质和潮气等也会引起发笑，以烘漆更为明显 4）双组分涂料在调配后马上进行涂装，常产生收缩发笑	1）加入适量溶解力强的极性溶剂即可克服 2）表面应进行适当的喷砂、砂布打磨等预备处理，以增加漆膜的附着力 3）注意工件表面的清洁，若有油污、蜡质等，可用汽油揩拭 4）调配后经过一段热化再行涂装
返黏 返黏又称回黏，指漆膜干后又产生发黏现象	1）底漆未干透而过早涂上面漆，甚至面漆干燥也不正常，影响内层干燥，不但延长干燥时间，而且漆膜发黏 2）被涂工件表面不清洁，表面或底漆上有蜡质、油脂、盐类和碱类等 3）漆膜太厚，使内层长期没有干燥机会，如厚的亚麻籽油制的漆涂在黑暗处，要发黏数年之久 4）天气太冷或空气不流通，使漆膜的干燥时间延长，导致返黏 5）有机溶剂中有多量的不挥发物质带入涂料中，或催干剂使用不当，均会使漆膜发黏	1）底漆干透后再涂面漆 2）涂漆前将工件表面处理干净。对木材上松脂节疤，处理干净后要用虫胶清漆封闭 3）涂料黏度要适中，漆膜宜薄，每层漆要干透。根据使用环境，选用相应的涂料 4）注意施工环境，天气骤冷时不要急于涂漆 5）最好的催干剂应为铅、锰、钴三者的混合液，而且必须按比例使用
发花 当含有多种颜料的色漆涂膜干燥以后，其中一种或一种以上的颜料与其他颜料分离或浮现于涂膜表面，形成色斑或色线，使色相乱杂，这种现象称为发花	1）中蓝醇酸磁漆加白酚醛磁漆拼色混合，即使搅拌均匀，有时也会产生花斑，刷得更为明显 2）灰色、绿色或其他复色漆颜料中密度大的沉底，轻的浮在上面，搅拌不彻底，以致色漆有深有浅 3）漆刷刷深色漆后未清洗，涂刷浅色漆时，刷毛内深色渗出，引起发花	1）可用中蓝醇酸磁漆和白醇酸磁漆混合，而且要将桶内色漆兜底搅拌均匀 2）对颜料密度大小不同的色漆，使用时必须注意彻底搅拌均匀 3）涂过深色漆的漆刷要清洗干净

3. 涂料成膜后常见的病态及防治

病态现象	病态原因	防治方法
失光 有光涂料成膜后无光泽或光泽不足的现象，称为失光	1）被涂工件表面粗糙，喷砂或打磨过度，亮漆涂上后似无光	1）涂层表面要求光滑，主要用腻子刮光
	2）稀释剂用量过多，各种涂料都会失去应有的光泽	2）稀释剂的加入适量，使涂料保持正常的黏度（刷涂为30s，喷涂为20s左右）
	3）底漆尚未干透即涂装面漆，可使漆膜失光	3）待底漆干透后再涂覆面漆
	4）被涂表面有油污、水分等	4）涂装前应将表面清理干净
	5）冬季寒冷，温度太低，油性漆膜往往因受冷风袭击，既干燥缓慢，又失光	5）冬季施工场地必须堵塞冷风袭击或选择适当的施工场地，加入适量催干剂
	6）湿度太大，相对湿度在80%以上，挥发性漆膜吸收水分发白无光	6）挥发性漆施工时相对湿度应在70%以下，或将工件预热，或加10%~20%的防潮剂
脱落 由于涂层和工件表面或新旧漆层之间丧失了附着力，涂层表面形成小片或鳞片脱离，称为剥落。当涂层与表面间的附着力完全丧失，使漆膜整张脱落，称为脱皮，总称为脱落	1）被涂工件表面过分光滑，涂漆前未经表面处理或处理不彻底，表面残存水分、油污和氧化皮等	1）过分光滑的表面要用砂纸打磨成平光，对水分、油污和氧化皮等要彻底清除
	2）底漆选择不对（如漆膜过硬，使面漆不易黏合或底漆光泽太大等）	2）一般应该选用配套的涂料产品
	3）漆膜过厚或漆膜层间干得不透，遇到水气等	3）在化工烟雾或野外环境中应选用快干涂料来缩短涂覆时间；在潮湿环境中施工，应把表面水气搭干后再涂覆，漆膜层间干透后再涂覆
	4）烘烤时温度过高或时间过长	4）烘烤温度和时间应按工艺规程控制

（续）

病态现象	病态原因	防治方法
龟裂 在涂膜表面呈现轻微的裂痕，称为细裂；如果从裂痕处可见到下层表面，则称为开裂；干燥后的涂膜表面呈现龟板花纹样的细小裂纹，称为龟裂	1）面漆使用不当，在长油度漆膜上罩油度短的面漆，或底漆未干透即涂面漆 2）木制品含有松脂未经处理，在日光曝晒下会溶化渗出漆膜，造成局部龟裂 3）第一层面漆厚，未经干透又复涂面漆，二层漆内外伸缩不一致 4）室内用漆用于室外，漆内含有天然树脂较多，室外涂料层太厚，均易产生龟裂	1）底漆和面漆用长油度配套漆，漆膜柔韧性一致，不易龟裂，底漆干后再复涂面漆 2）将松脂铲除，用酒精揩干净，松脂部位用虫胶清漆封闭后再涂漆 3）第一层漆宜稀且薄，干透后再涂第二层漆 4）要合理施工，尤其是室外用漆，要选用耐候性好的涂料
粉化 漆膜在大气作用下，由于涂膜表面损坏，漆膜成粉状脱落，这种病态称为粉化	1）强烈的日光曝晒及受到水、霜、露、冰、雪的侵蚀 2）清漆黏度小，或膜层太薄 3）白色颜料的涂料及磁性调合漆（尤其在室外）极易粉化	1）选择耐候性好的涂料，如丙烯酸漆，漆膜较稳定 2）漆液黏度要适中，如室内涂两层，室外需涂第三层 3）室外最好不用或少用白色漆，用油性调合漆不用磁性调合漆。选用耐光性好的金红石型钛白粉做白漆的颜料
生锈 主要指钢铁表面受潮气，使金属层锈蚀蔓延返之上层，使漆膜破裂出现点蚀、针蚀和膜下锈蚀	1）被涂工件表面铁锈、酸液未彻底清除，日久锈蚀蔓延 2）漆膜总厚度不够，水分或腐蚀气体透过漆层而腐蚀金属 3）涂漆不均匀，有漏涂或漆膜有针孔	1）表面处理时要彻底清除铁锈余酸等 2）漆膜总厚度要符合技术要求，不可太薄 3）涂漆要均匀一致，注意不漏涂，避免漆膜产生针孔

注：涂料在成膜后除出现上述常见病态外，有时还会出现褪色及变脆等病态，它们大都是因为使用环境恶劣引起的。

六、涂料的储运管理

1. 涂料危险品等级的划分

涂料成分中一般都含有大量挥发性有机溶剂，属易燃易爆物品。涂料危险品等级的划分，决定于所含溶剂的闪点。根据《铁路危险货物运输规则》，涂料的危险等级分为如下两级：

危险品等级	说　明
1. 一级易燃液体	一级易燃液体的闪点不高于28℃，极易燃烧，如硝基喷漆和硝基稀释剂等
2. 二级易燃液体	二级易燃液体的闪点在28～45℃之间，如油性清漆、沥青漆

2. 涂料的运输包装

涂料运输包装的主要目的在于保护产品质量不发生变化，数量完整，并防止运输过程中发生燃烧、爆炸、腐蚀及毒害等事故。根据涂料的性质和运输特点，按照国家标准 GB/T 13491—1992《涂料产品包装通则》和 GB/T 9750—1998《涂料产品包装标志》的规定，涂料货物包装应满足如下要求：

序号	指　标
1	包装容器要有一定的强度，能经受运输过程中的正常冲撞、振动、挤压和摩擦。铁路运输的涂料包装主要使用马口铁桶和镀锌铁桶
2	由于涂料属易燃液体，故要求包装封口严密
3	包装容器上的标志注有厂名、品名、生产日期、批号、净重，并保持完整，以免混淆
4	包装应有适当的衬垫，用大铁桶盛装一级易燃液体时，应捆以草绳或用草帘、芦席等其他柔性材料作为衬垫，以保证运输中不致因摩擦产生火花或渗漏。薄铁桶还应装入木箱、透笼木箱或条筐内
5	涂料在运输与装卸时应轻拿轻放，防止摔破容器，不得有倒置及重压挤砸等现象；搬运时不得吸烟；不可与易燃物、可燃物、氧化剂及酸、碱、盐共运
6	必须有危险品包装标志，包装标志应正确、明显和牢固。一旦发生事故能及时采取措施进行补救。消防时用泡沫灭火机、砂土，不可用水
7	涂料包装运输满足以上要求外，在待运和装卸作业过程中还要注意临时堆放处不能靠近火源、热源，并防止受潮、水浸、雨淋及日晒等。在露天存放应加盖篷布，发现包装有漏气、漏液及破损等情况应移至安全地点更换包装，严禁在堆放场地以明火焊补漏缝

3. 涂料的保管

序号	指　标
1	涂料作为危险品和有毒物品须存放在专门库房内。库房内严禁烟火，并与其他易燃、易爆及有腐蚀性的物品隔离
2	库房必须阴凉、干燥、通风、无日光直射。库房内温度应保持在5～25℃，相对湿度为60%～65%
3	调合漆和磁漆中的颜料易发生沉降，应定期（每月）将容器翻倒一次
4	涂料罐桶要注意密封，防止受潮锈蚀、破损。存放漆桶应放在架上，桶间留有空隙，使之通风
5	涂料进库应登记，填上制造厂名、批号、出厂日期。涂料保管时间不宜过长，应按"先进先发"的原则，以防变质
6	对超过存放期限或已变质的涂料要及时通知有关部门进行检验

第二章 建筑涂料

一、内墙涂料

1. 合成树脂乳液内墙涂料（GB/T 9756—2009）

【用途】 本标准适用于以合成树脂乳液为基础，与颜料、体质颜料及各种助剂配制而成的、施涂后能形成表面平整的薄质涂层的内墙涂料，包括底漆和面漆。

【分类】

分类	说明
1. 品种	产品分为两类：合成树脂乳液内墙底漆（以下简称内墙底漆）、合成树脂乳液内墙面漆（以下简称内墙面漆）
2. 等级	内墙面漆分为三个等级：合格品、一等品、优等品

【要求】

（1）内墙底漆的要求

项目	指标
容器中状态	无硬块，搅拌后呈均匀状态
施工性	刷涂无障碍
低温稳定性（3次循环）	不变质
涂膜外观	正常
干燥时间（表干）/h ≤	2
耐碱性（24h）	无异常
抗泛碱性（48h）	无异常

（2）内墙面漆的要求

项目	指标		
	合格品	一等品	优等品
容器中状态	无硬块，搅拌后呈均匀状态		
施工性	刷涂二道无障碍		
低温稳定性（3次循环）	不变质		
涂膜外观	正常		
干燥时间（表干）/h ≤	2		

（续）

项目	指标		
	合格品	一等品	优等品
对比率（白色和浅色① ） ≥	0.90	0.93	0.95
耐碱性（24h）	无异常		
耐洗刷次数 ≥	300	1000	5000

① 浅色是指以白色涂料为主要成分，添加适量色浆后配制成的浅色涂料形成的涂膜所呈现的浅颜色，按 GB/T 15608 中的规定，明度值为 6~9 之间（三刺激值中的 $Y_{D65} \geq 31.26$）。

2. 水溶性内墙涂料（JC/T 423—1991）

【组成】 以水溶性化合物为基料，再加颜料、填料、助剂和溶剂调制而成。其中Ⅰ类适用于浴室、厨房内墙，Ⅱ类适用于一般建筑物内墙。

【用途】 漆膜平整、色泽均匀、附着力好，以水为溶剂，对环境污染小。适用于浴室、厨房与普通建筑物内墙面的涂装。

【技术指标】

项 目	指 标	
	Ⅰ型	Ⅱ型
容器中状态	无结块、沉淀和絮凝	
条件黏度①/s	30~75	
细度/μm ≤	100	
遮盖力/（g/m²） ≤	300	
白度②（%）	80	
涂膜外观	平整、色泽均匀	
附着力（%）	100	
耐水性	无脱落、起泡和起皱	
耐干擦级别 ≤	—	1
耐洗刷次数 ≥	300	—

① 表示 GB/T 1723 中涂-4 黏度计的测定结果的单位为 s。
② 表示白度规定只适用于白色涂料。

【施工参考】

序号	说 明
1	被涂墙面应先经处理，以达到无油、无灰尘和产品所要求的 pH 值、水分
2	可用刷涂、滚涂法施工
3	按产品说明书的要求，用水调节施工黏度

3. 建筑室内用腻子（JG/T 298—2010）

【用途】 本标准适用于以合成树脂乳液、聚合物粉末、无机胶凝材料等为主要粘结剂，配以填料、助剂等制成的室内找平用腻子。

【术语和定义】

术语	定义
1. 建筑室内用腻子	装饰工程前，施涂于建筑物室内，以找平为主要目的的基层表面处理材料
2. 薄型室内用腻子	单道施工厚度小于 2mm 的室内用腻子
3. 厚型室内用腻子	单道施工厚度大于或等于 2mm 的室内用腻子

【分类】

按室内用腻子的适用特点分为三类：

一般型——一般型室内用腻子适用于一般室内装饰工程，用符号 Y 表示。

柔韧型——柔韧型室内用腻子适用于有一定抗裂要求的室内装饰工程，用符号 R 表示。

耐水型——耐水型室内用腻子适用于要求耐水、高粘结强度场所的室内装饰工程，用符号 N 表示。

【要求】

项目			技术指标[①]		
			一般型（Y）	柔韧型（R）	耐水型（N）
容器中状态			无结块、均匀		
低温贮存稳定性[②]			三次循环不变质		
施工性			刮涂无障碍		
干燥时间（表干）/h	单道施工厚度/mm	<2	≤2		
		≥2	≤5		
初期干燥抗裂性（3h）			无裂纹		
打磨性			手工可打磨		
耐水性			—	4h 无起泡、开裂及明显掉粉	48h 无起泡、开裂及明显掉粉
粘结强度/MPa	标准状态		>0.30	>0.40	>0.50
	浸水后		—	—	>0.30
柔韧性			—	直径 100mm，无裂纹	—

注：有害物质限量应符合 GB 18582—2008 中水性墙面腻子产品的规定。

① 在报告中给出 pH 实测值。

② 液态组分或膏状组分需测试此项指标。

4. 弹性建筑涂料（JG/T 172—2014）

【用途】 本标准适用于以合成树脂乳液为基料，与颜料、填料和助剂等配制而成的弹性建筑涂料。

【术语和定义】

术语	定义
弹性建筑涂料	以合成树脂乳液为基料，与颜料、填料及助剂配制而成，施涂一定厚度（干膜厚度≥150μm）后，具有弥盖因基材伸缩（运动）产生的细小裂纹作用的功能性涂料

【分类】

根据使用的环境不同，将弹性建筑涂料分为内墙弹性建筑涂料和外墙弹性建筑涂料。外墙弹性建筑涂料根据功能的不同分为弹性面涂和弹性中涂，根据适用地区的不同分为Ⅰ型和Ⅱ型，按JGJ 75规定的划分方式，Ⅰ型适用于夏热冬暖以外的地区，Ⅱ型适用于夏热冬暖地区。

【要求】

序号	项目		技术指标				
			外墙面涂		外墙中涂		内墙
			Ⅰ型	Ⅱ型	Ⅰ型	Ⅱ型	
1	容器中状态		搅拌混合后无硬块，呈均匀状态				
2	施工性		施工无障碍				
3	涂膜外观		正常				
4	干燥时间（表干）/h		≤2				
5	对比率（白色或浅色）①		≥0.90		—		≥0.93
6	低温稳定性		不变质				
7	耐碱性（48h）		无异常				
8	耐水性（96h）		无异常			—	
9	耐人工老化性（白色或浅色①）		400h不起泡，不剥落，无裂纹 粉化≤1级，变色≤2级			—	
10	涂层耐温变化（3次循环）		无异常			—	
11	耐沾污性（白色或浅色①）（%）		<25		—		
12	0℃低温柔性	φ10mm	—		—	无裂纹或断裂	
	-10℃低温柔性	φ10mm			无裂纹或断裂		
13	拉伸强度/MPa	标准状态下	≥2.0				
14	断裂伸长率（%）	标准状态下	≥150		≥150		≥80
		0℃	—	≥35			
		-10℃	≥35				

① 浅色是指以白色涂料为主要成分，添加适量色浆后配制成的浅色涂料形成的涂膜所呈现的浅颜色，按GB/T 15608—2006中4.3.2的规定，明度值为6～9之间（三刺激值中的Y_{D65}≥31.26）。

5. 可调色乳胶基础漆（GB/T 21090—2007）

【用途】 本标准适用于由合成树脂乳液为基料，加入颜填料、助剂等配制而成的室内、室外用可调色乳胶基础漆。

【术语和定义】

术　语	定　义
1. 可调色乳胶基础漆	与色浆等着色剂混合，具有良好相容性，调色后能满足施工及使用要求的基础乳胶漆
2. 颜色稳定性	可调色乳胶基础漆在消色力、色相方面的批次稳定性能

【产品分类】 按产品的使用环境分为室内用和室外用可调色乳胶基础漆两类。每一类按对比率又分为用于调浅色漆、中等色漆和深色漆三种可调色乳胶基础漆。

用于调浅色漆的可调色乳胶基础漆：对比率 $x \geqslant 0.87$；

用于调中等色漆的可调色乳胶基础漆：$0.40 < $ 对比率 $x < 0.87$；

用于调深色漆的可调色乳胶基础漆：对比率 $x \leqslant 0.40$。

【技术要求】 由可调色乳胶基础漆与配套色浆调配成乳胶色漆后，内墙乳胶色漆应符合 GB/T 9756 和 GB 18582 的要求，外墙乳胶色漆应符合 GB/T 9755 的要求。

室内用和室外用可调色乳胶基础漆产品还应符合以下要求：

项　目	指　标		
	用于调浅色漆的可调色乳胶基础漆	用于调中等色漆的可调色乳胶基础漆	用于调深色漆的可调色乳胶基础漆
容器中状态	无硬块，搅拌后呈均匀状态		
固体含量(%)	≥50		≥40
黏度（KU）	≥75		
相容性	目测无浮色、发花		
	色差 $\Delta E \leqslant 0.5$	色差 $\Delta E \leqslant 0.8$	炭黑、铁红色差 $\Delta E \leqslant 1.0$ 酞菁蓝色差 $\Delta E \leqslant 1.5$
颜色稳定性	色差 $\Delta E \leqslant 1.0$		

6. 调色系统用色浆（GB/T 21473—2008）

【用途】 本标准适用于建筑装饰涂料用调色系统，其他调色系统可参照本标准执行。

【术语和定义】

术　语	定　义
1. 调色系统	满足在色彩设计和应用过程中色彩再现需求的平台，它由可调色基础漆、系统用色浆、标准色卡、调配配方软件和调色计量混合装置五个部分组成
2. 色域覆盖	所能覆盖的色空间，具体是指能够满足一定条件的颜色的集合在色品图或色空间内的范围

【分类】 调色系统用色浆主要分为两大类：溶剂型色浆和水性色浆。

【技术要求】

（1）溶剂型色浆的技术要求

项　目			指　标
容器中状态			无硬块，呈均匀状态
旋转黏度（6r/min, 12r/min）/（MPa·s）			≤10000
细度/μm			≤25
干燥时间（表干）/min			≥60
相容性[①]	目视法		无浮色、发花
	仪器法，色差 ΔE_{ab}^{*}		≤1.0
批次重现性	目视法		近似
	仪器法	色相差 dH	±0.7
		彩度差 dC	±0.7
		明度差 dL	±0.7
		红/绿色相差 da	±0.7
		黄/蓝色相差 db	±0.7
		总色差 ΔE_{ab}^{*}	≤1.0
相对着色力（彩色色浆）（%）			100±5
相对散射力（白色色浆）（%）			
色域覆盖			996个色卡样片
耐光性			商定
耐候性			商定
挥发性有机化合物 VOC/（g/L）			≤450
重金属质量分数/（mg/kg）	可溶性 Pb		≤90
	可溶性 Cd		≤75
	可溶性 Cr		≤60
	可溶性 Hg		≤60

① 白色色浆由双方商定的标准黑基础漆来检测。

（2）水性色浆的技术要求

项　目		指　标		
		用于调浅色的可调色基础漆	用于调中等色的可调色基础漆	用于调深色的可调色基础漆
容器中状态		无硬块，呈均匀状态		
黏度（KU）		≤110		
细度/μm		≤25		
干燥时间（表干）/min		≥60		
低温稳定性		不变质		
相容性[①]	目视法	无浮色、发花		
	仪器法，色差 ΔE_{ab}^{*}	≤0.5	≤0.8	≤1.0

（续）

项　目			指　标		
			用于调浅色的可调色基础漆	用于调中等色的可调色基础漆	用于调深色的可调色基础漆
批次重现性		目视法	近似		
	仪器法	色相差 dH	±0.7		
		彩度差 dC	±0.7		
		明度差 dL	±0.7		
		红/绿色相差 da	±0.7		
		黄/蓝色相差 db	±0.7		
		总色差 ΔE_{ab}^*	≤1.0		
相对着色力（彩色色浆）（%）			100±5		
相对散射力（白色色浆）（%）					
色域覆盖			996 个色卡样片		
耐酸性			商定		
耐碱性			商定		
耐光性			商定		
耐候性			商定		
挥发性有机化合物 VOC/（g/L）			≤350		
重金属质量分数/（mg/kg）		可溶性 Pb	≤90		
		可溶性 Cd	≤75		
		可溶性 Cr	≤60		
		可溶性 Hg	≤60		

① 白色色浆由双方商定的标准黑基础漆来检测。

7. 水性多彩建筑涂料（HG/T 4343—2012）

【用途】 本标准适用于将水性着色胶体颗粒分散于以水性成膜物质（合成树脂乳液等）、颜填料、水、助剂等构成的体系中制成的水包水型多彩涂料，该涂料通过喷涂等施涂工艺可获得仿花岗岩、大理石、壁纸等外观装饰效果，与底漆、中涂、罩光清漆（也可不用）等形成配套体系，主要用于建筑内、外表面的装饰和保护。

【分类】 本标准将水性多彩建筑涂料分为内用和外用两大类，内用和外用均再分为弹性和非弹性两类。

【要求】

（1）内用水性多彩建筑涂料的技术要求

项　目		指　标	
		弹性	非弹性
容器中状态		正常	
热贮存稳定性		通过	
低温稳定性		不变质	
干燥时间（表干）/h ≤		4	
复合涂层	涂膜外观	涂膜外观正常，与商定的标样相比，颜色、花纹等无明显差异	
	耐碱性（24h）	无异常	
	耐水性（48h）	无异常	
	耐洗刷性 ≥	1000 次	
	覆盖裂缝能力（标准状态）/mm ≥	0.3	—

（2）外用水性多彩建筑涂料的技术要求

项　目		指　标	
		弹性	非弹性
容器中状态		正常	
热贮存稳定性		通过	
低温稳定性		不变质	
干燥时间（表干）/h ≤		4	
复合涂层	涂膜外观	涂膜外观正常，与商定的标样相比，颜色、花纹等无明显差异	
	耐碱性（48h）	无异常	
	耐水性（96h）	无异常	
	耐洗刷性 ≥	2000 次	
	覆盖裂缝能力（标准状态）/mm ≥	0.5	—
	耐酸雨性（48h）	无异常	
	耐湿冷热循环性（5 次）	无异常	
	耐沾污性 ≤	2 级	
	耐人工气候老化	1000h 不起泡，不剥落，无裂纹，无粉化，无明显变色，无明显失光	

注：内用水性多彩建筑涂料中的有害物质应符合 GB 18582 的限量要求，外用水性
多彩建筑涂料中的有害物质应符合 GB 24408 的限量要求。

8. 内墙耐污渍乳胶涂料（HG/T 4756—2014）

【用途】　本标准适用于以合成树脂乳液为基料，与颜料、体质颜料及各
种助剂配制而成的，施涂后能形成表面平整的具有耐污渍性能的薄质涂层的

白色和浅色内墙涂料。

【要求】

项　　目	指　　标	
	Ⅰ级	Ⅱ级
容器中状态	无硬块，搅拌后呈均匀状态	
施工性	刷涂 2 道无障碍	
低温稳定性（3 次循环）	不变质	
涂膜外观	正常	
干燥时间（表干）/h　　　≤	2	
对比率　　　　　　　　　≥	0.93	
耐洗刷性（2000 次）	漆膜未损坏	
耐碱性（24h）	无异常	
耐污渍性	耐沾污综合能力　　　　　≥	60	45
	光泽单位值变化差值的绝对值　≤	光泽（60°）≥10，20	
		光泽（60°）<10，40	
耐污渍持久性	耐沾污综合能力　　　　　≥	50	35
	光泽单位值变化差值的绝对值　≤	光泽（60°）≥10，20	
		光泽（60°）<10，40	

注：产品按照耐污渍性能要求的高低分为Ⅰ级和Ⅱ级两个等级。

二、外墙涂料

1. 合成树脂乳液外墙涂料（GB/T 9755—2014）

【用途】　本标准适用于以合成树脂乳液为基料，与颜料、体质颜料（底漆可不添加颜料或体质颜料）及各种助剂配制而成的，施涂后能形成表面平整的薄质涂层的外墙涂料，包括底漆、中涂漆和面漆。该涂料适用于对建筑物和构筑物的外表面进行装饰和防护。

【分类、分等】

本标准将合成树脂乳液外墙涂料产品分为底漆、中涂漆和面漆三类。

面漆按照使用要求分为优等品、一等品和合格品三个等级。底漆按照抗泛盐碱性和不透水性要求的高低分为Ⅰ型和Ⅱ型。

【要求】

（1）底漆的要求

项　　目	指　　标	
	Ⅰ型	Ⅱ型
容器中状态	无硬块，搅拌后呈均匀状态	
施工性	刷涂无障碍	
低温稳定性	不变质	
涂膜外观	正常	

（续）

项　目	指　标	
	Ⅰ型	Ⅱ型
干燥时间（表干）/h ≤	2	
耐碱性（48h）	无异常	
耐水性（96h）	无异常	
抗泛盐碱性	72h 无异常	48h 无异常
透水性/mL ≤	0.3	0.5
与下水道涂层的适应性	正常	

（2）中涂漆的要求

项　目	指　标
容器中状态	无硬块，搅拌后呈均匀状态
施工性	刷涂二道无障碍
低温稳定性	不变质
涂膜外观	正常
干燥时间（表干）/h ≤	2
耐碱性[1]（48h）	无异常
耐水性[1]（96h）	无异常
涂层耐温变性[1]（3 次循环）	无异常
耐洗刷性（1000 次）	漆膜未损坏
附着力[1]/级 ≤	2
与下道涂层的适应性	正常

[1] 也可根据有关方商定测试与底漆配套后的性能。

（3）面漆的要求

项　目	指　标		
	合格品	一等品	优等品
容器中状态	无硬块，搅拌后呈均匀状态		
施工性	刷涂二道无障碍		
低温稳定性	不变质		
涂膜外观	正常		
干燥时间（表干）/h ≤	2		
对比率（白色和浅色[1]） ≥	0.87	0.90	0.93
耐沾污性（白色和浅色[1]） ≤	20%	15%	15%
耐洗刷性（2000 次）	漆膜未损坏		
耐碱性[2]（48h）	无异常		
耐水性[2]（96h）	无异常		
涂层耐温变性[2]（3 次循环）	无异常		
透水性/mL ≤	1.4	1.0	0.6

（续）

项　目	指　标		
	合格品	一等品	优等品
耐人工气候老化性②	250h 不起泡，不剥落，无裂纹	400h 不起泡，不剥落，无裂纹	600h 不起泡，不剥落，无裂纹
粉化/级　　　　　　≤	1	1	1
变色（白色和浅色①）/级　≤	2	2	2
变色（其他色）/级	商定	商定	商定

① 浅色是指以白色涂料为主要成分，添加适量色浆后配制成的浅色涂料形成的涂膜所呈现的浅颜色，按 GB/T 15608 中的规定，明度值为 6~9 之间（三刺激值中的 $Y_{D65} \geqslant 31.26$）。

② 也可根据有关方商定测试与底漆配套后或与底漆和中涂漆配套后的性能。

2. 溶剂型外墙涂料（GB/T 9757—2001）

【**组成**】　由合成树脂、颜料、体质颜料、助剂及有机溶剂调制而成。

【**用途**】　漆膜有良好的耐候、耐水、耐洗刷性，外观平整光滑、色彩鲜艳、装饰性好。适用于建筑物、构筑物等外墙面的装饰与保护。

【**技术要求**】

项　目	指　标		
	优等品	一等品	合格品
容器中状态	无硬块，搅拌后呈均匀状态		
施工性	刷涂 2 道无障碍		
干燥时间（表干）/h　　≤	2		
涂膜外观	正常		
对比率（白色和浅色①）　≥	0.93	0.90	0.87
耐水性	168h 无异常		
耐碱性	48h 无异常		
耐洗刷性　　　　　　≥	5000 次	3000 次	2000 次
耐人工气候老化性（白色和浅色①）	1000h 不起泡，不剥落，无裂纹	500h 不起泡，不剥落，无裂纹	300h 不起泡，不剥落，无裂纹
粉化/级　　　　　　≤	1		
变色/级　　　　　　≤	2		
其他色	商定		
耐沾污性（白色或浅色①）　≤	10%	10%	15%
涂层耐温变性（5 次循环）	无异常		

① 浅色是指以白色涂料为主要成分，添加适量色浆后配制成的浅色涂料形成的涂膜所呈现的浅颜色，按 GB/T 15608 中 4.3.2 的规定，明度值在 6~9 之间（三刺激值中的 $Y_{D65} \geqslant 31.26$）。

【施工参考】

序号	说　明
1	被涂墙面的含水率和酸碱度需满足产品要求，否则应先进行中和处理和干燥
2	涂装前应先清理修补墙面
3	通常以喷涂、刷涂为主
4	可用产品要求的稀释剂调节施工黏度
5	如要刮涂腻子，可用产品相应的腻子刮涂

3. 外墙无机建筑涂料（JG/T 26—2002）

【组成】 以碱金属硅酸盐或硅溶胶为主要成膜物质，再加填料、颜料、助剂和溶剂调制而成。其中，以碱金属硅酸盐为主要成膜物质的为Ⅰ型，以硅溶胶为主要成膜物质的为Ⅱ型。

【用途】 以无机物为主要成膜物质，水为分散介质，对环境污染小，漆膜干燥快，耐碱性、耐洗刷性好。适用于建筑物外墙的涂装。

【技术要求】

项　目		指　标
容器中状态		搅拌后无结块，呈均匀状态
施工性		刷涂2道无障碍
涂膜外观		涂膜外观正常
对比率（白色和浅色①）		≥0.95
热贮存稳定性（30d）		无结块、凝聚、霉变现象
低温贮存稳定性（3次）		无结块、凝聚现象
表干时间/h		≤2
耐洗刷性		≥1000次
耐水性（168h）		无起泡、裂纹、剥落，允许轻微掉粉
耐碱性（168h）		无起泡、裂纹、剥落，允许轻微掉粉
耐温变性（10次）		无起泡、裂纹、剥落，允许轻微掉粉
耐沾污性	Ⅰ	≤20%
	Ⅱ	≤15%
耐人工老化性（白色和浅色①）	Ⅰ，800h	无起泡、裂纹、剥落，粉化≤1级，变色≤2级
	Ⅱ，500h	无起泡、裂纹、剥落，粉化≤1级，变色≤2级

① 浅色是指以白色涂料为主要成分，添加适量色浆后配制成的浅色涂料形成的涂膜所呈现的灰色、粉红色、奶黄色、浅绿色等浅颜色，按GB/T 15608中4.3.2的规定，明度值为6~9之间。

【施工参考】

序号	说　明
1	被涂墙面需事先处理，达到产品说明书要求的无油污，无灰尘，含水率和pH值
2	可采用刷涂、喷涂、滚涂法施工

（续）

序号	说　明
3	用符合产品说明书要求的水调节施工黏度
4	雨天和温度过低时不宜施工

4. 合成树脂乳液砂壁状建筑涂料（JG/T 24—2000）

【组成】　由合成树脂乳液、砂粒、石材微粒、助剂、溶剂等调制而成。其中 N 型为内用合成树脂乳液砂壁状建筑涂料，W 型为外用合成树脂乳液砂壁状建筑涂料。

【用途】　涂装后可形成具有石材质感的涂层。其中，底层涂料用于基材表面的封闭；主涂料用于在底层涂料上形成石材的质感；面涂料可提高涂层耐候性、耐沾污性，并起到罩光作用。主要用于建筑物外墙面的保护与装饰。

【技术要求】

项　目		指　标	
		N 型（内用）	W 型（外用）
容器中状态		搅拌后无结块，呈均匀状态	
施工性		喷涂无困难	
涂料低温贮存稳定性		3 次试验后，无结块、凝聚及组成物的变化	
涂料热贮存稳定性		1 个月试验后，无结块、霉变、凝聚及组成物的变化	
初期干燥抗裂性		无裂纹	
干燥时间（表干）/h		≤4	
耐水性		—	96h 涂层无起鼓、开裂、剥落，与未浸泡部分相比，允许颜色轻微变化
耐碱性		48h 涂层无起鼓、开裂、剥落，与未浸泡部分相比，允许颜色轻微变化	96h 涂层无起鼓、开裂、剥落，与未浸泡部分相比，允许颜色轻微变化
耐冲击性		涂层无裂纹、剥落及明显变形	
涂层耐温变性[①]		—	10 次涂层无粉化、开裂、剥落、起鼓，与标准板相比，允许颜色轻微变化
耐沾污性		—	5 次循环试验后≤2 级
粘结强度/MPa	标准状态	≥0.70	
	浸水后	—	≥0.50
耐人工老化性		—	500h 涂层无开裂、起鼓、剥落，粉化 0 级，变色 ≤1 级

①　涂层耐温变性即涂层耐冻融循环性。

【施工参考】

序号	说　明
1	被涂表面需要事先处理，达到产品所要求的无油污、无尘土和规定的含水率、pH值
2	施工方法以喷涂、抹（刮）涂为主
3	一般都需要底层涂料、主涂料、表面涂料配套施工，具体工艺参数和要求可按产品说明书的规定执行

5. 复层建筑涂料（GB/T 9779—2015）

【用途】　本标准适用于建筑物内、外墙面上具有立体或平状等装饰效果的复层涂料。

【术语和定义】

术　语	定　义
1. 复层建筑涂料	由底漆、中层漆和面漆组成的具有多种装饰效果的质感涂料
2. 底漆	以合成高分子材料为主要成分，用于封闭基层、加固底材及增强主涂层与底材附着能力的涂料
3. 渗透型底漆	能渗透到底材内部的底漆
4. 封闭型底漆	能在底材表面连续成膜的底漆
5. 中层漆	以水泥系、硅酸盐系或合成树脂乳液系等胶结料及颜料和骨料为主要原料，用于形成立体或平面装饰效果的薄质或厚质涂料
6. 面漆	用于增加装饰效果、提高涂膜性能的涂料
7. 单色型复层建筑涂料	以水泥系、硅酸盐系或合成树脂乳液系等胶结料及颜料或骨料为主要原料，通过刷涂、辊涂或喷涂等施工方法，在建筑物表面形成单一色装饰效果的涂料
8. 多彩型复层建筑涂料	以水性成膜物质（合成树脂乳液等）、水性着色胶颗粒、颜填料、水、助剂等构成的体系制成的多彩涂料，通过喷涂等施工方法，在建筑物表面形成具有仿石等装饰效果的涂料
9. 厚浆型复层建筑涂料	以水泥系、硅酸盐系或合成树脂乳液以及各种颜料、体质颜料、助剂为主要原料，通过刮涂、辊涂、喷涂等施工方法，在建筑物表面形成具有立体造型艺术质感效果的质感涂料
10. 岩片型复层建筑涂料	以合成树脂乳液为主要成膜物质，由彩色岩片和砂、助剂等配制而成，通过喷涂等施工方法，在建筑物表面上形成具有仿石效果的质感涂料
11. 砂粒型复层建筑涂料	以合成树脂乳液为基料，由颜料、不同色彩和粒径的砂石等填料及助剂配制而成，通过喷涂、刮涂等施工方法，在建筑物表面形成具有仿石等艺术效果的质感涂料
12. 复合型复层建筑涂料	由两种或两种以上的中层漆组成，分多道施工，并与底漆和面漆配套使用，形成具有质感效果的涂料

【分类】

复层建筑涂料按下列方式分类:

序　号	项　　目
1	根据使用部位分为:内墙(N)、外墙(W)
2	根据功能性分为:普通型(P)、弹性(T)
3	根据面漆组成分为:水性(S)、溶剂型(R)
4	根据施工厚度和产品类型分为: Ⅰ型(薄涂,施工厚度<1mm):单色型、多彩型 Ⅱ型(厚涂,施工厚度≥1mm):厚浆型、岩片型、砂粒型等 Ⅲ型(施工厚度≥1mm):复合型,任一Ⅰ型和Ⅱ型的配套使用

【要求】

(1) 内墙复层建筑涂料的要求

项　　目		指　标			
		Ⅰ 型		Ⅱ 型	Ⅲ型
		单色型	多彩型	厚浆型	岩片型、砂粒型	复合型
容器中状态		搅拌混合后无硬块,呈均匀状态				
施工性		施工无困难				
干燥时间(表干)/h		≤4				
低温稳定性		不变质				
初期干燥抗裂性		—		无裂纹		
断裂伸长率① (%)	标准状态	—		≥200		—
	热处理(80℃,96h)	≥80		—		
柔韧性(标准状态)①		—		直径50mm 无裂纹		
复合涂层	涂膜外观	正常				
	耐洗刷性	≥2000 次				
	粘结强度(标准状态)/MPa	—		≥0.40		

① 仅适用于弹性内墙复层建筑涂料。

(2) 外墙复层建筑涂料的要求

项　　目		指　标			
		Ⅰ 型		Ⅱ 型	Ⅲ型
		单色型	多彩型	厚浆型	岩片型、砂粒型	复合型
容器中状态		搅拌混合后无硬块,呈均匀状态				
施工性		施工无困难				
干燥时间(表干)/h		≤4				
低温稳定性		不变质				

（续）

项　目		指　标				
		Ⅰ型		Ⅱ型		Ⅲ型
		单色型	多彩型	厚浆型	岩片型、砂粒型	复合型
初期干燥抗裂性		—		无裂纹		
断裂伸长率①（%）	标准状态	—		≥200		
	热处理	≥80		—		
柔韧性①	热处理（5h）	—		直径50mm无裂纹		
	低温处理（2h）	—		直径100mm无裂纹		
复合涂层	涂膜外观	正常				
	涂层耐温变性（5次循环）	无异常				
	耐碱性（48h）	无异常				
	耐水性（96h）	无异常				
	耐洗刷性	≥2000次		—		
	耐沾污性	≤15%	≤2级	≤15%	≤2级	
	耐冲击性（500g，300mm）	—		无异常		
	透水性/mL	水性	≤2.0		—	
		溶剂型	≤0.5		—	
	粘结强度/MPa	标准状态		≥0.60		
		浸水后		≥0.40		
	耐人工气候老化性（400h）	不起泡，不剥落，无裂纹，粉化0级，变色≤1级				
	水蒸气透过率②/［V/g(m²·d)］	商定				

① 仅适用于弹性外墙复层建筑涂料。

② 仅适用于外墙外保温体系用复层建筑涂料。

6. 建筑外墙用腻子（JG/T 157—2009）

【用途】　本标准适用于以水泥、聚合物粉末、合成树脂乳液等材料为主要粘结剂，配以填料、助剂等制成的用于普通外墙、外墙外保温等涂料底层的外墙腻子。

【术语和定义】

术　语	定　义
1. 建筑外墙用腻子	涂饰工程前，施涂于建筑物外墙，以找平、抗裂为主要目的的基层表面处理材料
2. 动态抗开裂性	表层材料抵抗基层裂缝扩展的能力
3. 薄涂腻子	单道施工厚度小于等于1.5mm的外墙腻子
4. 厚涂腻子	单道施工厚度大于1.5mm的外墙腻子

【类别】

按腻子膜柔韧性或动态抗开裂性指标分为三种类别：

普通型——普通型建筑外墙用腻子，适用于普通建筑外墙涂饰工程（不适宜用于外墙外保温涂饰工程）。

柔性——柔性建筑外墙用腻子，适用于普通外墙、外墙外保温等有抗裂要求的建筑外墙涂饰工程。

弹性——弹性建筑外墙用腻子，适用于抗裂要求较高的建筑外墙涂饰工程。

【要求】

技术指标[①]

项　目		技术指标		
		普通型（P）	柔性（R）	弹性（T）
容器中状态		无结块、均匀		
施工性		刮涂无障碍		
干燥时间（表干）/（h）		≤5		
初期干燥抗裂性（6h）	单道施工厚度≤1.5mm 的产品	1mm 无裂纹		
	单道施工厚度＞1.5mm 的产品	2mm 无裂纹		
打磨性		手工可打磨		—
吸水量（g/10min）		≤2.0		
耐碱性（48h）		无异常		
耐水性（96h）		无异常		
粘结强度/MPa	标准状态	≥0.60		
	冻融循环（5 次）	≥0.40		
腻子膜柔韧性[②]		直径 100mm，无裂纹	直径 50mm，无裂纹	—
动态抗开裂性	基层裂缝	≥0.04mm，＜0.08mm	≥0.08mm，＜0.3mm	≥0.3mm
低温贮存稳定性[③]		三次循环不变质		

① 对于复合层腻子，复合制样后的产品应符合上述技术指标要求。

② 低柔性及高柔性产品通过腻子膜柔韧性或动态抗开裂性两项之一即可。

③ 液态组分或膏状组分需测试此项指标。

7. 外墙柔性腻子（GB/T 23455—2009）

【用途】　本标准适用于建筑外墙找平用柔性抗裂腻子。

【分类】

分类	说明
类别	1）单组分（代号 D）：工厂预制，包括水泥、可再分散聚合物粉末、填料以及其他添加剂等搅拌而成的粉状产品，使用时按生产商提供的配比加水搅拌均匀后使用 2）双组分（代号 S）：工厂预制，包括由水泥、填料以及其他添加剂组成的粉状组分和由聚合物乳液组成的液状组分，使用时按生产商提供的配比将两组分按配比搅拌均匀后使用
型号	Ⅰ型：适用于水泥砂浆、混凝土、外墙外保温基面 Ⅱ型：适用于外墙陶瓷砖基面

【要求】

序号	项目		技术指标	
			Ⅰ型	Ⅱ型
1	混合后状态		均匀，无结块	
2	施工性		刮涂无障碍，无打卷，涂层平整	
3	干燥时间（表干）/h		≤4	
4	初期干燥抗裂性（6h）		无裂纹	
5	打磨性（磨耗值）		≥0.20g	—
6	与砂浆的拉伸粘结强度/MPa	标准状态	≥0.6	—
		碱处理	≥0.3	—
		冻融循环处理	≥0.3	—
7	与陶瓷砖的拉伸粘结强度/MPa	标准状态	—	≥0.5
		浸水处理	—	≥0.2
		冻融循环处理	—	≥0.2
8	柔韧性	标准状态	直径50mm，无裂纹	
		冷热循环5次	直径100mm，无裂纹	

8. 水性复合岩片仿花岗岩涂料（HG/T 4344—2012）

【用途】 本标准适用于以彩色复合岩片和石材微粒等为骨料，以合成树脂乳液为主要成膜物质，通过喷涂等施工工艺在建筑物表面上形成具有花岗岩效果涂层的建筑涂料，主要用于建筑内、外表面的装饰和保护。

【术语和定义】

术　语	定义
1. 彩色复合岩片	以合成树脂乳液为主要粘结剂，配以各种岩粉和颜填料等，经混合搅拌、碾压、烘干等一系列工艺加工而成的，具有不同颜色和形状的近片状物料

（续）

术　语	定义
2. 水性复合岩片仿花岗岩涂料	以彩色复合岩片和石材微粒等为骨料，以合成树脂乳液为主要成膜物质，通过喷涂等施工工艺在建筑物表面上形成具有花岗岩效果涂层的建筑涂料
3. 底涂料	用于基材面的封闭涂料
4. 主涂料	底涂层上为形成花岗岩效果所使用的涂料
5. 面涂料	为提高主涂层耐候性、耐沾污性、耐水性等所使用的透明涂料

【分类及型号】

分类	说明
按用途	N 型：内用水性复合岩片仿花岗岩涂料
	W 型：外用水性复合岩片仿花岗岩涂料
按柔韧性	R 型：柔性水性复合岩片仿花岗岩涂料，适用于有抗裂要求的建筑表面涂饰工程
	P 型：普通型水性复合岩片仿花岗岩涂料，适用于普通建筑表面涂饰工程

【要求】

（1）内用（N 型）水性复合岩片仿花岗岩涂料的要求

项目		要求	
		P 型	R 型
容器中状态		搅拌后均匀无硬块	
施工性		施涂无困难	
低温贮存稳定性		3 次试验后，无结块、凝聚及组成物的变化	
热贮存稳定性		1 个月试验后，无结块、霉变、凝聚及组成物的变化	
初期干燥抗裂性		无裂纹	
干燥时间（表干）/h		≤4	
复合涂层[①]	涂膜外观	涂膜外观正常，与商定的参比样相比，颜色、花纹等无明显差异	
	耐水性	48h 涂层无起鼓、开裂、剥落，允许颜色轻微变化	
	耐碱性	48h 涂层无起鼓、开裂、剥落，允许颜色轻微变化	

（续）

项目		要求	
		P 型	R 型
复合涂层①	柔韧性	—	直径 100mm，无裂纹
	耐冲击性	30cm，无裂纹、剥落及明显变形	50cm，无裂纹、剥落及明显变形
	粘结强度/MPa（标准状态）	≥0.50	

① 也可以根据需要对主涂层进行试验。

（2）外用（W 型）水性复合岩片仿花岗岩涂料的要求

项目		要求	
		P 型	R 型
容器中状态		搅拌后均匀无硬块	
施工性		施涂无困难	
低温贮存稳定性		3 次试验后，无结块、凝聚及组成物的变化	
热贮存稳定性		1 个月试验后，无结块、霉变、凝聚及组成物的变化	
初期干燥抗裂性		无裂纹	
干燥时间（表干）/h		≤4	
复合涂层①	涂膜外观	涂膜外观正常，与商定的参比样相比，颜色、花纹等无明显差异	
	耐水性	96h 涂层无起鼓、开裂、剥落，允许颜色轻微变化	
	耐碱性	96h 涂层无起鼓、开裂、剥落，允许颜色轻微变化	
	耐酸雨性	48h 无异常	
	柔韧性	—	直径 100mm，无裂纹
	耐冲击性	30cm，无裂纹、剥落及明显变形	50cm，无裂纹、剥落及明显变形
	耐温变性	10 次涂层无粉化、开裂、剥落、起鼓，允许轻微变色	
	耐沾污性	5 次循环试验后≤2 级	
	粘结强度/MPa 标准状态	≥0.70	
	浸水后	≥0.50	
	耐人工老化性	600h 涂层无开裂、起鼓、剥落，粉化≤1 级，变色≤2 级	

① 也可以根据需要对主涂层进行试验。

9. 外墙光催化自洁涂覆材料（GB/T 30191—2013）

【用途】 本标准适用于施涂于外墙涂料表面在光催化作用下具有亲水性自洁功能的涂覆材料。

【术语和定义】

术　语	定义
1. 外墙光催化自洁涂覆材料	以光催化作用的纳米材料为主要成分，与基料及各种助剂配制而成的，施涂于外墙涂料表面具有亲水性自洁功能的涂覆材料
2. 光催化	在一定光源激发下所产生的催化作用
3. 自清洁	在自然环境下，通过雨水冲刷能保持表面清洁不易被污染的性质
4. 接触角	在固、液、气三相交界面处，气液相界面与固液相界面之间的夹角

【分类】

外墙光催化自洁涂覆材料分为两种类型：

1）渗透型外墙自洁涂覆材料，代号 S。

2）成膜型外墙自洁涂覆材料，代号 M。

【要求】

项　　目	指　标	
	S 型	M 型
容器中状态	无杂质和硬块	
贮存稳定性	不变质	
干燥时间（表干）/h	—	≤2
涂膜外观	—	涂膜均匀，无针孔、流挂、缩孔、气泡和开裂
耐水性	—	96h 无异常
耐碱性	—	48h 无异常
涂层耐温变性（5 次循环）	—	无异常
最小接触角（≤72h）/（°）	≤15	

10. 建筑外表面用自清洁涂料（GB/T 31815—2015）

【用途】 本标准适用于通过利用亲水、疏水、微粉化、光催化等机理改变涂层的表面特性，在雨水、阳光等自然因素的作用下，无需人工擦洗，就能将涂层表面灰尘、油污等污染物去除的一类功能性涂料。涂料类型包括水性、溶剂型以及其他适用的类型。该涂料主要用于建筑物外表面的装饰和保护。

桥梁、贮罐等表面用自清洁涂料也可参考本标准。

【术语和定义】

术　语	定　义
1. 平涂效果	涂料经施涂后，涂层表面呈现平整且颜色均匀一致的装饰效果
2. 质感效果	涂料经施涂后，涂层表面呈现花纹、图案和/或立体造型等形态的装饰效果

【要求】

（1）产品的自清洁特性要求

项　目		指　标
户外雨水污痕试验 (90d)	平涂效果	涂层为白色和浅色[①]：无起泡、无开裂、无剥落等现象，耐沾污性≤10%，无明显雨水污痕；涂层为其他色；无起泡、无开裂、无剥落等现象，耐沾污性≤2级，无明显雨水污痕
	质感效果	无起泡、无开裂、无剥落等现象，而沾污性≤2级，无明显雨水污痕

① 浅色是指以白色涂料为主要成分，添加适量色浆后配制成的浅色涂料形成的涂膜所呈现的浅颜色，按 GB/T 15608 的规定，明度值为 6~9 之间（三刺激值中的 $Y_{D65} \geq 31.26$）。

（2）具有光催化功能的产品的特性要求

项　目	指　标
接触角[①]（紫外光照 24h）/（°）	≤20
分解有机物试验（甲基红）	$\Delta E \cdot \leq 3.0$

① 通过光催化产生亲水性的自清洁涂料测试该项目。

（3）产品的基本性能要求

项　目	指　标	
	清漆	色漆
在容器中状态	正常	
低温稳定性[①]	不变质	

（续）

项　目		指　标	
		清漆	色漆
干燥时间（表干）/h	平涂效果	≤2	
	质感效果	≤4	
对比率（白色和浅色②）（含骨料、粒子、铝粉或珠光颜料的涂料除外）		—	>0.88
涂膜外观		涂膜外观正常	
附着力③	平涂效果	≤1 级	
	质感效果	涂膜无脱落	
耐水性（96h）		无异常	
耐碱性（48h）		无异常	
耐湿冷热循环性（5 次）		无异常	
耐人工气候老化性④（600h）	平涂效果	涂层为白色：无起泡，无剥落，无裂纹，变色≤2 级，粉化≤2 级；涂层为其他色：无起泡，无剥落，无裂纹，变色商定，粉化≤2 级	
	质感效果	涂层为白色：无起泡，无剥落，无裂纹，无明显变化，无明显粉化；涂层为其他色：无起泡，无剥落，无裂纹，变色商定，无明显粉化	

注：用于外墙的产品中有害物质应符合 GB 24408 的限量要求。

① 水性涂料的以水为分散介质的组分测试该项目。

② 浅色是指以白色涂料为主要成分，添加适量色浆后配制成的浅色涂料形成的涂膜所呈现的浅颜色，按 GB/T 15608 的规定，明度值为 6~9 之间（三刺激值中的 Y_{D65}≥31.26）。

③ 光催化型涂料不测该项目。

④ 经有关方商定，也可用单涂层进行耐人工气候老化试验，对于清漆产品底材采用白色外用瓷质砖。

三、地面涂料

1. 地坪涂料（HG/T 3829—2006）

【用途】　本标准适用于涂装在水泥、混凝土、石材或钢材等基面上的地坪涂料（不含水性地坪涂料、弹性地坪涂料）。

【术语和定义】

术　语	定　义
1. 地坪涂料底漆	多层涂装时，直接涂到底材上的地坪涂料
2. 薄型地坪涂料面漆	采用喷涂、滚涂或刷涂等施工方法，漆膜厚度在 0.5mm 以下的地坪涂料面漆
3. 厚型地坪涂料面漆	在水平基面上通过刮涂等方式施工后能自身流平，一遍施工成膜厚度在 0.5mm 以上的地坪涂料面漆

【技术要求】

（1）地坪涂料底漆的技术要求（A 类）

项　目		指　标
在容器中状态		搅拌后均匀无硬块
固体含量（混合后）（%）	≥	50 或商定
干燥时间/h	≤	
表干		3
实干		24
适用期（时间商定）		通过
附着力（划格间距1mm）/级	≤	1
柔韧性	≤	2mm

（2）薄型地坪涂料面漆的技术要求（B 类）

项　目		指　标
在容器中状态		搅拌后均匀无硬块
固体含量（混合后）（%）	≥	60
干燥时间/h	≤	
表干		4
实干		24
适用期（时间商定）		通过
铅笔硬度（擦伤）	≥	H
耐冲击性		50cm
柔韧性	≤	2mm
附着力（划格间距1mm）/级	≤	1
耐磨性（750g，500r）	≤	0.060g
耐水性（7d）		不起泡，不脱落，允许轻微变色
耐油性（120#汽油，7d）		不起泡，不脱落，允许轻微变色
耐酸性（10% H_2SO_4，48h）		不起泡，不脱落，允许轻微变色
耐碱性（10% NaOH，48h）		不起泡，不脱落，允许轻微变色
耐盐水性（3% NaCl，7d）		不起泡，不脱落，允许轻微变色

(3) 厚型地坪涂料面漆的技术要求（C 类）

项　目		指　标
在容器中状态		搅拌后均匀无硬块
干燥时间/h	≤	
表干		8
实干		24
适用期（时间商定）		通过
硬度（邵氏硬度计，D 型）	≥	75
耐冲击性		涂层无裂纹、剥落及明显变形
耐磨性（750g，500r）	≤	0.060g
耐水性（7d）		不起泡，不脱落，允许轻微变色
耐油性（120#汽油，7d）		不起泡，不脱落，允许轻微变色
耐酸性（20% H_2SO_4，48h）		不起泡，不脱落，允许轻微变色
耐碱性（20% NaOH，72h）		不起泡，不脱落，允许轻微变色
耐盐水性（3% NaCl，7d）		不起泡，不脱落，允许轻微变色
粘结强度/MPa	≥	3.0
抗压强度/MPa	≥	80

2. 地坪涂装材料（GB/T 22374—2008）

【用途】　本标准适用于涂装在水泥砂浆、混凝土等基面上，对地面起装饰、保护作用，以及具有特殊功能（防静电性、防滑性等）要求的地坪涂装材料。

【术语和定义】

术　语	定　义
1. 水性地坪涂装材料	以水为分散介质的合成树脂基地坪涂装材料
2. 无溶剂型地坪涂装材料	使用非挥发性的活性溶剂或不使用挥发性的非活性溶剂的合成树脂基地坪涂装材料
3. 溶剂型地坪涂装材料	以非活性溶剂为分散介质的合成树脂基地坪涂装材料

【分类】

地坪涂装材料按其分散介质分为三类，即水性地坪涂装材料（S）、无溶剂型地坪涂装材料（W）和溶剂型地坪涂装材料（R）。

地坪涂装材料按涂层结构分为底涂（D）和面涂（M）。

地坪涂装材料根据使用场所分为室内和室外。

地坪涂装材料根据承载能力分为Ⅰ级和Ⅱ级。

地坪涂装材料根据防静电类型分为静电耗散型和导静电型。

【要求】

(1) 地坪涂装材料的有害物质限量要求

项目		限 量 值		
		水性	溶剂型	无溶剂型
挥发性有机化合物（VOC）质量浓度[①]/（g/L） ≤		120	500	60
游离甲醛质量分数/（g/kg）[①] ≤		0.1	0.5	0.1
苯质量分数[②]/（g/kg） ≤		0.1	1	0.1
甲苯、二甲苯的总和质量分数[②]/（g/kg） ≤		5	200	10
游离甲苯二异氰酸酯（TDI）质量分数[③]/（g/kg）（聚氨酯类） ≤		—	2	
可溶性重金属质量分数[④]/（mg/kg） ≤	铅（Pb）	30	90	30
	镉（Cd）	30	50	30
	铬（Cr）	30	50	30
	汞（Hg）	10	10	10

① 按产品规定的配比和稀释比例混合后测定，如稀释剂的使用量为某一范围时，应按照推荐的最大稀释量稀释后进行测定。

② 若产品规定了稀释比例或产品由双组分组成或多组分组成时，应分别测定稀释剂和各组分中的含量，再按产品规定的配比计算混合后地坪涂装材料中的总量。如稀释剂的使用量为某一范围时，应按照推荐的最大稀释量进行计算。

③ 若聚氨酯类地坪涂装材料规定了稀释比例或由双组分或多组分组成时，应先测定固化剂（含甲苯二异氰酸酯预聚物）中的含量，再按产品规定的配比计算混合后地坪涂装材料中的含量。如稀释剂的使用量为某一范围时，应按照推荐的最小稀释量进行计算。

④ 仅对有色地坪涂装材料进行检测。

（2）地坪涂装材料的底涂要求

项 目		指 标		
		水性	溶剂型	无溶剂型
容器中状态		搅拌混合后均匀，无硬块		
干燥时间/h	表干 ≤	8	4	6
	实干 ≤	48	24	
耐碱性（48h）		漆膜完整，不起泡，不剥落，允许轻微变色		
附着力/级 ≤		1		

（3）地坪涂装材料的面涂基本性能要求

项 目	指 标		
	水性	溶剂型	无溶剂型
容器中状态	搅拌混合后均匀，无硬块		
涂膜外观	涂膜外观正常		

（续）

项　目		指　标		
		水性	溶剂型	无溶剂型
干燥时间/h	表干　≤	8	4	6
	实干　≤	48	24	48
硬度	铅笔硬度（擦伤）≥	H		—
	邵氏硬度（D型）	—		商定
附着力/级　≤		1		—
拉伸粘结强度/MPa	标准条件　≥			2.0
	浸水后　≥			2.0
抗压强度①/MPa　≥				45
耐磨性（750g，500r）≤		0.060g	0.030g	
耐冲击性	Ⅰ级	500g 钢球，高 100cm，涂膜无裂纹、无剥落		
	Ⅱ级	1000g 钢球，高 100cm，涂膜无裂纹、无剥落		
防滑性（干摩擦系数）≥		0.50		
耐水性（168h）		不起泡，不剥落，允许轻微变色，2h 后恢复		
耐化学性	耐油性（120#溶剂汽油，72h）	不起泡，不剥落，允许轻微变色		
	耐碱性（20% NaOH，72h）	不起泡，不剥落，允许轻微变色		
	耐酸性（10% H_2SO_4，48h）	不起泡，不剥落，允许轻微变色		

① 抗压强度仅适用于无溶剂型地坪涂装材料，对于高承载地面，如停车场、工业厂房等应用场合，抗压强度的要求可由供需双方商定。

（4）地坪涂装材料的面涂特殊性能要求

项　目		指　标		
		水性	溶剂型	无溶剂型
流动度①/mm　≥		—		140
防滑性②	干摩擦系数　≥	0.70		
	湿摩擦系数　≥			
体积电阻，表面电阻③/Ω	导静电型	$\geq 15 \times 10^4 \sim <1 \times 10^6$		
	静电耗散型	$\geq 1 \times 10^6 \sim \leq 1 \times 10^9$		
拉伸粘结强度④/MPa	热老化后　≥			2.0
	冻融循环后　≥	—		2.0

（续）

项　目	指　标		
	水性	溶剂型	无溶剂型
耐人工气候老化性④ （400h）	不起泡，不剥落，无裂纹， 粉化≤1 级，ΔE≤6.0		
燃烧性能⑤	商定		
耐化学性⑥ （化学介质商定）	商定		

① 仅适用于自流平地坪涂装材料。
② 仅适用于使用场所为室外或潮湿环境的工作室和作业区域。
③ 仅适用于需防静电的场所。
④ 仅适用于户外场所。
⑤ 仅适用于对燃烧性能有要求的场所。
⑥ 仅适用于需接触高浓度酸、碱、盐等化学腐蚀性药品的场所。

四、防水涂料

1. 水乳型沥青防水涂料（JC/T 408—2005）

【用途】　本标准适用于以水为介质，采用化学乳化剂和/或矿物乳化剂制得的沥青基防水涂料。

【技术要求】

项　目		L	H
固体含量（%）　　　　　　　≥		45	
耐热度/℃		80±2	110±2
		无流淌、滑动、滴落	
不透水性		0.10MPa，30min 无渗水	
粘结强度/MPa　　　　　　　≥		0.30	
表干时间/h　　　　　　　　≤		8	
实干时间/h　　　　　　　　≤		24	
低温柔度①/℃	标准条件	−15	0
	碱处理	−10	5
	热处理		
	紫外线处理		
断裂伸长 率（%）　≥	标准条件	600	
	碱处理		
	热处理		
	紫外线处理		

① 供需双方可以商定温度更低的低温柔度指标。

2. 聚氨酯防水涂料（GB/T 19250—2013）

【用途】 本标准适用于工程防水用聚氨酯防水涂料。

【分类】

序号	分类方法
1	产品按组分分为单组分（S）和多组分（M）两种
2	产品按基本性能分为Ⅰ型、Ⅱ型和Ⅲ型（参见附录A）
3	产品按是否暴露使用分为外露（E）和非外露（N）
4	产品按有害物质限量分为A类和B类

【要求】

（1）聚氨酯防水涂料的基本性能

序号	项目		技术指标		
			Ⅰ	Ⅱ	Ⅲ
1	固体含量（%）≥	单组分	85.0		
		多组分	92.0		
2	表干时间/h ≤		12		
3	实干时间/h ≤		24		
4	流平性[①]		20min 时无明显齿痕		
5	拉伸强度/MPa ≥		2.00	6.00	12.0
6	断裂伸长率（%）≥		500	450	250
7	撕裂强度/（N/mm）≥		15	30	40
8	低温弯折性		−35℃，无裂纹		
9	不透水性		0.3MPa，120min，不透水		
10	加热伸缩率（%）		−4.0 ~ +1.0		
11	粘结强度/MPa ≥		1.0		
12	吸水率（%）≤		5.0		
13	定伸时老化	加热老化	无裂纹及变形		
		人工气候老化[②]	无裂纹及变形		
14	热处理（80℃，168h）	拉伸强度保持率（%）	80 ~ 150		
		断裂伸长率（%）≥	450	400	200
		低温弯折性	−30℃，无裂纹		
15	碱处理［0.1% NaOH + 饱和 Ca(OH)₂ 溶液，168h]	拉伸强度保持率（%）	80 ~ 150		
		断裂伸长率（%）≥	450	400	200
		低温弯折性	−30℃，无裂纹		

（续）

序号	项目		技术指标		
			I	II	III
16	酸处理 （2% H_2SO_4 溶液， 168h）	拉 伸 强 度 保 持率（%）	80～150		
		断裂伸长率（%）≥	450	400	200
		低温弯折性	－30℃，无裂纹		
17	人工气候老化[2] （1000h）	拉 伸 强 度 保 持率（%）	80～150		
		断裂伸长率（%）≥	450	400	200
		低温弯折性	－30℃，无裂纹		
18	燃烧性能[2]		B_2－E（点火15s，燃烧20s，Fs≤150mm，无燃烧滴落物引燃滤纸）		

注：产品为均匀黏稠体，无凝胶、结块。

① 该项性能不适用于单组分和喷涂施工的产品。流平性时间也可根据工程要求和施工环境由供需双方商定并在订货合同与产品包装上明示。

② 仅外露产品要求测定。

（2）聚氨酯防水涂料的可选性能

序号	项目		技术指标	应用的工程条件
1	硬度（邵AM）	≥	60	上人屋面、停车场等外露通行部位
2	耐磨性（750g，500r）	≤	50mg	上人屋面、停车场等外露通行部位
3	耐冲击性	≥	1.0kg·m	上人屋面、停车场等外露通行部位
4	接缝动态变形能力（10000次）		无裂纹	桥梁、桥面等动态变形部位

（3）聚氨酯防水涂料中的有害物质含量

序号	项 目		有害物质限量	
			A 类	B 类
1	挥发性有机化合物（VOC）/（g/L）	≤	50	200
2	苯/（mg/kg）	≤	200	
3	甲苯＋乙苯＋二甲苯/（g/kg）	≤	1.0	5.0
4	苯酚/（mg/kg）	≤	100	100
5	蒽/（mg/kg）	≤	10	10
6	萘/（mg/kg）	≤	200	200
7	游离TDI/（g/kg）	≤	3	7
8	可溶性重金属/（mg/kg）[1] ≤	铅 Pb	90	
		镉 Cd	75	
		铬 Cr	60	
		汞 Hg	60	

① 可选项目，由供需双方商定。

附录 A

（资料性附录）

产品的应用领域

本次标准修订，产品的分类变化较大，为了便于建设、设计、施工、生产等选择产品，提出了以下建议应用的领域，但不表明该类产品仅限于以下的应用领域：

——Ⅰ型产品可用于工业与民用建筑工程。

——Ⅱ型产品可用于桥梁等非直接通行部位。

——Ⅲ型产品可用于桥梁、停车场、上人屋面等外露通行部位。

室内、隧道等密闭空间宜选用有害物质限量 A 类的产品，施工与使用时应注意通风。

3. 聚合物乳液建筑防水涂料（JC/T 864—2008）

【用途】 本标准适用于各类以聚合物乳液为主要原料，加入其他添加剂而制得的单组分水乳型防水涂料。本标准适用的产品可在非长期浸水环境下的建筑防水工程中使用。若用于地下及其他建筑防水工程，其技术性能还应符合相关技术规程的规定。

【分类】 产品按物理性能分为Ⅰ类和Ⅱ类。Ⅰ类产品不用于外露场合。

【要求】

序号	项 目			指 标	
				Ⅰ类	Ⅱ类
1	拉伸强度/MPa		≥	1.0	1.5
2	断裂延伸率（%）		≥	300	
3	低温柔性（绕 ϕ10mm 棒弯 180°）			−10℃，无裂纹	−20℃，无裂纹
4	不透水性（0.3MPa，30min）			不透水	
5	固体含量（%）		≥	65	
6	干燥时间/h	表干时间	≤	4	
		实干时间	≤	8	
7	处理后的拉伸强度保持率（%）	加热处理	≥	80	
		碱处理	≥	60	
		酸处理	≥	40	
		人工气候老化处理[①]		—	80~150

（续）

序号	项目		指标	
			Ⅰ类	Ⅱ类
8	处理后的断裂延伸率（%）	加热处理　≥	200	
		碱处理　≥		
		酸处理　≥		
		人工气候老化处理①　≥	—	200
9	加热伸缩率（%）	伸长　≤	1.0	
		缩短　≤	1.0	

注：产品经搅拌后无结块，呈均匀状态。

① 仅用于外露使用产品。

4. 聚合物水泥防水涂料（GB/T 23445—2009）

【用途】 本标准适用于房屋建筑及土木工程涂膜防水用聚合物水泥防水涂料。

【术语和定义】

术语	定义
1. 聚合物水泥防水涂料	以丙烯酸酯、乙烯－乙酸乙烯酯等聚合物乳液和水泥为主要原料，加入填料及其他助剂配制而成，经水分挥发和水泥水化反应固化成膜的双组分水性防水涂料
2. 自闭性	防水涂膜在水的作用下，经物理和化学反应使涂膜裂缝自行愈合、封闭的性能。以规定条件下涂膜裂缝自封闭的时间表示

【分类】

产品按物理力学性能分为Ⅰ型、Ⅱ型和Ⅲ型。

Ⅰ型适用于活动量较大的基层，Ⅱ型和Ⅲ型适用于活动量较小的基层。

【要求】

序号	项目		技术指标		
			Ⅰ型	Ⅱ型	Ⅲ型
1	固体含量（%）　≥		70	70	70
2	拉伸强度	无处理/MPa　≥	1.2	1.8	1.8
		加热处理后保持率（%）　≥	80	80	80
		碱处理后保持率（%）　≥	60	70	70
		浸水处理后保持率（%）　≥	60	70	70
		紫外线处理后保持率（%）　≥	80	—	—

（续）

序号	项　目			技术指标		
				Ⅰ型	Ⅱ型	Ⅲ型
3	断裂伸长率	无处理（%）	≥	200	80	30
		加热处理（%）	≥	150	65	20
		碱处理（%）	≥	150	65	20
		浸水处理（%）	≥	150	65	20
		紫外线处理（%）	≥	150	—	—
4	低温柔性（ϕ10mm 棒）			－10℃无裂纹	—	—
5	粘结强度	无处理/MPa	≥	0.5	0.7	1.0
		潮湿基层/MPa	≥	0.5	0.7	1.0
		碱处理/MPa	≥	0.5	0.7	1.0
		浸水处理/MPa	≥	0.5	0.7	1.0
6	不透水性（0.3MPa，30min）			不透水	不透水	不透水
7	抗渗性（砂浆背水面）		≥	—	0.6MPa	0.8MPa

注：产品的自闭性为可选项目，指标由供需双方商定。

5. 道桥用防水涂料（JC/T 975—2005）

【用途】　本标准适用于以水泥混凝土为面层的道路和桥梁表面，并在其上面加铺沥青混凝土层的防水涂料。

【类型】

序号	分　类
1	产品按材料性质分为道桥用聚合物改性沥青防水涂料（PB）、道桥用聚氨酯防水涂料（PU）和道桥用聚合物水泥防水涂料（JS）
2	道桥用聚合物改性沥青防水涂料按使用方式分为水性冷施工（L型）和热熔施工（R型）两种
3	道桥用聚合物改性沥青防水涂料按性能分为Ⅰ、Ⅱ两类

【一般要求】

序号	指　标
1	本标准包括的产品不应对人体、生物与环境造成有害的影响，所涉及与使用有关的安全与环保要求应符合我国有关标准和规范的规定
2	本标准的产品在应用时应与增强材料或保护层结合使用，其中聚氨酯防水涂料与沥青混凝土层间需设过渡界面层

【技术要求】

(1) 外观

序号	指　标
1	L型道桥用聚合物改性沥青防水涂料应为棕褐色或黑褐色液体，经搅拌后无凝胶、结块，呈均匀状态
2	R型道桥用聚合物改性沥青防水涂料应为黑色块状物，无杂质
3	道桥用聚氨酯防水涂料应为均匀黏稠体，经搅拌后无凝胶、结块，呈均匀状态
4	道桥用聚合物水泥防水涂料的液料组分应为均匀黏稠体，无凝胶、结块；粉料组分应无杂质、结块

(2) 涂料的通用性能

序号	项　目		PB		PU	JS
			I	II		
1	固体含量[①]（%）	≥	45	50	98	65
2	表干时间[①]/h	≤	4			
3	实干时间[①]/h	≤	8			
4	耐热度/℃		140	160	160	
			无流淌、滑动、滴落			
5	不透水性（0.3MPa，30min）		不透水			
6	低温柔度/℃		-15	-25	-40	-10
			无裂纹			
7	拉伸强度/MPa	≥	0.50	1.00	2.45	1.20
8	断裂伸长率（%）	≥	800		450	200
9	盐处理	拉伸强度保持率(%)	≥	80			
		断裂伸长率(%)	≥	800		400	140
		低温柔度/℃		-10	-20	-35	-5
				无裂纹			
		质量增加（%）	≤	2.0			
10	热老化	拉伸强度保持率(%)	≥	80			
		断裂伸长率（%）	≥	600		400	150
		低温柔度/℃		-10	-20	-35	-5
				无裂纹			
		加热伸缩率（%）	≤	1.0			
		质量损失（%）	≤	1.0			
11	涂料与水泥混凝土粘结强度/MPa	≥	0.40	0.60	1.00	0.70

① 不适用于R型道桥用聚合物改性沥青防水涂料。

（3）涂料的应用性能

序号	项　目		PB		PU	JS
			I	II		
1	50℃剪切强度① /MPa	≥	0.15	0.20	0.20	
2	50℃粘结强度① /MPa	≥			0.050	
3	热碾压后抗渗性			0.1MPa、30min 不透水		
4	接缝变形能力			10000 次循环无破坏		

① 供需双方根据需要可以采用其他温度。

6. 路桥用水性沥青基防水涂料（JT/T 535—2015）

【用途】　本标准适用于公路桥梁及涵洞等防水工程用水乳型改性沥青防水涂料，铁路、市政可参照执行。

【术语和定义】

术　语	定　义
水性沥青基防水涂料	以水为介质、沥青为基料、橡胶等高聚物为改性材料配制生产而成的水乳型高聚物改性沥青防水材料

【分类】

水性沥青基防水涂料按其适用气候条件分为 I 型和 II 型两种：

I 型：适用于温热气候条件。

II 型：适用于寒冷气候条件。

【要求】

序号	项目		I 型	II 型
1	外观		搅拌后为黑色或蓝褐色均质液体，搅拌棒上不黏附任何明显颗粒	
2	固体含量（%）		≥50	
3	干燥时间/h	表干时间	≤4	
		实干时间	≤10	
4	耐热性		160℃无流淌、滑动、滴落	
5	不透水性		0.3MPa，30min 不渗水	
6	粘结强度/MPa		≥0.4	≥0.5
7	低温柔性		−15℃无裂纹、断裂	−25℃无裂纹、断裂
8	无处理延伸性（%）		≥500	≥600
9	盐处理	断裂伸长率（%）	≥500	≥600
		低温柔性	−10℃无裂纹、断裂	−20℃无裂纹、断裂
		质量增加（%）	≤2.0	
10	耐蚀性	耐碱（20℃）	3% Ca（OH）₂ 溶液浸泡15d，无分层、变色、气泡	
		耐酸（20℃）	3% HCl 溶液浸泡15d，无分层、变色、气泡	

（续）

序号	项目		I 型	II 型
11	高温抗剪（60℃）/MPa		\multicolumn 2	≥0.16
12	热碾压后抗渗水		\multicolumn 2	0.1MPa，30min 不渗水
13	热老化	断裂伸长率（%）	≥300	≥400
		低温柔性	−10℃无裂纹、断裂	−15℃无裂纹、断裂
		加热伸缩率（%）	≤1.0	
		质量损失（%）	≤1.0	

7. 硅改性丙烯酸渗透性防水涂料（JG/T 349—2011）

【用途】 本标准适用于以硅改性丙烯酸聚合物乳液和水泥为主要原料，加入活性化学物质和其他添加剂制得的双组分渗透性成膜型防水涂料。

【术语和定义】

术 语	定 义
渗透成膜型防水涂料	涂刷于混凝土或水泥砂浆等表面，能够渗透到基层内部并在表面形成涂膜，具有防水功能的涂料

【要求】

序号	项 目		指 标
1	外观		液体组分应为无杂质、无凝胶的均匀乳液，固体组分应为无杂质、无结块的粉末
2	固体含量（%）		≥70.0
3	渗透深度/mm		≥1.0
4	透水压力比（%）		≥300
5	耐冻融循环性		无异常
6	耐热性		无异常
7	耐碱性		无异常
8	耐酸性		无异常
9	拉伸强度	无处理/MPa	≥1.2
		人工气候老化处理后的拉伸强度保持率（%）	≥80
10	断裂伸长率	无处理（%）	≥200
		人工气候老化处理后的断裂伸长率（%）	≥150

8. 金属屋面丙烯酸高弹防水涂料（JG/T 375—2012）

【用途】 本标准适用于金属屋面丙烯酸高弹防水涂料的生产、检验和应用。

【术语和定义】

术　　语	定　　义
1. 金属屋面丙烯酸高弹防水涂料	应用在金属屋面，以丙烯酸乳液为主要原料，通过加入其他添加剂制得的单组分水性防水涂料。包括普通型和热反射型
2. 热反射型金属屋面丙烯酸高弹防水涂料	具有较高太阳光反射比和较高半球发射率的金属屋面丙烯酸高弹防水涂料
3. 太阳光反射比	物体反射到半球空间的太阳光辐射通量与入射在物体表面上的太阳光辐射通量的比值
4. 半球发射率	一个辐射源在半球方向上的辐射出射度与具有同一温度的黑体辐射源的辐射出射度的比值

【分类】　按使用性能分为普通型（P）和热反射型（R）。

【要求】

序号	项　目		指标	
			普通型	热反射型
1	固体含量（%）		≥65	
2	无处理拉伸强度/MPa		≥1.5	
3	无处理断裂伸长率（%）		≥150	
4	撕裂强度/（N/mm）		≥12	
5	吸水率（%）		≤15	
6	不透水性		0.3MPa、30min 不透水	
7	耐热性		90℃、5h 无起泡、剥落、裂纹	
8	低温弯折		-30℃、h 无裂纹，并不与底材脱离	
9	剥离黏结性		≥0.30N/mm	
10	加热处理	拉伸强度保持率（%）	≥80	
		断裂伸长率（%）	≥100	
11	浸水处理	拉伸强度保持率（%）	≥80	
		断裂伸长率（%）	≥100	
12	酸处理	拉伸强度保持率（%）	≥80	
		断裂伸长率（%）	≥100	
13	人工气候老化处理	拉伸强度保持率（%）	≥80	
		断裂伸长率（%）	≥100	
14	加热伸缩率	伸长（%）	≤1.0	
		缩短（%）	≤1.0	
15	耐沾污性（白色和浅色①）		—	<20%
16	太阳光反射比（白色）		—	≥0.80
17	半球发射率		—	≥0.80

注：仅对白色涂料的太阳反射比提出要求，浅色涂料太阳反射比由供需双方商定。

① 浅色是指以白色涂料为主要成分，添加适量色浆后配制成的浅色涂料形成的涂膜干燥后所呈现的浅颜色，按 GB/T 15608—2006 的规定，明度值为 6~9（三刺激值中的 Y_{D65}≥31.26）。

9. 环氧树脂防水涂料（JC/T 2217—2014）

【用途】 本标准适用于建设工程非外露使用的环氧树脂防水涂料。

【术语和定义】

术　语	定　义
1. 环氧树脂防水涂料	以环氧树脂为主要组分、与固化剂反应后生成的具有防水功能的双组分反应型涂料
2. 渗透性	涂料沿混凝土表面的毛细孔、微孔隙和微裂纹自外而内渗入混凝土内一定深度，具有充填和封闭孔隙的性能

【要求】

序号	项　目			指　标
1	固体含量（%）		≥	60
2	初始黏度/mPa·s		≤	生产企业标称值①
3	干燥时间/h	表干时间	≤	12
		实干时间		报告实测值
4	柔韧性			涂层无开裂
5	粘结强度/MPa	干基面	≥	3.0
		潮湿基面	≥	2.5
		浸水处理	≥	2.5
		热处理	≥	2.5
6	涂层抗渗压力/MPa		≥	1.0
7	抗冻性			涂层无开裂、起皮、剥落
8	耐化学介质	耐酸性		涂层无开裂、起皮、剥落
		耐碱性		涂层无开裂、起皮、剥落
		耐盐性		涂层无开裂、起皮、剥落
9	抗冲击性（落球法）(500g，500mm)			涂层无开裂、脱落

注：渗透性为可选性能，指标由供需双方商定。

① 生产企业标称值应在产品包装或说明书、供货合同中明示，告知用户。

10. 脂肪族聚氨酯耐候防水涂料（JC/T 2253—2014）

【用途】 本标准适用于防水工程中外露使用的脂肪族聚氨酯耐候防水涂料。

【术语和定义】

术　语	定　义
脂肪族聚氨酯耐候防水涂料	以脂肪族氰酸酯类预聚物为主要组分、用于外露使用的防水涂料

【要求】

(1) 脂肪族聚氨酯耐候防水涂料的基本性能

序号	项 目		指 标
1	固含量（%）	≥	60
2	细度/μm	≤	50
3	表干时间/h	≤	4
4	实干时间/h	≤	24
5	拉伸强度/MPa	≥	4.0
6	断裂伸长率（%）	≥	200
7	低温弯折性		−30℃无裂纹
8	耐磨性（750g, 500r）		40mg
9	耐冲击性	≥	1.0kg·m
10	粘结强度/MPa	≥	2.5
11	热处理 [(80±2)℃, 168h]	拉伸强度保持率（%）	70~150
		断裂伸长率保持率（%） ≥	70
		低温弯折性 ≤	−25℃无裂纹
12	荧光紫外线 老化（1500h）	外观	涂层粉化0级，变色≤1级，无起泡，无裂纹
		拉伸强度保持率（%）	70~150
		断裂伸长率保持率（%） ≥	70
		低温弯折性 ≤	−25℃无裂纹

(2) 脂肪族聚氨酯耐候防水涂料的应用性能

序号	项 目		指 标
1	碱处理 （5%NaOH, 240h）	外观	涂层变色≤1级，无起泡、起皱
		拉伸强度保持率（%）	70~150
		断裂伸长率保持率（%） ≥	70
		低温弯折性 ≤	−25℃无裂纹
2	酸处理 （5%H₂SO₄, 240h）	外观	涂层变色≤1级，无起泡、起皱
		拉伸强度保持率（%）	70~150
		断裂伸长率保持率（%） ≥	70
		低温弯折性 ≤	−25℃无裂纹
3	盐处理 （10%NaCl, 240h）	外观	涂层变色≤1级，无起泡、起皱
		拉伸强度保持率（%）	70~150
		断裂伸长率保持率（%） ≥	70
		低温弯折性 ≤	−25℃无裂纹

（续）

序号	项 目		指 标
4	油处理 （L-AN68 全损耗 系统用油，240h）	外观	涂层变色≤1 级， 无起泡、起皱
		拉伸强度保持率（%）	70~150
		断裂伸长率保持率（%）　≥	70
		低温弯折性　≤	−25℃无裂纹
5	浸水处理 [（23±2）℃，240h]	外观	涂层变色≤1 级， 无起泡、起皱
		拉伸强度保持率（%）	70~150
		断裂伸长率保持率（%）　≥	70
		低温弯折性　≤	−25℃无裂纹

注：项目可由供需双方商定。

11. 喷涂聚脲防水涂料（GB/T 23446—2009）

【用途】 本标准适用于建设工程、基础设施防水用喷涂聚脲涂料。

【术语和定义】

术 语	定 义
喷涂聚脲防水涂料	以异氰酸酯类化合物为甲组分、胺类化合物为乙组分，采用喷涂施工工艺使两组分混合、反应生成的弹性体防水涂料

注：1. 甲组分是异氰酸酯单体、聚合体、衍生物、预聚物或半预聚物。预聚物或半预聚物是由端氨基或端羟基化合物与异氰酸酯反应制得。异氰酸酯既可以是芳香族的，也可以是脂肪族的。

2. 乙组分是由端氨基树脂和氨基扩链剂等组成的胺类化合物时，通常称为喷涂（纯）聚脲防水涂料；乙组分是由端羟基树脂和氨基扩链剂等组成的含有胺类的化合物时，通常称为喷涂聚氨酯（脲）防水涂料。

【分类】

1. 产品按组成分为喷涂（纯）聚脲防水涂料（代号 JNC）和喷涂聚氨酯（脲）防水涂料（代号 JNJ）。

2. 产品按物理力学性能分为Ⅰ型和Ⅱ型。

【要求】

（1）喷涂聚脲防水涂料的基本性能

序号	项 目		指标	
			Ⅰ型	Ⅱ型
1	固体含量（%）　≥		96	98
2	凝胶时间/s　≤		45	
3	表干时间/s　≤		120	
4	拉伸强度/MPa　≥		10.0	16.0

（续）

序号	项 目			指标	
				I 型	II 型
5	断裂伸长率（%）		≥	300	450
6	撕裂强度/（N/mm）		≥	40	50
7	低温弯折性		≤	−35℃	−40℃
8	不透水性			0.4MPa、2h 不透水	
9	加热伸缩率（%）	伸长	≤	1.0	
		收缩	≤	1.0	
10	粘结强度/MPa		≥	2.0	2.5
11	吸水率（%）		≤	5.0	

（2）喷涂聚脲防水涂料的耐久性能

序号	项 目			指标	
				I 型	II 型
1	定伸时老化	加热老化		无裂纹及变形	
		人工气候老化		无裂纹及变形	
2	热处理	拉伸强度保持率（%）		80～150	
		断裂伸长率（%）	≥	250	400
		低温弯折性	≤	−30℃	−35℃
3	碱处理	拉伸强度保持率（%）		80～150	
		断裂伸长率（%）	≥	250	400
		低温弯折性	≤	−30℃	−35℃
4	酸处理	拉伸强度保持率（%）		80～150	
		断裂伸长率（%）	≥	250	400
		低温弯折性	≤	−30℃	−35℃
5	盐处理	拉伸强度保持率（%）		80～150	
		断裂伸长率（%）	≥	250	400
		低温弯折性	≤	−30℃	−35℃
6	人工气候老化	拉伸强度保持率（%）		80～150	
		断裂伸长率（%）	≥	250	400
		低温弯折性	≤	−30℃	−35℃

（3）喷涂聚脲防水涂料的特殊性能

序号	项 目		指标	
			I 型	II 型
1	硬度（邵 A）	≥	70	80
2	耐磨性（750g，500r）	≤	40mg	30mg
3	耐冲击性	≥	0.6kg·m	1.0kg·m

注：1. 特殊性能根据产品特殊用途需要时或供需双方商定需要时测定，指标也可由供需双方另行商定。

2. 产品中有害物质含量应符合 JC 1066—2008 中反应型防水涂料 A 型的要求。

五、功能性建筑涂料

1. 钢结构防火涂料（GB 14907—2002）

【组成】 由无机、有机粘结剂配合颜料、体质颜料、助剂和溶剂调制而成。

【定义】

术语	定 义
钢结构防火涂料	施涂于建筑物及构筑物的钢结构表面，能形成耐火隔热保护层以提高钢结构耐火极限的涂料

【分类与命名】

项 目		说 明
1. 产品分类	（1）按使用场所	1）室内钢结构防火涂料：用于建筑物室内或隐蔽工程的钢结构表面
		2）室外钢结构防火涂料：用于建筑物室外或露天工程的钢结构表面
	（2）按使用厚度	1）超薄型钢结构防火涂料：涂层厚度小于或等于3mm
		2）薄型钢结构防火涂料：涂层厚度大于3mm且小于或等于7mm
		3）厚型钢结构防火涂料：涂层厚度大于7mm且小于或等于45mm
2. 产品命名		以汉语拼音字母的缩写作为代号，N和W分别代表室内和室外，CB、B和H分别代表超薄型、薄型和厚型三类。各类涂料名称与代号的对应关系如下： 室内超薄型钢结构防火涂料——NCB 室外超薄型钢结构防火涂料——WCB 室内薄型钢结构防火涂料——NB 室外薄型钢结构防火涂料——WB 室内厚型钢结构防火涂料——NH 室外厚型钢结构防火涂料——WH

【用途】 漆膜能在室温下自干、结合力好，能在被涂表面形成耐火隔热的保护涂层而提高钢结构的耐火极限。涂料不含石棉和甲醛，漆膜干后没有刺激气味。可用于建筑物及构筑物的钢结构表面的防火涂装。

【技术要求】

（1）室内钢结构防火涂料的技术要求

序号	项　目	指　标			缺陷分类
		NCB	NB	NH	
1	在容器中的状态	经搅拌后呈均匀细腻状态，无结块	经搅拌后呈均匀液态或稠厚流体状态，无结块	经搅拌后呈均匀稠厚流体状态，无结块	C
2	干燥时间（表干）/h	≤8	≤12	≤24	
3	外观与颜色	涂层干燥后，外观与颜色同样品相比应无明显差别	涂层干燥后，外观与颜色同样品相比应无明显差别	—	C
4	初期干燥抗裂性	不应出现裂纹	允许出现1～3条裂纹，其宽度应≤0.5mm	允许出现1～3条裂纹，其宽度应≤1mm	C
5	粘结强度/MPa	≥0.20	≥0.15	≥0.04	B
6	抗压强度/MPa	—	—	≥0.3	C
7	干密度/（kg/m³）	—	—	≤500	C
8	耐水性/h	≥24 涂层应无起层、发泡、脱落现象	≥24 涂层应无起层、发泡、脱落现象	≥24 涂层应无起层、发泡、脱落现象	B
9	耐冷热循环性	≥15 次，涂层应无开裂、剥落、起泡现象	≥15 次，涂层应无开裂、剥落、起泡现象	≥15 次，涂层应无开裂、剥落、起泡现象	B
10	耐火性能　涂层厚度（不大于）/mm	2.00±0.20	5.0±0.5	25±2	A
	耐火极限（不低于）/h（以 I 36b 或 I 40b 标准工字钢梁作为基材）	1.0	1.0	2.0	A

注：裸露钢梁耐火极限为15min（ I 36b、 I 40b 验证数据），作为表中 0mm 涂层厚度耐火极限基础数据。

（2）室外钢结构防火涂料的技术要求

序号	项 目	指 标			缺陷分类
		WCB	WB	WH	
1	在容器中的状态	经搅拌后呈细腻状态，无结块	经搅拌后呈均匀液态或稠厚流体状态，无结块	经搅拌后呈均匀稠厚流体状态，无结块	C
2	干燥时间（表干）/h	≤8	≤12	≤24	
3	外观与颜色	涂层干燥后，外观与颜色样品相比应无明显差别	涂层干燥后，外观与颜色同样品相比应无明显差别	—	C
4	初期干燥抗裂性	不应出现裂纹	允许出现1～3条裂纹，其宽度应≤0.5mm	允许出现1～3条裂纹，其宽度应≤1mm	C
5	粘结强度/MPa	≥0.20	≥0.15	≥0.04	B
6	抗压强度/MPa	—	—	≥0.5	C
7	干密度/（kg/m³）	—	—	≤650	C
8	耐曝热性	≥720h，涂层应无起层、脱落、空鼓、开裂现象	≥720h，涂层应无起层、脱落、空鼓、开裂现象	≥720h，涂层应无起层、脱落、空鼓、开裂现象	B
9	耐湿热性	≥504h，涂层应无起层、脱落现象	≥504h，涂层应无起层、脱落现象	≥504h，涂层应无起层、脱落现象	B
10	耐冻融循环性	≥15次，涂层应无开裂、脱落、起泡现象	≥15次，涂层应无开裂、脱落、起泡现象	≥15次，涂层应无开裂、脱落、起泡现象	B
11	耐酸性	≥360h，涂层应无起层、脱落、开裂现象	≥360h，涂层应无起层、脱落、开裂现象	≥360h，涂层应无起层、脱落、开裂现象	B
12	耐碱性	≥360h，涂层应无起层、脱落、开裂现象	≥360h，涂层应无起层、脱落、开裂现象	≥360h，涂层应无起层、脱落、开裂现象	B
13	耐盐雾腐蚀性	≥30次，涂层应无起泡及明显的变质、软化现象	≥30次，涂层应无起泡及明显的变质、软化现象	≥30次，涂层应无起泡及明显的变质、软化现象	B

（续）

序号	项　目		指　　标			缺陷分类
			WCB	WB	WH	
14	耐火性能	涂层厚度（不大于）/mm	2.00±0.20	5.0±0.5	25±2	A
		耐火极限（不低于）/h（以Ⅰ36b或Ⅰ40b标准工字钢梁作为基材）	1.0	1.0	2.0	A

注：裸露钢梁耐火极限为15min（Ⅰ36b、Ⅰ40b验证数据），作为表中0mm涂层厚度耐火极限基础数据。耐久性项目（耐暴热性、耐湿热性、耐冻融循环性、耐酸性、耐碱性、耐盐雾腐蚀性）的技术要求除表中规定外，还应满足附加耐火性能的要求，方能判定该对应项性能合格。耐酸性和耐碱性可仅进行其中一项测试。

【施工参考】

序号	说　　明
1	可按涂料及被涂表面的形状、大小采用喷涂、抹涂、刷涂、滚涂、刮涂等方法施工
2	应根据产品的具体要求选用稀释剂和配套涂料

2. 饰面型防火涂料（GB 12441—2005）

【用途】　本标准适用于膨胀型饰面型防火涂料。

【术语和定义】

术语	定　　义
饰面型防火涂料	涂覆于可燃基材（如木材、纤维板、纸板及其制品）表面，能形成具有防火阻燃保护及一定装饰作用涂膜的防火涂料

【技术要求】

（1）一般要求

序号	指　　标
1	不宜用有害人体健康的原料和溶剂
2	饰面型防火涂料的颜色可根据GB/T 3181的规定，也可由制造者与用户协商确定
3	饰面型防火涂料可用刷涂、喷涂、辊涂和刮涂中任何一种或多种方法方便地施工，能在通常自然环境条件下干燥、固化。成膜后表面无明显凹凸或条痕，没有脱粉、气泡、龟裂、斑点等现象，能形成平整的饰面

（2）技术要求

序号	项 目		指 标	缺陷类别
1	在容器中的状态		无结块，搅拌后呈均匀状态	C
2	细度/μm		≤90	C
3	干燥时间	表干/h	≤5	C
		实干/h	≤24	
4	附着力/级		≤3	A
5	柔韧性		≤3mm	B
6	耐冲击性		≥20cm	B
7	耐水性		经24h试验，不起皱，不剥落，起泡在标准状态下24h能基本恢复，允许轻微失光和变色	B
8	耐湿热性		经48h试验，涂膜无起泡，无脱落，允许轻微失光和变色	B
9	耐燃时间/min		≥15	A
10	火焰传播比值		≤25	A
11	质量损失/g		≤5.0	A
12	炭化体积/cm³		≤25	A

3. 混凝土结构防火涂料（GB 28375—2012）

【用途】 本标准适用于公路、铁路、城市交通隧道和石油化工储罐区防火堤等建（构）筑物混凝土表面的防火涂料。

【术语和定义】

术 语	定 义
混凝土结构防火涂料	涂覆在石油化工储罐区防火堤等建（构）筑物和公路、铁路、城市交通隧道混凝土表面，能形成耐火隔热保护层以提高其结构耐火极限的防火涂料

【分类】

混凝土结构防火涂料按使用场所分为：

1）防火堤防火涂料：用于石油化工储罐区防火堤混凝土表面的防护。

2）隧道防火涂料：用于公路、铁路、城市交通隧道混凝土结构表面的防护。

【类别代号】

混凝土结构防火涂料的类别代号表示如下：

　　——H 代表混凝土结构防火涂料。

　　——DH 代表防火堤防火涂料。

　　——SH 代表隧道防火涂料。

【要求】

（1）防火堤防火涂料的技术要求

序号	项目	指标	缺陷分类
1	在容器中的状态	经搅拌后呈均匀稠厚流体，无结块	C
2	干燥时间（表干）/h	≤24	C
3	粘结强度/MPa	≥0.15（冻融前） ≥0.15（冻融后）	A
4	抗压强度/MPa	≥1.50（冻融前） ≥1.50（冻融后）	B
5	干密度/（kg/m³）	≤700	C
6	耐水性	≥720h，试验后，涂层不开裂、起层、脱落，允许轻微发胀和变色	A
7	耐酸性	≥360h，试验后，涂层不开裂、起层、脱落，允许轻微发胀和变色	B
8	耐碱性	≥360h，试验后，涂层不开裂、起层、脱落，允许轻微发胀和变色	B
9	耐曝热性	≥720h，试验后，涂层不开裂、起层、脱落，允许轻微发胀和变色	B
10	耐湿热性	≥720h，试验后，涂层不开裂、起层、脱落，允许轻微发胀和变色	B
11	耐冻融循环试验	≥15次，试验后，涂层不开裂、起层、脱落，允许轻微发胀和变色	B
12	耐盐雾腐蚀性	≥30次，试验后，涂层不开裂、起层、脱落，允许轻微发胀和变色	B
13	产烟毒性	不低于 GB/T 20285—2006 规定材料产烟毒性危险分级 ZA₁ 级	B
14	耐火性能	≥2.00h（标准升温） ≥2.00h（HC 升温） ≥2.00h（石油化工升温）	A

注：1. A 为致命缺陷，B 为严重缺陷，C 为轻缺陷。

　　2. 型式检验时，可选择一种升温条件进行耐火性能的检验和判定。

（2）隧道防火涂料的技术要求

序号	项目	指标	缺陷分类
1	在容器中的状态	经搅拌后呈均匀稠厚流体，无结块	C
2	干燥时间（表干)/h	≤24	C
3	粘结强度/MPa	≥0.15（冻融前）	A
		≥0.15（冻融后）	
4	干密度/（kg/m³）	≤700	C
5	耐水性	≥720h，试验后，涂层不开裂、起层、脱落，允许轻微发胀和变色	A
6	耐酸性	≥360h，试验后，涂层不开裂、起层、脱落，允许轻微发胀和变色	B
7	耐碱性	≥360h，试验后，涂层不开裂、起层、脱落，允许轻微发胀和变色	B
8	耐湿热性	≥720h，试验后，涂层不开裂、起层、脱落，允许轻微发胀和变色	B
9	耐冻融循环试验	≥15 次，试验后，涂层不开裂、起层、脱落，允许轻微发胀和变色	B
10	产烟毒性	不低于 GB/T 20285—2006 规定产烟毒性危险分级 ZA_1 级	B
11	耐火性能	≥2.00h（标准升温）	A
		≥2.00h（HC 升温）	
		升温≥1.50h，降温≥1.83h（RABT 升温）	

注：1. A 为致命缺陷，B 为严重缺陷，C 为轻缺陷。

2. 型式检验时，可选择一种升温条件进行耐火性能的检验和判定。

4. 硅酸盐复合绝热涂料（GB/T 17371—2008）

【用途】 本标准适用于热面温度不高于 600℃的绝热工程用硅酸盐复合绝热涂料。

【分类】

分类	说　明
1. 品种	按产品整体有无憎水剂分为普通型（代号 P）和憎水型（代号 Z）
2. 等级	按产品干密度分为 A、B、C 三个等级

【技术要求】

项　目		指　标		
		A 等级	B 等级	C 等级
外观质量		色泽均匀一致黏稠状浆体		
浆体密度/（kg/m³）		≤1000		
浆体 pH 值		9～11		
干密度/（kg/m³）		≤180	≤220	≤280
体积收缩率（%）		≤15.0	≤20.0	≤20.0
抗拉强度/kPa		≥100		
粘结强度/kPa		≥25		
热导率/〔W/(m·K)〕	平均温度（350±5）℃	≤0.10	≤0.11	≤0.12
	平均温度（70±2）℃	≤0.06	≤0.07	≤0.08
高温后拉伸强度/kPa （600℃恒温 4h）		≥50		

注：1. 憎水性：憎水型硅酸盐复合绝热涂料的憎水率应不小于98%。

　　2. 对奥氏体不锈钢的腐蚀性：用于奥氏体不锈钢材料表面绝热时，应符合 GB/T 17393 的要求。

5. 建筑外表面用热反射隔热涂料（JC/T 1040—2007）

【用途】　本标准适用于通过反射太阳热辐射来减少建筑物和构筑物热荷载的隔热装饰涂料。产品主要由合成树脂、功能性颜填料及各种助剂配制而成。

【术语和定义】

术　语	定　义
1. 热反射隔热涂料	具有较高太阳反射比和较高红外发射率的涂料
2. 太阳反射比	物体反射到半球空间的太阳辐射通量与入射在物体表面上的太阳辐射通量的比值
3. 半球发射率	一个辐射源在半球方向上的辐射出射度与具有同一温度的黑体辐射源的辐射出射度的比值

【分类】　按产品的组成可分为水性（W）和溶剂型（S）两类。

【要求】

项 目		指　标	
		W	S
容器中状态		搅拌后无硬块、凝聚，呈均匀状态	
施工性		刷涂二道无障碍	
涂膜外观		无针孔、流挂，涂膜均匀	
低温稳定性		无硬块、凝聚及分离	—
干燥时间（表干）/h		≤2	
耐碱性		48h 无异常	
耐水性		96h 无异常	168h 无异常
耐洗刷性		2000 次	5000 次
耐沾污性（白色和浅色①）		<20%	<10%
涂层耐温变性（5 次循环）		无异常	
太阳反射比（白色）		≥0.83	
半球发射率		≥0.85	
耐弯曲性		—	≤2mm
拉伸性能	拉伸强度/MPa	≥1.0	
	断裂伸长率（%）	≥100	
耐人工气候老化性（W 类 400h, S 类 500h）	外观	不起泡，不剥落，无裂纹	
	粉化/级	≤1	
	变色（白色和浅色①）/级	≤2	
	太阳反射比（白色）	≥0.81	
	半球发射率	≥0.83	
不透水性②		0.3MPa，30min 不透水	—
水蒸气透湿率②/[g/(m²·s·Pa)]		≥8.0×10⁻⁸	—

注：仅对白色涂料的太阳反射比提出要求，浅色涂料太阳反射比由供需双方商定。

① 浅色是指以白色涂料为主要成分，添加适量色浆后配制成的浅色涂料形成的涂膜干燥后所呈现的浅颜色，按 GB/T 15608 中 4.3.2 规定，明度值为 6~9（三刺激值中的 $Y_{D65} \geq 31.26$）。

② 附加要求，由供需双方协商。

6. 建筑玻璃用隔热涂料（JG/T 338—2011）

【用途】 本标准适用于以合成树脂或合成树脂乳液为基料，与功能性颜填料及各种助剂配制而成的，施涂于建筑玻璃表面的透明的隔热涂料。其他玻璃表面用的隔热涂料可参照本标准执行。

【术语和定义】

术　语	定　义
1. 建筑玻璃用隔热涂料	在建筑玻璃表面施涂后形成平整透明涂层，具有较高的红外线阻隔效果的涂料
2. 遮蔽系数	试样的太阳能总透射比与 3mm 厚的普通透明平板玻璃的太阳能总透射比（理论值取 88.9%）的比值
3. 可见光透射比	透过透明材料的可见光光通量与投射在其表面上的可见光光通量之比
4. 可见光透射比保持率	透明材料耐紫外老化试验后的可见光透射比与耐紫外老化试验前的可见光透射比的比值

【分类】

1）按产品的组成属性分为溶剂型和水性两种。

2）按遮蔽系数的范围分为Ⅰ型、Ⅱ型和Ⅲ型。

【要求】

（1）产品的物理性能

序号	项　目		指　标	
			S 型	W 型
1	容器中状态		搅拌后易于混合均匀	
2	漆膜外观		正常	
3	低温稳定性		—	不变质
4	干燥时间	常温干燥型（表干）/h	≤2	≤1
		烘烤固化型/h	≤0.5 或商定	
		紫外光固化型/s	商定	
5	附着力（划格法，1mm）/级		≤1	
6	硬度（划破）		≥3H	≥H
7	耐划伤性		300g 未划伤	100g 未划伤
8	耐水性		96h 无异常	
9	涂层耐温变性（5 次循环）		无异常	
10	耐紫外老化性	外观	240h 不起泡，不剥落，无裂纹	
		粉化/级	0	
		附着力/级	≤1	

（2）产品的光学性能

序号	项　目	指　标		
		Ⅰ型	Ⅱ型	Ⅲ型
1	遮蔽系数	≤0.60	>0.60，≤0.70	>0.70，≤0.80
2	可见光透射比（%）	≥50	≥60	≥70
3	可见光透射比保持率（%）	≥95		

（3）有害物质限量

1）溶剂型产品的有害物质限量应符合 GB 24408 的要求。

2）水性产品的有害物质限量应符合 GB 18582 的要求。

7. 金属表面用热反射隔热涂料（HG/T 4341—2012）

【用途】 本标准适用于金属表面用热反射隔热涂料，主要用于储罐、设备、建筑、船舶、车辆等金属外表面的太阳热反射隔热降温。

【术语和定义】

术　语	定　义
1. 热反射隔热涂料	热反射隔热涂料是指具有较高太阳光反射比和半球发射率，可以达到明显隔热效果的涂料
2. 太阳光反射比	反射的与入射的太阳辐射能通量之比值
3. 半球发射率	热辐射体在半球方向上的辐射出射度与处于相同温度的全辐射体（黑体）的辐射出射度之比值
4. 近红外光反射比	近红外波段反射的与入射的太阳辐射能通量之比值

【要求】

（1）产品热反射性能的要求

序号	项　目		指　标
1	太阳光反射比	白色	≥0.80
		其他色	≥0.60
2	半球发射率		≥0.85
3	近红外光反射比	合格品	≥0.60
		一等品	≥0.70
		优等品	≥0.80

（2）产品其他性能的要求

序号	项　目		指　标
1	涂膜外观		涂膜正常
2	密度/(g/cm³)		商定值±0.05
3	不挥发物含量（%）	≥	50
4	干燥时间/h		
	表干	≤	4
	实干	≤	24
5	弯曲试验	≤	2mm
6	耐冲击性		50cm
7	附着力（拉开法）/MPa	≥	3
8	耐水性（48h）		涂膜无异常
9	耐酸性（168h）		涂膜无异常
10	耐碱性（168h）		涂膜无异常
11	耐盐雾性（720h）		划线处单向扩蚀≤2.0mm，未划线处涂膜无起泡、生锈、开裂、剥落等现象
12	耐人工加速老化性（800h）		涂膜不起泡、不剥落、不开裂、不生锈、不粉化，变色不大于2级，保光率不小于80%

8. 建筑反射隔热涂料（JG/T 235—2014）

【用途】 本标准适用于工业与民用建筑屋面和外墙用隔热涂料。

【术语和定义】

术　语	定　义
1. 建筑反射隔热涂料	以合成树脂为基料，与功能性颜填料及助剂等配制而成，施涂于建筑物外表面，具有较高太阳光反射比、近红外反射比和半球发射率的涂料
2. 明度	表示物体表面颜色明亮程度的视知觉特性值，以绝对白色和绝对黑色为基准给予分度，以 L^* 表示（颜色的三属性之一）
3. 太阳光反射比	在 300 ~ 2500nm 可见光和近红外波段反射与同波段入射的太阳辐射通量的比值
4. 近红外反射比	在 780 ~ 2500nm 近红外波段反射与同波段入射的太阳辐射通量的比值
5. 半球发射率	热辐射体在半球方向上的辐射出射度与处于相同温度的全辐射体（黑体）的辐射出射度的比值

【分类】

按涂层明度值的高低分为：

1）低明度反射隔热涂料：$L^* \leqslant 40$。

2）中明度反射隔热涂料：$40 < L^* < 80$。

3）高明度反射隔热涂料：$L^* \geqslant 80$。

【要求】

产品的反射隔热性能

序号	项　目		指　标		
			低明度	中明度	高明度
1	太阳光反射比	$\geqslant$	0.25	0.40	0.65
2	近红外反射比	$\geqslant$	0.40	L^* 值/100	0.80
3	半球发射率	$\geqslant$		0.85	
4	污染后太阳光反射比变化率[①]	$\leqslant$	—	15%	20%
5	人工气候老化后太阳光反射比变化率	$\leqslant$		5%	

① 该项仅限于三刺激值中的 $Y_{D65} \geqslant 31.26$（$L^* \geqslant 62.7$）的产品。

9. 不可逆示温涂料（HG/T 4562—2013）

【用途】 本标准适用于由耐温树脂、颜填料、助剂和有机溶剂配制而成的不可逆示温涂料。主要用于航空发动机、燃气轮机、工业管道等快速升、降温环境中进行温度的标识。

【术语和定义】

术　　语	定　　义
1. 示温涂料	涂覆于物体表面的涂层颜色随温度变化而发生变化，通过对颜色变化的判读来指示物体表面的温度及温度分布
2. 不可逆示温涂料	示温涂料受热到一定温度涂层颜色发生变化，显示出一种新的颜色，而冷却时却不能恢复到原来的颜色
3. 单变色不可逆示温涂料	涂膜颜色仅发生一次变化的不可逆示温涂料
4. 多变色不可逆示温涂料	涂膜颜色发生两次及两次以上变化的不可逆示温涂料
5. 等温线	在测温误差范围内，不同温度区域分界线上的温度相同
6. 示温偏差	实际测量的等温线变色温度与产品给定的等温线变色温度之差

【分类】　按产品的变色特征分为单变色不可逆示温涂料和多变色不可逆示温涂料。

【要求】

项　　目		指　　标	
		单变色不可逆示温涂料	多变色不可逆示温涂料
在容器中状态		搅拌后均匀无硬块	
细度/μm　　　　　　　　　≤		20	30
不挥发物含量（%）　　　　≥		50	
干燥时间/h　　≤	表干（自干漆）	1	
	实干（自干漆）	24	
	烘干（烘烤型漆）	通过	
涂膜外观		正常	
划格试验（划格间距2mm）　≤		1级	
耐冲击性		商定	
弯曲试验		2mm	
耐热性（2h）		无异常	
示温偏差/℃		±8	±10

10. 建筑用蓄光型发光涂料（JG/T 446—2014）

【用途】　本标准适用于建筑物和构筑物内外及地下工程的蓄光型发光涂料。

【术语和定义】

术　语	定　义
1. 蓄光型发光涂料	以合成树脂为成膜物质，以长余辉材料为发光材料，并加入其他颜填料和助剂制备的涂料
2. 长余辉材料	在自然光或人造光源照射下能存储外界光辐照的能量，光照停止后能以可见光的形式缓慢释放存储能量的光致发光材料
3. 发光亮度	单位面积的发光表面沿法线方向所产生的发光强度
4. 余辉时间	激发光源停止照射后，发光涂料的发光亮度降至 $0.32\mathrm{mcd/m^2}$ 时所持续的时间

【分类】

根据使用环境，分为以下两种类型：

1) Ⅰ型适用于建筑物和构筑物内部工程。

2) Ⅱ型适用于建筑物和构筑物外部及地下工程。

【要求】

产品的物理化学性能

序号	项　目		指　标	
			Ⅰ型	Ⅱ型
1	容器中状态		无硬块，搅拌后呈均匀状态	
2	施工性		刷涂二道无障碍	
3	涂膜外观		涂膜均匀，无明显缩孔和开裂，暗室内可观察到明显发光现象	
4	干燥时间（表干）/h		≤2	
5	耐水性		96h 无异常	168h 无异常
6	耐碱性		48h 无异常	168h 无异常
7	耐酸性①		—	48h 无异常
8	附着力/级		≤1	
9	涂层耐温变性（3 次循环）		—	无异常
10	耐洗刷性		≥5000 次	≥10000 次
11	可见光反射率①		—	≥0.75
12	耐沾污性（白色和浅色②）		—	≤15%
13	发光亮度/（mcd/m²）	激发停止 10min 时	≥50.00	
		激发停止 1h 时	≥10.00	
14	余辉时间/h		≥12	
15	耐人工气候老化性（600h）	外观	—	不起泡、不剥落、无裂纹
		粉化/级		≤1
		变色/级		≤2
		发光亮度下降率（%）		≤20
		余辉时间/h		≥10

① 仅适用于隧道环境。

② 浅色是指以白色涂料为主要成分，添加适量色浆后配制成的涂料形成的涂膜所呈现的浅颜色，按 GB/T 15608 的规定，明度值为 6~9 之间（三刺激值中的 $Y_{D65} \geq 31.26$）。

六、其他建筑涂料

1. 建筑用水性氟涂料（HG/T 4104—2009）

【用途】 本标准适用于含 C—F 键的共聚树脂水性涂料，主要用于建筑外表面的装饰和保护。

【分类】

本标准根据水性氟涂料的主要成膜物将其分为 3 类：PVDF 类为水性含聚偏二氟乙烯（PVDF）氟涂料；FEVE 类为水性氟烯烃/乙烯基醚（酯）共聚树脂（FEVE）氟涂料；含氟丙烯酸类为水性含氟丙烯酸/丙烯酸酯类单体共聚树脂氟涂料。其他品种水性氟涂料可参考使用。

【要求】

项　目			指　标		
			PVDF 类	FEVE 类	含氟丙烯酸类
容器中状态			搅拌后均匀无硬块		
低温稳定性			不变质		
基料中氟含量[①]（%） ≥			16	8	6
干燥时间（表干）/h ≤			2		
对比率 ≥	白色和浅色[②]（含铝粉、珠光颜料的涂料除外）		0.93		
涂膜外观			正常		
附着力/级 ≤			1		
耐碱性（168h）			无异常		
耐酸雨性（48h）			无异常		
耐水性（168h）			无异常		
耐湿冷热循环性（5 次）			无异常		
耐洗刷性 ≥			3000 次		
耐沾污性（白色和浅色[②]）（含铝粉、珠光颜料的涂料除外） ≤			15%		
耐人工气候老化性[③]	氙灯加速老化	合格品	白色和浅色[②]：3000h 变色≤2 级，粉化≤1 级		
			其他色：3000h 变色商定，粉化商定		
		优等品	白色和浅色[②]：5000h 变色≤2 级，粉化≤1 级		
			其他色：5000h 变色商定，粉化商定		
	超级荧光紫外加速老化（UVB-313，1.0W/m²）	合格品	白色和浅色[②]：1000h 变色≤1 级，粉化 0 级		
			其他色：1000h 变色商定，粉化商定		
		优等品	白色和浅色[②]：1700h 变色≤1 级，粉化 0 级		
			其他色：1700h 变色商定，粉化商定		

① 基料指主漆中树脂、助剂部分。铝粉漆体系中只测罩光清漆的氟含量。本标准规定的 3 类品种之外的其他品种基料中氟含量可以商定。

② 浅色是指以白色涂料为主要成分，添加适量色浆后配制成的浅色涂料形成的涂膜所呈现的浅颜色，按 GB/T 15608 的规定，明度值为 6～9 之间（三刺激值中的 $Y_{D65} \geqslant 31.26$）。

③ 两种试验方法中任选一种。

2. 建筑用防涂鸦抗粘贴涂料（JG/T 304—2011）

【用途】 本标准适用于建筑室外、城市公共设施等场所使用的具有防涂鸦功能和（或）抗粘贴功能的涂料。其他具有防涂鸦功能和（或）抗粘贴功能的产品也可参照采用。

【术语和定义】

术　语	定　义
1. 建筑用防涂鸦抗粘贴涂料	施涂于混凝土、金属、涂层、玻璃、石材、瓷砖等表面用以提高材料表面的防涂鸦能力和（或）抗粘贴能力的涂料
2. 抗反复粘贴性	涂层抵抗不干胶纸、胶带等黏性材料多次粘贴的能力
3. 抗高温粘贴性	高温下涂层抵抗不干胶纸、胶带等黏性材料粘贴的能力

【分类】

1）根据产品的功能分为三种类型：

A 型：抗粘贴型。

B 型：防涂鸦型。

C 型：抗粘贴并防涂鸦型。

2）根据产品的分散介质可分为水性（W）和溶剂型（S）两种。

【要求】

项　目		指　标		
		A 型	B 型	C 型
容器中状态		搅拌后无硬块，无凝聚，呈均匀状态		
施工性		施涂无障碍		
涂膜外观		涂膜均匀，无针孔，无流挂		
表干时间/h		≤1		
耐水性		96h 无起泡，无掉粉，无明显变色和失光		
耐碱性①		48h 无起泡，无掉粉，无明显变色和失光		
铅笔硬度		≥2H		
耐溶剂擦拭性		100 次不露底		
附着力（划格法）/级		≤1		
抗粘贴性（180°剥离强度）		≤0.10N/mm	—	≤0.10N/mm
抗反复粘贴性（50 次）	外观	无剥落，无明显失光，无胶残留物	—	无剥落，无明显失光，无胶残留物
	180°剥离强度/（N/mm）	≤0.20	—	≤0.20
抗高温粘贴性（50℃，24h）	外观	无剥落，无明显失光，无胶残留物	—	无剥落，无明显失光，无胶残留物
	180°剥离强度/（N/mm）	≤0.25	—	≤0.25

（续）

项 目		指 标		
		A 型	B 型	C 型
耐人工气候老化性（400h）	外观	无开裂，无剥落，无明显失光	—	无开裂，无剥落，无明显失光
	180°剥离强度/（N/mm）	≤0.20	—	≤0.20
防涂鸦性（可清洗级别）	墨汁	—	≤2 级	≤2 级
	油性记号笔	—	≤3 级	≤3 级
	喷漆	—	≤3 级	≤3 级

注：产品的有害物质含量应符合 GB 24408—2009 中表 1 的要求。

① 仅适用于混凝土、砂浆等碱性基面上使用的产品。

3. 建筑用弹性质感涂层材料（JC/T 2079—2011）

【用途】 本标准适用于以合成树脂乳液为基料，由颜料、不同粒径彩砂等填料及助剂配制而成，通过刮涂、喷涂或刷涂等施工方法，在建筑物表面形成具有艺术质感效果的弹性抗裂饰面涂层。

【分类】

产品按耐沾污性和耐候性分为Ⅰ型和Ⅱ型。

Ⅰ型适用于对耐沾污性和耐候性要求较高的墙面，Ⅱ型适用于对耐沾污性和耐候性要求一般的墙面。

【要求】

序号	项 目		指 标	
			Ⅰ 型	Ⅱ 型
1	容器中的状态		无结块，呈均匀状态	
2	涂膜外观		无开裂，颜色均匀一致	
3	干燥时间（表干）/h		≤3	
4	低温贮存稳定性		无结块，无凝聚，无组成物分离	
5	初期干燥抗裂性（6h）		无裂纹	
6	粘结强度/MPa	标准状态	≥0.60	
		耐水处理	≥0.40	
		冻融循环处理	≥0.25	
7	耐水性（7d）		涂层无起鼓、开裂、剥落，允许轻微变色	
8	耐碱性（7d）		涂层无起鼓、开裂、剥落，允许轻微变色	
9	耐冲击性		无裂纹、剥落以及明显变形	
10	耐沾污性（白色或浅色①）		≤20%	≤30%

（续）

序号	项 目		指 标	
			Ⅰ型	Ⅱ型
11	耐候性	老化时间/h	600	400
		外观	不起泡，不剥落，无裂纹	
		粉化/级	≤1	
		变色（白色或浅色①）/级	≤2	
12	柔韧性	热处理（5h）	直径50mm，无裂纹	
		低温处理（2h）	直径100mm，无裂纹	

注：产品在施工时应使用底涂料，必要时还可采用面涂料，所采用的底涂料应符合
JG/T 210 的要求。

① 浅色是指以白色涂料为主要成分，添加适量色浆后配置成的浅色涂料形成的涂膜所呈现的浅颜色，按 GB/T 15608 中的规定，明度值为6到9之间（三刺激值中的 $Y_{D65} \geqslant 31.26$）。其他颜色的耐沾污性和耐候性的变色要求由供需双方商定。

4. 建筑用弹性中涂漆（HG/T 4567—2013）

【用途】 本标准适用于由合成树脂乳液以及各种颜料、体质颜料、助剂为主要原料按一定比例配制而成的弹性中涂漆。主要用于墙体涂装中，涂布于底漆与面漆之间，弥盖因基材伸缩而产生的细小裂纹及赋予特定的装饰效果，对建筑物起装饰与保护的作用。

【分类】 本标准根据性能要求不同将产品分为Ⅰ型和Ⅱ型两类。

【要求】

项 目	指 标	
	Ⅰ型	Ⅱ型
在容器中的状态	搅拌后无硬块，呈均匀状态	
低温稳定性（3次循环）	不变质	
施工性	施涂无障碍	
干燥时间（表干）/h ≤	2	
涂膜外观	正常	
耐碱性（48h）	无异常	
耐水性（96h）	无异常	
涂层耐温变性（3次循环）	无异常	
粘结强度（标准状态下）/MPa ≥	0.6	
拉伸强度/MPa ≥	1.0	
断裂伸长率（%） ≥	80	150
低温柔性	0℃，直径4mm 无裂纹	-10℃，直径4mm 无裂纹

5. 无机干粉建筑涂料（JG/T 445—2014）

【用途】 本标准适用于建筑内、外墙用无机干粉建筑涂料。

【术语和定义】

术　语	定　义
无机干粉建筑涂料	以无机胶凝材料为主要粘结剂，与颜料、填料及添加剂配制而成的干粉涂料。现场施工时加水搅拌均匀，施涂后形成装饰涂层

【分类】

1）根据使用环境分为无机干粉内墙涂料（代号为 N）和无机干粉外墙涂料（代号为 W）。

2）产品按性能分为：Ⅰ型、Ⅱ型、Ⅲ型。

【要求】

（1）无机干粉内墙涂料的技术性能

项　目		指　标		
		Ⅰ型	Ⅱ型	Ⅲ型
施工性		分散均匀，滚涂无障碍		
可操作时间		2h 滚涂无障碍		
涂膜外观		正常		
干燥时间（表干）/h		≤2		
对比率（白色和浅色①）		≥0.90	≥0.93	≥0.95
柔韧性		直径 100mm，无裂纹		
耐碱性（48h）		无异常		
耐洗刷性		≥500 次	≥1000 次	≥2000 次
挥发性有机化合物含量（VOC）/（g/kg）		≤1		
苯、甲苯、乙苯和二甲苯含量总和/（mg/kg）		≤50		
游离甲醛含量/（mg/kg）		≤20	≤20	≤5
可溶性重金属含量/（mg/kg）	铅 Pb	符合 GB 18582 的规定		
	镉 Cd			
	铬 Cr			
	汞 Hg			

①　浅色是指以白色涂料为主要成分，添加适量颜料后配制的涂料形成的涂膜所呈现的浅颜色，按 GB/T 15608 的规定，明度值为 6~9 之间（三刺激值中的 $Y_{D65} \geq 31.26$）。

（2）无机干粉外墙涂料的技术性能

项　　目		指　　标		
		Ⅰ型	Ⅱ型	Ⅲ型
施工性		分散均匀，滚涂无障碍		
可操作时间		2h 滚涂无障碍		
涂膜外观		正常		
干燥时间（表干）/h		≤2		
对比率（白色和浅色①）		≥0.90	≥0.93	≥0.95
柔韧性		直径 50mm，无裂纹		
耐水性（168h）		无异常		
耐碱性（168h）		无异常		
耐洗刷性		≥500 次	≥1000 次	≥2000 次
涂层耐温变性（5 次）		不剥落，不起泡，无裂纹，无明显变色		
耐沾污性（白色和浅色①）		≤20%	≤15%	≤15%
耐人工气候老化性 （白色和浅色①）	老化时间/h	500	500	800
	外观	不起泡，不剥落，无裂纹		
	粉化/级	≤1		
	变色/级	≤2		

① 浅色是指以白色涂料为主要成分，添加适量颜料后配制的涂料形成的涂膜所呈现的浅颜色，按 GB/T 15608 的规定，明度值为 6~9 之间（三刺激值中的 Y_{D65} ≥ 31.26）。

6. 建筑无机仿砖涂料（JG/T 444—2014）

【用途】　本标准适用于建筑外墙用无机仿砖涂料。

【术语和定义】

术　　语	定　　义
1. 底缝涂料	以无机胶凝材料为主要粘结剂，与细骨料、颜填料及添加剂等配制而成的干粉涂料。现场使用时加水搅拌均匀，施工在基材表面，形成厚度不小于 1mm 具有砖缝效果的涂层
2. 面层涂料	以无机胶凝材料为主要粘结剂，与细骨料、颜填料及添加剂等配制而成的干粉涂料。现场使用时加水搅拌均匀，施工在底缝涂料表面，形成厚度不小于 1mm 具有砖型装饰效果的涂层
3. 建筑无机仿砖涂料	由底缝涂料和面层涂料组成，经过现场配套施工而成的具有砖型装饰效果的干粉涂料

【要求】

项　　目		指　标	
		底缝涂料（D）	面层涂料（M）
施工性		30min 刮涂无障碍	
初期干燥抗裂性		无裂纹	
干燥时间（表干）/h		≤2	
吸水量/g	30min	≤2.0	
	240min	≤5.0	
涂层耐温变性（5 次）①		不剥落，不起泡，无裂纹，无明显变色	
耐冲击性①		无裂纹，无剥落，无明显变形	
耐水性（168h）		无起鼓，无开裂，不剥落	
耐碱性（168h）		无起鼓，无开裂，不剥落	
柔韧性		直径100mm，无裂纹	—
抗泛碱性		无可见泛碱	
粘结强度①/MPa	标准状态	≥0.7	≥0.5
	浸水后	≥0.5	≥0.5
耐沾污性（白色和浅色②）		≤2 级	
耐候性（白色和浅色②）	老化时间/h	500	800
	外观	不剥落，无裂纹	
	粉化/级	≤1	
	变化/级	≤2	
燃烧性能		A 级	

① 面层涂料的涂层耐温变性、耐冲击性和粘结强度均按复合涂层制备试件后进行试验。

② 浅色是指以白色涂料为主要成分，添加适量颜料后配置的涂料形成的涂膜所呈现的浅颜色，按 GB/T 15608 的规定，明度值为 6～9 之间（三刺激值中的 $Y_{D65} \geq 31.26$）。其他颜色的耐候性要求由供需双方商定。

7. 溶剂型聚氨酯涂料（双组分）（HG/T 2454—2014）

【用途】 本标准适用于以含反应性官能团的聚酯树脂、醇酸树脂、丙烯酸树脂等为主要成膜物，并加入颜填料（清漆不加）、溶剂、助剂等辅料作为主剂，以多异氰酸酯树脂为固化剂的双组分常温固化型混凝土和金属表面用涂料。

本标准不适用于建筑外墙和地坪用聚氨酯涂料。

【分类】

本标准根据溶剂型聚氨酯涂料（双组分）的两个主要应用领域将其分为两种类型：Ⅰ型产品为混凝土表面用溶剂型聚氨酯涂料面漆，按涂料性能分为 1 类和 2 类；Ⅱ型产品为金属表面用溶剂型聚氨酯涂料，分为通用底漆和中间漆、内用面漆、外用面漆，其中外用面漆按涂料性能分为 1 类和 2 类。

Ⅰ型产品适用于贮罐、桥梁等混凝土设施；Ⅱ型产品中内用面漆适用于室内钢结构、金属家具、五金制品等表面的装饰和保护，外用面漆适用于室外钢结构等表面的装饰和保护。

【要求】

（1）Ⅰ型产品的技术要求

项　目		指　标	
		1 类	2 类
在容器中状态		搅拌后均匀无硬块	
细度/μm （含铝粉、珠光等颜料的涂料除外）		≤40	
不挥发物含量（％） （含铝粉、珠光颜料的涂料除外）	白色和浅色①	≥50	
	清漆和其他色	≥40	
干燥时间/h	表干	≤2	
	实干	≤24	
涂膜外观		正常	
光泽单位值（60°）		商定	
耐冲击性		≥40cm	50cm
弯曲试验		2mm	
附着力（拉开法）/MPa		≥3	
耐酸性（50g/L H_2SO_4）		48h 无异常	168h 无异常
耐碱性［饱和 $Ca(OH)_2$ 溶液］		96h 无异常	240h 无异常
耐水性		96h 无异常	168h 无异常
耐人工气候老化性	白色和浅色①	500h 不起泡、不开裂、不脱落	1000h 不起泡、不开裂、不脱落
	粉化/级	≤1	≤1
	变色/级	≤2	≤2
	失光②/级	≤2	≤2
	其他色	500h 不起泡、不脱落、不开裂	1000h 不起泡、不脱落、不开裂
	粉化/级	≤2	≤2
	变色/级	商定	商定
	失光②/级	商定	商定

① 浅色是指以白色涂料为主要成分，添加适量色浆后配制成的浅色涂料形成的涂膜所呈现的浅颜色，按 GB/T 15608 的规定，明度值为 6~9 之间（三刺激值中的 Y_{D65} ≥31.26）。

② 试板的原始光泽≤30 单位值时不进行失光评定。

（2）Ⅱ型产品的技术要求

项　目		指　标			
		通用底漆和中间漆	内用面漆	外用面漆	
				1类	2类
在容器中状态		搅拌后均匀无硬块			
细度/μm（含铝粉、珠光等颜料的涂料除外）		—	≤40	≤40	≤40
不挥发物含量（％）（含铝粉、珠光颜料的涂料除外）	白色和浅色①	≥50			
	清漆和其他色	≥50	≥40	≥40	≥40
干燥时间/h	表干	≤2			
	实干	≤24			
涂膜外观		正常			
光泽单位值（60°）		—	商定	商定	商定
铅笔硬度（擦伤）		—	≥F	≥F	≥F
耐冲击性		≥40cm	≥40cm	≥40cm	50cm
弯曲试验		2mm			
划格试验		≤1级			
附着力（拉开法）/MPa		—	—	≥4	≥4
耐酸性（50g/L H₂SO₄）		—	48h 无异常	48h 无异常	168h 无异常
耐碱性（20g/L NaOH）		—	48h 无异常	48h 无异常	168h 无异常
耐盐水性（3% NaCl）		72h 无异常	—	—	—
耐盐雾性		144h不起泡、不生锈、不脱落	—	500h不起泡、不生锈、不脱落	1000h不起泡、不生锈、不脱落
耐人工气候老化性	白色和浅色①	—	—	500h不起泡、不生锈、不开裂、不脱落	1000h不起泡、不生锈、不开裂、不脱落
	粉化/级			≤1	≤1
	变色/级			≤2	≤2
	失光②/级			≤2	≤2
	其他色	—	—	500h不起泡、不生锈、不开裂、不脱落	1000h不起泡、不生锈、不开裂、不脱落
	粉化/级			≤2	≤2
	变色/级			商定	商定
	失光②/级			商定	商定

① 浅色是指以白色涂料为主要成分，添加适量色浆配制成的浅颜色形成的涂膜所呈现的浅颜色，按 GB/T 15608 的规定，明度值为 6~9 之间（三刺激值中的 Y_{D65}≥31.26）。

② 试板的原始光泽≤30 单位值时不进行失光评定。

8. 卷材涂料（HG/T 3830—2006）

【用途】 本标准适用于采用连续辊涂方式涂覆在建筑用金属板上的液体有机涂料。涂覆在其他用途（如家电等）金属板上的液体有机涂料可参照使用。

【术语和定义】

术　语	定　义
1. 基板	用于涂覆涂料的金属板或带
2. 彩涂板	在经过表面预处理的基板上连续涂覆有机涂料，然后经过烘烤固化而成的产品
3. 正面	通常指彩涂板两个表面中对颜色、涂层性能、表面质量等有较高要求的一面
4. 反面	彩涂板相对于正面的另一面
5. 卷材涂料	以连续辊涂方式在经过表面预处理的金属基板上涂覆的有机涂料
6. 底漆	直接涂在经过表面预处理的金属基板上的有机涂料
7. 面漆	涂在彩涂板正面的最上层的有机涂料
8. 背面漆	涂在彩涂板反面的最上层的有机涂料

【分类】 本标准按卷材涂料的使用功能将其分为底漆、背面漆和面漆。再根据建筑用彩涂板正面实际使用时对耐久性的要求，将面漆分为：通用型和耐久型。通用型产品适用于一般用途的建筑内、外用彩涂板，如室内装饰用吊顶板、屋面板、墙面板以及耐久性要求较低的外墙面板等；耐久型产品适用于耐久性要求较高的外用彩涂板，如门窗、外屋面板和墙面板等。

【要求】

项　　目		底漆	背面漆	指　标	
				面漆	
				通用型	耐久型
在容器中状态				搅拌后均匀无硬块	
黏度（涂-4杯）/s				商定	
质量固体含量（%）	≥	45	55	60（浅色[①]漆）	
				50（深色漆）	
				45（闪光漆[②]）	
体积固体含量（%）	≥	25	35	40（浅色[①]漆）	
				35（深色漆）	
				35（闪光漆[②]）	
细度[③]/μm	≤			25	
涂膜外观				正常	

（续）

项　目		底漆	背面漆	指　标	
				面漆	
				通用型	耐久型
耐溶剂（MEK）擦拭/次　≥		—	50	100 50（闪光漆②）	
涂膜色差		—		商定	
光泽单位值（60°）		—		商定	
铅笔硬度（擦伤）　≥		—	2H	H	
反向冲击/（kg·cm）④　≥		—	60	90	
T弯/T　≤		—	5	3	
杯突/mm　≥		—	4.0	6.0	
划格附着力（间距1mm）/级		—		0	
耐划痕（1200g）		—		通过	
耐酸性		—		无变化	
耐中性盐雾		—	—	480h，允许轻微变色，起泡等级≤2（S3），无其他漆膜病态现象	720h，允许轻微变色，起泡等级≤2（S3），无其他漆膜病态现象
耐人工老化性⑤	荧光紫外UVA-340	—	—	600h，无生锈、起泡、开裂，变色≤2级，粉化≤1级	960h，无生锈、起泡、开裂，变色≤2级，粉化≤1级
	荧光紫外UVB-313			400h，无生锈、起泡、开裂，变色≤2级，粉化≤1级	600h，无生锈、起泡、开裂，变色≤2级，粉化≤1级
	氙灯			800h，无生锈、起泡、开裂，变色、失光≤2级，粉化≤1级	1500h，无生锈、起泡、开裂，变色、失光≤2级，粉化≤1级

① 浅色是指以白色涂料为主要成分，添加适量色浆后配制成的浅色涂料形成的涂膜所呈现的浅颜色，按GB/T 15608中4.3.2规定，明度值为6~9之间（三刺激值中的Y_{D65}≥31.26）。

② 闪光漆是指含有金属颜料或珠光颜料的涂料。

③ 特殊品种除外，如闪光漆、PVDF类涂料、含耐磨助剂类涂料等。

④ 1kg·cm≈0.098J。

⑤ 三种试验方法中任选一种。

第三章　底漆及防锈漆

一、底漆

1. 环氧酯底漆 （HG/T 2239—2012）

【用途】　本标准适用于以环氧树脂与植物油酸经酯化后形成的环氧酯为主要成膜物的涂料。该涂料主要用于金属基材等表面的打底及防锈保护。

【技术要求】

项　目		指　标
在容器中状态		搅拌混合后无硬块，呈均匀状态
流出时间 （ISO 6#杯）/s	≥	45
细度/μm	≤	60
贮存稳定性 ［ （50±2）℃，30d］		
结皮性		10 级
沉降性	≥	6 级
干燥时间		
实干/h	≤	24
烘干 ［（120±2）℃，1h］		通过
涂膜外观		正常
耐冲击性		50cm
划格试验 （间距1mm）	≤	1 级
打磨性		易打磨，不粘砂纸
耐硝基漆性		不起泡、不膨胀、不渗色
耐盐水性 （3% NaCl 溶液）	锌黄 （96h）	无异常
	其他 （48h）	

2. 环氧树脂底漆 （HG/T 4566—2013）

【用途】

本标准适用于以环氧树脂为主要成膜物的常温固化型双组分溶剂型涂料。该涂料主要用于金属、混凝土等基材表面的封闭及保护。

本标准不适用于含锌粉类、含玻璃鳞片类及沥青类环氧树脂底漆。

【分类】　本标准根据用途分为金属基材用产品和混凝土基材用产品两类。金属基材用产品中分为通用底漆和封闭底漆两类，混凝土基材用产品中分为清漆和色漆两类。

【要求】

（1）金属基材用产品指标

项　目	指　标	
	通用底漆	封闭底漆
容器中状态	搅拌混合后无硬块，呈均匀状态	
不挥发物含量（%）　　　　≥	55	—
干燥时间/h 表干　　　　　　　　　　≤ 实干　　　　　　　　　　≤	4 24	
涂膜外观	正常	
弯曲试验	2mm	—
耐冲击性	50cm	—
划格试验（间距1mm）　　≤	1级	
耐盐水性（浸入3%NaCl溶液中168h）	无异常	—
耐盐雾性（120h）	划线处单向锈蚀≤2.0mm，未划线区无起泡、生锈、开裂、剥落等现象	—

（2）混凝土基材用产品指标

项　目	指　标	
	清漆	色漆
容器中状态	搅拌混合后无硬块，呈均匀状态	
不挥发物含量（%）　　　　≥	—	55
干燥时间/h 表干　　　　　　　　　　≤ 实干　　　　　　　　　　≤	4 24	
涂膜外观	正常	
附着力/MPa　　　　　　　≥	—	1.5
耐碱性［浸入饱和Ca(OH)₂溶液中360h］	无异常	
耐水性（360h）	无异常	

3. 环氧云铁中间漆（HG/T 4340—2012）

【用途】　本标准适用于由环氧树脂为主要成膜物质，加入云母氧化铁颜料等制成的双组分涂料。环氧云铁中间漆主要用作防腐涂装体系的中间层。

【要求】

项　目	指　标
在容器中状态	搅拌混合后无硬块，呈均匀状态
不挥发物含量（%）　　　　≥	70
流挂性	商定

（续）

项　目		指　标
适用期^①（5h）		通过
贮存稳定性（沉降性）	≥	8 级
干燥时间/h	≤	
表干		3
实干		24
弯曲试验		2mm
耐冲击性	≥	40cm
附着力/MPa	≥	5

① 冬用型产品除外。

4. 乙烯磷化底漆（双组分）（HG/T 3347—2013）

【用途】 本标准适用于以聚乙烯醇缩丁醛树脂为主要成膜物，与分开包装的磷化液按一定比例配套使用的乙烯磷化底漆。乙烯磷化底漆主要用于有色及黑色金属表面。

【要求】

项　目		指　标
原漆外观		半透明黏稠液，搅拌后呈均匀状态
磷化液外观		无色至微黄色透明液体
黏度（涂-4）（原漆）/s	≥	30
磷酸含量（磷化液）（%）		15～16
干燥时间（实干）/min	≤	30
漆膜外观		平整
柔韧性		1mm
耐冲击性		50cm
附着力/级		1
耐盐水性（6h）		无异常

5. 富锌底漆（HG/T 3668—2009）

【用途】 本标准适用于由锌粉（除鳞片状锌粉）、无机或有机漆基及固化剂、溶剂等组成的多组分涂料。该涂料主要用于钢铁底材的防锈。

本标准不适用于不挥发分中金属锌含量低于60%的非富锌类产品。

【分类】

本标准按富锌底漆的漆基类型将其分为Ⅰ型和Ⅱ型：

——Ⅰ型：无机富锌底漆，包括溶剂型无机富锌底漆和水性无机富锌底漆。

——Ⅱ型：有机富锌底漆。

每一种类型按不挥发分中的金属锌含量又分为 3 类：

——1 类：不挥发分中金属锌含量≥80%。

——2 类：不挥发分中金属锌含量≥70%。

——3 类：不挥发分中金属锌含量≥60%。

【要求】

项　目		指　标					
		Ⅰ型			Ⅱ型		
		1 类	2 类	3 类	1 类	2 类	3 类
在容器中状态		粉末，应呈微小的均匀粉末状态 液料和浆料搅拌混合后应无硬块，呈均匀状态					
不挥发分（%） ≥		70					
密度		商定					
不挥发分中金属锌含量（%）≥		80	70	60	80	70	60
适用期/h ≥		5					
施工性		施工无障碍					
涂膜外观		涂膜外观正常					
干燥时间	表干/h ≤	0.5			1		
	实干/h ≤	5			24		
耐冲击性		—			50cm		
附着力/MPa ≥		3			6		
耐盐雾性		1000h	800h	500h	600h	400h	200h
		划痕处单向扩蚀≤2.0mm，未划痕区无起泡、生锈、开裂、剥落等现象					

6. 鳞片型锌粉底漆（HG/T 4342—2012）

【用途】　本标准适用于由鳞片状锌粉（可含球状锌粉）、无机或有机漆基及固化剂、溶剂等组成的涂料。该涂料主要用于钢铁底材的防锈。

【分类】

本标准按鳞片型锌粉底漆的漆基类型将其分为Ⅰ型和Ⅱ型：

——Ⅰ型：无机鳞片型锌粉底漆，包括溶剂型无机鳞片型锌粉底漆和水性无机鳞片型锌粉底漆；

——Ⅱ型：有机鳞片型锌粉底漆。

每一种类型按照涂料中添加的锌粉形态又分两类：

——1 类：鳞片状锌粉制成的涂料；

——2 类：鳞片状锌粉和球状锌粉复配制备的涂料。

【要求】

项目	指标			
	I型		II型	
	1类	2类	1类	2类
在容器中状态	粉料：应呈微小的均匀粉末状态			
	液料和浆料：搅拌混合后应无硬块，呈均匀状态			
不挥发分含量（%）≥	40	50	50	60
密度/（g/cm³）	商定值±0.05			
涂层中锌粉形状	鳞片状	球状、鳞片结合	鳞片状	球状、鳞片结合
不挥发分中金属锌含量（%）≥	40	60	40	60
适用期/h ≥	5			
施工性	施工无障碍			
干燥时间 表干/h ≤	0.5		1	
干燥时间 实干/h ≤	6		24	
表面电阻率/Ω ≤	10^7		10^9	
耐冲击性	50cm			
附着力/MPa ≥	3		6	
耐盐雾性	1500h 划线处单向扩蚀≤2.0mm，未划线区无起泡、生锈、开裂、剥落等现象		1000h 划线处单向扩蚀≤2.0mm，未划线区无起泡、生锈、开裂、剥落等现象	

7. 低锌底漆（HG/T 4844—2015）

【用途】 本标准适用于不挥发分中金属锌含量低于60%但不低于40%的低锌涂料。该产品由锌粉、漆基、颜填料及溶剂等组成，主要用于大气腐蚀性等级 C1、C2 环境下钢铁底材的防锈。

【分类】

本标准按低锌底漆的漆基类型将其分为 I型和 II型：

——I型：无机低锌底漆，包括溶剂型无机低锌底漆和水性无机低锌底漆；

——II型：有机低锌底漆。

【要求】

项目	要求	
	I型	II型
在容器中状态	粉料：应呈微小的均匀粉末状态	
	液料和浆料：搅拌混合后应无硬块，呈均匀状态	
不挥发物含量（%）≥	50	60

（续）

项 目		要 求	
		I 型	II 型
密度/（g/mL）		商定	
不挥发分中金属锌含量（%）		≥40 且 <60	
适用期/h	≥	5	
施工性		施工无障碍	
涂膜外观		涂膜外观正常	
干燥时间/h	≤		
表干		0.5	2
实干		8	24
耐冲击性		—	50cm
柔韧性	≤	—	2mm
附着力/MPa	≥	3	5
耐盐雾性		240h	120h
		划痕处单向扩蚀≤2.0mm，未划痕区无起泡、生锈、开裂、剥落等现象	

二、防锈漆

酚醛树脂防锈涂料（GB/T 25252—2010）

【用途】 本标准适用于以酚醛树脂或改性酚醛树脂为主要成膜物质制成的酚醛树脂防锈涂料。该涂料主要用于金属基材表面的保护和装饰。

【要求】

项 目		指 标				
		红丹	铁红	锌黄	云母氧化铁	其他
在容器中状态		搅拌混合后无硬块，呈均匀状态				
液出时间（ISO 6 号杯）/s	≥	35	45	55	40	45
细度/μm	≤	60	55	50	—	55①
遮盖力/（g/m²）	≤	商定	55	180	商定	
施工性		施涂无障碍				
干燥时间/h	≤					
表干		5				
实干		24				
涂膜外观		正常				
耐冲击性		50cm				
硬度	≥	0.20	0.20	0.20	0.30	0.20
附着力/级	≤	2				
结皮性（48h）		不结皮				
耐盐水性（3% NaCl 溶液）		120h	48h	168h	120h	48h
		无异常				

① 含片状颜料，铝粉等颜料的产品除外。

三、腻子

1. 各色醇酸腻子（HG/T 3352—2003）

【组成】 由醇酸树脂、颜料、体质颜料、催干剂和溶剂调制而成。

【用途】 该腻子易于涂刮，涂层坚硬，附着力好，主要用于填平金属及木制品的表面。

【技术要求】

项　目	指　标
腻子外观	无结皮和搅不开的硬块
腻子膜颜色及外观	各色，色调不定，腻子膜应平整，无明显粗粒，无裂纹
稠度/cm	9 ~ 13
干燥时间（实干）/h ≤	18
涂刮性	易涂刮，不卷边
柔韧性 ≤	100mm
打磨性（加 200g 砝码，400 号水砂纸打磨 100 次）	易打磨成均匀平滑表面，无明显白点，不粘砂纸

【施工参考】

序号	说　明
1	应在涂有底漆的表面上涂刮腻子，每次以刮 0.5mm 厚度为限，如需刮多层方能填平物面时，必须待底层干燥 18h 后方能涂刮下一层，若在二层间喷上或涂上头道或二道底漆则更为牢固，腻子干膜总厚度不得超过 1mm
2	使用时如认为腻子稠度过大，可适当加入松香水或醇酸漆稀释剂进行稀释，不得加水和其他填充料
3	配套面漆为醇酸磁漆、氨基烘漆、沥青漆等，如与烘干面漆配套时，腻子层必须进行烘干后方可罩面漆

2. 各色环氧酯腻子（HG/T 3354—2003）

【组成】 由环氧树脂、植物油酸、颜料、体质颜料、催干剂、二甲苯、丁醇等有机溶剂调制而成。

【用途】 该腻子膜坚硬，耐潮性好，与底漆有良好的结合力，经打磨后表面光洁，主要用于各种预先涂有底漆的金属表面填平。

【技术要求】

项 目	指 标	
	Ⅰ 型	Ⅱ 型
腻子外观	无结皮和搅不开的硬块	
腻子膜颜色及外观	各色,色调不定,腻子膜应平整, 无明显粗粒,无裂纹	
稠度/cm	10 ~ 12	
干燥时间/h ≤		
自干	—	24
烘干(105℃ ±2℃)	1	
涂刮性	易涂刮,不卷边	
柔韧性	50mm	
耐冲击性 ≥	15cm	
打磨性(加200g砝码,用400号或320号 水砂纸打磨100次)	易打磨成平滑无光 表面,不粘水砂纸	
耐硝基漆性	漆膜不膨胀,不起皱,不渗色	

注:产品分Ⅰ型和Ⅱ型两类环氧酯腻子。Ⅰ型为烘干型,Ⅱ型为自干型。

【施工参考】

序号	说 明
1	用于填补预先涂有底漆的金属表面凹凸不平处或钉眼接缝处,腻子膜厚度不超过0.5mm。如需涂刮第二道时,必须待第一道实际干透,用水砂纸粗打磨后再涂刮,待最后一道腻子实际干燥后,水磨平滑。烘干型在60 ~ 65℃条件下烘30min后,自干型在室温下干燥12h后,再喷涂一道底漆。烘干腻子涂刮后应在室内放置30min,然后在50 ~ 60℃条件下烘30min,再在100 ~ 110℃烘1h。如需涂刮几道时,仍需照此操作进行,以免发生起泡、开裂现象。如稠度太大,可适当加二甲苯或双戊烯稀释
2	配套漆为铁红醇酸底漆、环氧底漆、醇酸磁漆、各色氨基烘干磁漆、环氧烘漆等

3. 各色硝基腻子 (HG/T 3356—2003)

【组成】 由硝化棉、醇酸树脂等合成树脂、增塑剂、各色颜料、体质颜料和有机溶剂调制而成。

【用途】 该腻子干燥快,附着力好,容易打磨,主要用于在涂有底漆的金属和木质物件表面填平细孔或缝隙。

【技术要求】

项　　目	指　　标
腻子膜颜色及外观	各色，色调不定，腻子膜应平整，无明显粗粒，无裂纹
固体含量（%）　　≥	65
干燥时间/h　　≤	3
柔韧性　　≤	100mm
耐热性（湿膜干燥 3h 后，再在 65～70℃烘 6h）	无可见裂纹
打磨性（加 200g 砝码，用 300 号水砂纸打磨 100 次）	打磨后应平整，无明显颗粒或其他杂质
涂刮性	易涂刮，不卷边

【施工参考】

序号	说　　明
1	施工时如发现腻子太干，不易涂刮，可适当加入硝基漆稀释剂稀释
2	该腻子不宜加入石膏，以免发生质量问题
3	可与各种硝基漆和硝基底漆配套使用

4. 各色过氯乙烯腻子（HG/T 3357—2003）

【组成】　由过氯乙烯树脂、增塑剂、各色颜料、体质颜料及酯、酮、芳烃类等混合溶剂调制而成。

【用途】　该腻子干燥快，主要用于填平已涂有醇酸底漆或过氯乙烯底漆的各种车辆、机床等钢铁或木质表面。

【技术指标】

项　　目	指　　标
腻子外观	无机械杂质和搅不开的硬块
腻子膜颜色及外观	各色，色调不定，腻子膜应平整，无明显粗粒，无裂纹
固体含量（%）　　≥	70
干燥时间（实干）/h　　≤	3
柔韧性　　≤	100mm
耐油性（浸入 HJ-20 号机械油中 24h）	不透油
耐热性（湿膜自干 3h 后，再在 60～70℃烘 6h）	无裂纹
打磨性（加砝码 200g，用 200 号水砂纸打磨 100 次）	打磨后应平整，无明显颗粒或其他杂质
涂刮性	易涂刮，不卷边
稠度/cm	8.5～14.0

【施工参考】

序号	说　明
1	涂刮时可用过氯乙烯漆稀释剂稀释，干燥后的腻子膜可干磨也可湿磨
2	可涂于过氯乙烯底漆、醇酸底漆或环氧酯底漆上面，而腻子膜上面又可喷涂各种过氯乙烯面漆、酚醛磁漆及醇酸磁漆等
3	不宜多次重复涂刮

5. 不饱和聚酯腻子（HG/T 4561—2013）

【用途】　本标准适用于由不饱和聚酯树脂、颜料、体质颜料及助剂等制备的主剂和过氧化物固化剂组成的双组分腻子，主要用于车辆、船舶、仪器、机床、机械铸件、木质家具制品等表面涂装过程中凹坑、针孔、缩孔、裂纹和焊缝等缺陷的填补。

【要求】

项　　目	指　　标	
	合格品	优等品
容器中状态	主剂：无结皮和搅不开的硬块，搅匀后色泽一致 固化剂：均匀膏状体，色泽均匀一致	
稠度（主剂）/cm	8~13	
贮存稳定性（主剂） [(80±2)℃，24h]	通过	
适用期/min　　　　　≥	3	
涂刮性	易涂刮，不卷边	
干燥时间/h 　表干　　　　　　　≤ 　实干　　　　　　　≤	0.5 4	
腻子膜外观	表面平整，无裂纹，无明显粗粒和砂眼	
柔韧性　　　　　　　≤	100mm	50mm
打磨性 （粒度号为 P400 的耐水砂纸或粒度号为 P150 的砂纸）	易打磨，不粘砂纸	
耐冲击性　　　　　　≥	10cm	20cm
附着力/MPa　　　　　≥	3	5
耐硝基漆性	漆膜不膨胀，不起皱，不渗色	
耐热性① （试验温度和试验时间商定）	腻子膜不开裂，不起泡，不脱落	

①　有耐热性要求的产品测试该项目。

第四章 电泳漆及防腐涂料

一、电泳漆

1. 阴极电泳涂料（HG/T 3952—2007）

【用途】 本标准适用于以环氧树脂为主要成膜物的阴极电泳涂料。

【产品分类】 本标准根据阴极电泳涂料的主要应用领域分为4类：

序号	产品分类
1	A类为商用汽车（客车、货车）用阴极电泳涂料
2	B类为乘用汽车（9座以下小型汽车）用阴极电泳涂料
3	C类为汽车零部件用阴极电泳涂料
4	D类为摩托车、家电五金轻工产品等用阴极电泳涂料

注：农用车、工程机械等车辆阴极电泳涂料可参照A类。

【技术要求】

项 目		指 标			
		A类	B类	C类	D类
原漆	在容器中状态	单组分:搅拌后均匀无硬块;双组分:乳液无沉淀、分层和絮凝现象,色浆允许轻微沉淀,易搅起			
	细度/μm（双组分乳液除外）	≤15			
	贮存稳定性	无异常			
	固体含量(105℃±2℃)(%)	由生产企业提供			
	pH值(25℃)	由生产企业提供			
	电导率(25℃)/(μS/cm)	由生产企业提供			
	固体含量(%)(105℃±2℃)	由生产企业提供			
	灰分(%)	由生产企业提供			
工作液	沉淀性	≤3mm			
	筛余分/(mg/L)	≤10			
	泳透力（福特盒法）/cm	≥18		≥14	
	L-效果	水平面与垂直面无明显差异			
	再溶性	浸泡部分的涂膜应能均匀平整,无针孔、缩孔、凹坑等漆膜弊病,与液面接触部分允许轻微界痕			
	库仑效率/(mg/C)	≥25			
	击穿电压[①]/V	≥300		≥250	
	MEQ值	商定		—	
	乙二醇醚类溶剂含量(%)	乙二醇甲醚、乙二醇乙醚总和≤0.001,其余乙二醇醚类总和≤1.5			
	总Pb含量/(mg/kg)	≤90			
	工作液敞口搅拌稳定性	敞口搅拌稳定性良好			
涂膜性能	循环腐蚀交变试验[②]	—	循环次数商定,划线处起泡、底材单向锈蚀蔓延和附着力损失的涂膜不超过2mm,未划线处无起泡、底材生锈等破坏现象		

① 如需测试镀锌底材上的击穿电压,指标、底材和方法等可商定。

② 是否需进行循环腐蚀交变试验、试验的循环次数由供需双方商定。

2. 阴极电泳涂装通用技术规范（JB/T 10242—2013）

【**用途**】 本标准适用于金属工件的阴极电泳涂装。

【**术语和定义**】

术语	定　义
1. L 效果	电泳涂料在水平表面上和垂直表面上涂装的效果
2. MEQ 值	固体分为 100g 的电泳涂料消耗中和剂的毫摩尔数
3. 再溶解率	电泳湿膜在电泳槽液中再次溶解的能力。以规定时间内被溶解的膜厚占总膜厚的百分数表示
4. 加热减量	经 105～120℃挥发去水分和溶剂的电泳涂膜进一步升温到烘干温度达到实干的过程中，热分解出低分子化合物导致涂膜的失重
5. 凝胶	经过固化后的电泳涂膜浸入规定的混合溶剂中一定时间后，取出烘干，电泳涂膜的质量与浸入溶剂前的电泳涂膜的质量比

【**分类**】

阴极电泳涂装根据其用途分为三类：

1）以提高耐腐蚀性为主要目的的阴极电泳底层涂装，如用于汽车、冰箱、洗衣机等的壳体和部分相关零件。

2）既有耐蚀性要求又有一定的耐候性能要求的阴极电泳底面合一涂层涂装，如用于汽车车架、车轮等的相关零件。

3）以装饰性为主要目的的阴极电泳涂装，可用于装饰性镀层保护和装饰性金属保护，如装饰五金产品、家用电器、建材、金属眼镜架和手表等。

【**技术要求**】

（1）涂料的选择原则

序号	项　目
1	根据被涂产品的要求确定电泳涂料的类别
2	应对选出的电泳涂料进行各项性能对比试验，须了解电泳槽液各项技术要求的稳定性、施工工艺参数范围、电泳涂膜质量的控制因素（见附录 J、附录 K、附录 L）
3	阴极电泳底层涂料应进行与磷化膜、中涂层涂料、车底涂料或密封胶等相关涂层的配套性试验。装饰性电泳涂料应进行与被涂物表面经常接触的物质的适应性试验

（2）阴极电泳涂装技术要求

1）阴极电泳涂料的基本技术要求：

序号	项目	技术指标		检验方法
1	外观	搅拌后溶液均匀，无沉淀或结块		目测
2	固体分（%）	色浆	乳液	GB/T 1725
		40～60	30～40	
3	铅（Pb）含量	≤90mg/kg		GB/T 13452.1
4	黏度/MPa·s	项目为产品的特性要求，应符合供应商的产品技术要求		GB/T 9751.1
5	密度/（g/cm³）			GB/T 6750
6	细度/μm			GB/T 1724
7	储藏稳定性			GB/T 6753.3

2）工作液的技术要求：

序号	项目	技术指标			试验方法
		底涂层	底面合一涂层	装饰性涂层	
1	固体分（%）	项目为产品的特性要求，应符合供应商的产品技术要求			GB/T 1725
2	pH 计				pH 计
3	电导率/（μS/cm）				HG/T 3335
4	灰分（%）				GB/T 1747.2
5	MEQ 值				ISO 15880
6	溶剂（乙二醇醚类）含量（%）	≤1.5（乙二醇甲醚、乙二醇乙醚总量≤0.001）			气相色谱法
7	库仑效率/（mg/C）	≥25			HG/T 3337
8	电压/膜厚/（V/μm）	测定 ED 曲线，选择最佳电压膜厚值			附录 A
9	再溶解率（%）	≤10			附录 B
10	破坏电压/V	高出最高施工电压 30V			附录 C
11	泳透力/cm（%）	伏特盒	≥18	≥16	≥14	附录 D
		钢管	≥85	≥75	≥60	
12	加热减量（%）	≤15			附录 E
13	L 效果	水平面与垂直面涂膜平整、光滑、无异常；外观、膜厚无明显差别			附录 F
14	环境温度下的槽液稳定性	涂装电压升高≤40V			附录 G
15	Gel 分率（%）	>90；涂膜无起泡、剥落、发粘、明显变色、失光			附录 I

3）涂膜的性能：

序号	项目	技术指标			试验方法
		底涂层	底面合一涂层	装饰性涂层	
1	涂膜膜厚	厚度及均匀性符合设计要求			GB/T 13452.2
2	涂膜外观	平整、光滑		光滑	目测
3	光泽（60°镜面光泽）（%）	不要求	≥80		GB/T 9754
4	硬度	≥H	≥2H		GB/T 6739
5	耐冲击	50cm			GB/T 1732
6	柔韧性	1mm			GB/T 1731
7	耐水性(40℃×500h)	涂膜无起泡，无开裂，无锈点			GB/T 1733
8	耐酸性(0.05mol H_2SO_4×8h)	涂膜无起泡，无开裂，无锈点			GB/T 9274
9	耐碱性(0.1mol NaOH×8h)	涂膜无起泡，无开裂，无锈点			GB/T 9274
10	划格试验（1mm）	0级			GB/T 9286
11	锐边缘防锈性	5枚刀片的锈点平均数小于100			附录H
12	耐盐雾性能	≥800h	≥500h	≥300h	GB/T 1771
13	抗石击性	受影响区域≤10.7%			ISO 20567—1
14	耐老化性	—	300h 2级	600h 1级	GB/T 1865

二、防腐涂料

1. 氯化橡胶防腐涂料（GB/T 25263—2010）

【用途】 本标准适用于以氯化橡胶为主要成膜物质，加入增塑剂、颜料、溶剂等制成的底漆、中间层漆和面漆防腐涂料。

【要求】

项 目		指 标		
		底漆	中间层漆	面漆
在容器中的状态		搅拌混合后无硬块，呈均匀状态		
细度①/μm	≤	60		40
施工性		施涂无障碍		
遮盖力/（g/m²） 白色和浅色② 其他色	≤	—		160 商定
不挥发物含量（%）	≥	50		45

（续）

项　目	指　标		
	底漆	中间层漆	面漆
漆膜外观	正常		
干燥时间/h　　　　　≤			
表干	1		
实干	8		
弯曲试验　　　　　　≤		6mm	10mm
耐盐水性（3% NaCl 溶液，168h）	无异常	—	
耐碱性③（0.5% NaOH 溶液，48h）	—	无异常	
划格试验　　　　　　≤	1 级		
附着力（拉开法）/MPa　≥		3.0	
光泽单位值(60°)		商定	
耐盐雾性（600h）	—	不起泡，不生锈，不脱落	
耐人工气候老化性(300h)	白色和浅色②		不起泡，不剥落，不开裂，不生锈，变色≤2 级，粉化≤2 级
	其他色		不起泡，不剥落，不开裂，不生锈，变色≤3 级，粉化≤2 级

① 含片状颜料和效应颜料，铝粉、云母氧化铁、玻璃磷片和珠光粉等的产品除外。

② 浅色是指以白色涂料为主要成分，添加适量色浆后配制成的浅色涂料形成的涂膜所呈现的浅颜色，按 GB/T 15608 中的规定，明度值为 6 到 9 之间（三刺激值中的 $Y_{D65} \geqslant 31.26$）。

③ 铝粉面漆除外。

2. 过氯乙烯树脂防腐涂料（GB/T 25258—2010）

【用途】　本标准适用于以过氯乙烯树脂为主要成膜物质制成的过氯乙烯树脂防腐涂料。该涂料主要用于各种化工设备、管道、钢结构、混凝土结构表面的防腐蚀保护。

【要求】

项　目		指　标
黏度（涂-4 杯）/s	≥	30
不挥发物含量（%）	≥	20
遮盖力/（g/m²）	≤	
白色		70
黑色		30
其他色		商定
干燥时间（实干）/min	≤	60
涂膜外观		正常
硬度	≥	0.40
弯曲试验		2mm
耐冲击性		50cm
附着力/级	≤	2
耐酸性（25% H_2SO_4 溶液，30d）		不起泡，不生锈，不脱落
耐碱性（40% NaOH 溶液，20d）		不起泡，不生锈，不脱落

3. 玻璃鳞片防腐涂料（HG/T 4336—2012）

【用途】　本标准适用于以环氧树脂或其他树脂为主要成膜物质，以薄片状的玻璃鳞片为骨料，加入其他颜填料等制成的厚浆型防腐涂料。

【分类】　本标准将产品按树脂类型分为环氧类和其他类。

【要求】

项　目		指　标	
		环氧类	其他类
在容器中状态		搅拌混合后无硬块，呈均匀状态	
不挥发物含量（%）	≥	75	50
玻璃鳞片的定性		含有玻璃鳞片	
干燥时间/h	≤		
表面		4	
实干		24	

（续）

项 目	指 标	
	环氧类	其他类
涂膜外观	正常	
附着力（拉开法）/MPa ≥	8	5
耐磨性（1000g，1000r，cs-17） ≤	250mg	300mg
耐酸性（25%硫酸溶液，168h）	无异常	
耐碱性（25%氢氧化钠溶液，168h）	无异常	
耐盐雾性（1000h）	不起泡，不生锈，不脱落 附着力≥5MPa	不起泡，不生锈，不脱落 附着力≥3MPa
抗氯离子渗透性[①] ≤	$5.0 \times 10^{-3} mg/(cm^2 \cdot d)$	

① 产品用于海洋工程时测试。

4. 环氧沥青防腐涂料（GB/T 27806—2011）

【用途】 本标准适用于以环氧树脂和煤焦沥青为主要成膜物质，加入固化剂、溶剂、颜料等组成的双组分涂料，包括普通型底漆、面漆和厚浆型底漆、面漆，主要用于水下及地下等的钢结构和混凝土表面的重防腐涂装。

【分类】 本标准将环氧沥青防腐涂料分为普通型和厚浆型两类。

【要求】

项 目	指 标	
	普通型	厚浆型
在容器中状态	搅拌后均匀无硬块	
流挂性 ≥	—	400μm
不挥发物含量（%） ≥	65	
适用期[①]（3h）	通过	
施工性	施涂无障碍	
干燥时间/h ≤	24	
漆膜外观	正常	
弯曲试验 ≤	8mm	10mm
耐冲击性	≥40cm	
冷热交替试验（三次循环）	无异常	
耐水性（30d）	无异常	
耐盐水性（浸入3% NaCl溶液中168h）	无异常	
耐碱性[②]（浸入5% NaOH溶液中168h）	无异常	

（续）

项　目	指　标	
	普通型	厚浆型
耐酸性^②（浸入 5% H_2SO_4 溶液中 168h）	无异常	
耐挥发油性（浸入 3 号普通型油漆及清洗用溶剂油中 48h）	无异常	
耐湿热性（120h）	无异常	
耐盐雾性（120h）	无异常	

① 不挥发物含量大于 95% 的产品除外。

② 含铝粉的产品除外。

5. 高氯化聚乙烯防腐涂料（HG/T 4338—2012）

【用途】　本标准适用于以高氯化聚乙烯树脂为主要成膜物质，加入增塑剂、颜填料和溶剂等制成的防腐涂料。

【分类】　产品分为底漆、面漆两类。

【要求】

项　目		指　标	
		底漆	面漆
在容器中的状态		搅拌混合后无硬块，呈均匀状态	
细度^①/μm　　　　　　≤		60	40
不挥发物含量（%）　　≥		50	
遮盖力/(g/m²)	白色或浅色^②　　≤	—	180
	其他色　　　　　≤	—	商定
施工性		施涂无障碍	
干燥时间/h	表干　　　　　　≤	1	
	实干　　　　　　≤	24	
涂膜外观		正常	
耐冲击性		50cm	
弯曲试验　　　　　　　≤		6mm	10mm
划格试验　　　　　　　≤		1 级	—
附着力(拉开法)/MPa　≥		—	3.0
耐盐水性（3% NaCl 溶液，168h）		无异常	
耐碱性^③（0.5% NaCl 溶液，48h）		无异常	
耐盐雾性（600h）		—	不起泡，不生锈，不剥落

（续）

项　目		指　标	
		底漆	面漆
耐人工气候老化性 （300h）	白色和浅色②	—	不起泡，不剥落，不开裂， 不生锈，变色≤2 级， 粉化≤2 级
	其他色	—	不起泡，不剥落，不开裂， 不生锈，变色≤3 级， 粉化≤2 级

① 含片状颜料和效应颜料，铝粉、云母氧化铁、玻璃鳞片、珠光粉等的产品
　　除外。

② 浅色是指以白色涂料为主要成分，添加适量色浆后配制成的浅色涂料形成的涂
　　膜所呈现的浅颜色，按 GB/T 15608 中的规定，明度值为 6~9 之间（三刺激值
　　中的 $Y_{D65} \geq 31.26$）。

③ 含铝粉的产品除外。

6. 氯醚防腐涂料（HG/T 4568—2013）

【用途】　本标准适用于以氯乙烯-乙烯基异丁基醚树脂（简称氯醚树脂）
为主要成膜物质，加入增塑剂、颜填料和溶剂等制成的防腐涂料。

【分类】　产品分为底漆、中间漆和面漆三类。

【要求】

项　目			指　标		
			底漆	中间漆	面漆
在容器中的状态			搅拌混合后无硬块，呈均匀状态		
细度①/μm		≤	60		40
不挥发物含量（%）		≥	50		45
遮盖力/（g/m²）	白色或浅色②	≤	—		160
	其他色	≤	—		商定
施工性			施涂无障碍		
干燥时间/h	表干	≤	1		
	实干	≤	24		
涂膜外观			正常		
耐冲击性			50cm		
弯曲试验		≤	3mm		
划格试验		≤	1 级		—
附着力（拉开法）/MPa		≥	—		3

（续）

项　目	指　标		
	底漆	中间漆	面漆
耐盐水性（3% NaCl 溶液，168h）	无异常	—	无异常
耐碱性③（0.5% NaOH 溶液，48h）	—		无异常
耐盐雾性（600h）	—		不起泡，不生锈，不剥落
耐人工气候老化性（300h）	白色和浅色②	—	不起泡，不剥落， 不开裂，不生锈， 变色≤2 级，粉化≤2 级
	其他色	—	不起泡，不剥落， 不开裂，不生锈， 变色≤3 级，粉化≤2 级

① 含片状颜料和效应颜料，铝粉、云母氧化铁、玻璃鳞片和珠光粉等的产品除外。
② 浅色是指以白色涂料为主要成分，添加适量色浆后配制成的浅色涂料形成的涂膜所呈现的浅颜色，按 GB/T 15608 中的规定，明度值为 6~9 之间（三刺激值中的 $Y_{D65} \geq 31.26$）。
③ 含铝粉的产品除外。

7. 水性无机磷酸盐耐溶剂防腐涂料（HG/T 4846—2015）

【用途】 本标准适用于以水作为分散介质，由无机磷酸盐、超细锌粉、颜填料和交联剂等制成的水性无机磷酸盐耐溶剂防腐涂料。该产品主要用于溶剂贮罐、船舱内壁涂装及钢铁制品表面防腐涂装，也可用于耐高温涂装。
【要求】

项　目	指　标
不挥发物含量（%）　　　≥	80
不挥发分中金属锌含量（%）　≥	85
适用期（5h）	通过
干燥时间/h　　　　　≤	
表干	0.5
实干	6
涂膜外观	正常
附着力（拉开法）/MPa　≥	3
耐热性[（500±20）℃,24h]	不开裂，不脱落，允许变色

（续）

项　目		指　标
耐介质性	耐汽油性（浸入 90# 汽油中 30d）	无异常
	耐乙醇性（浸入乙醇中 30d）	无异常
	耐甲醇性（浸入甲醇中 30d）	无异常
	耐溶剂油性（浸入 3 号普通型油漆及清洗用溶剂油中 30d）	无异常
	耐正丁醇性（浸入正丁醇中 30d）	无异常
	耐石油醚性（浸入石油醚中 30d）	无异常
	耐二甲苯性（浸入二甲苯中 30d）	无异常
	耐丙酮性（浸入丙酮中 30d）	无异常
	耐异丙醇性（浸入异丙醇中 30d）	无异常
	耐环己酮性（浸入环己酮中 30d）	无异常
耐盐雾性（1000h）		划痕处单向扩蚀≤2.0mm，未划痕区无起泡、生锈、开裂、剥落等现象

8. 锅炉及辅助设备耐高温涂料（HG/T 4565—2013）

【要求】　本标准适用于电站用、工业用、船用、生活用等锅炉以及与锅炉配套的辅助设备用耐高温（200℃以上）涂料。

【分类】　本标准将锅炉及辅助设备耐高温涂料分为两类：A 类为热处理保护涂料，在锅炉及辅助设备加工制造的热处理过程中，防止高温环境下金属的氧化和脱碳；B 类为使用保护涂料，在锅炉及辅助设备的存放、运输、安装等过程中防止金属锈蚀，以及在运行过程中防止高温干态条件下的金属腐蚀。

【要求】

（1）A 类锅炉及辅助设备耐高温涂料的技术要求

项　目		指　标
在容器中的状态		正常
干燥时间　≤	实干/h	4
	烘干/min	30
涂膜外观		涂膜外观正常
抗氧化性能		无腐蚀，无明显氧化色
防脱碳性能　≤		0.075mm
涂层剥落性能（%）　≥		90

（2）B 类锅炉及辅助设备耐高温涂料的技术要求

项　目		指　标	
		底漆	面漆
在容器中的状态		正常	
干燥时间　≤	表干/h	2	
	实干/h	24	
	烘干/min	30	
涂膜外观		涂膜外观正常	
划格试验　　　　　≤		1 级	
耐热性 [（400±10）℃，24h]		不起泡，不起皱，不脱落， 不开裂，粉化≤2 级， 划格试验≤2 级	不起泡，不起皱，不脱落， 不开裂，粉化≤2 级， 划格试验≤2 级， 变色≤3 级或商定
耐骤冷试验		不起泡，不起皱，不脱落，不开裂	
耐盐雾性（240h）		不起泡，不脱落，不开裂，不生锈	
耐热后盐雾试验（24h）		不起泡，不脱落，不开裂，不生锈	

注：划格试验、耐骤冷试验、耐盐雾性项目试板养护不能烘烤干燥，应在 GB/T
9278 规定的条件下进行。

9. 建筑用钢结构防腐涂料（JG/T 224—2007）

【用途】　本标准适用于在大气环境下建筑钢结构防护用底漆、中间漆和
面漆，也适用于大气环境下其他钢结构防护用底漆、中间漆和面漆。

【分类】　底漆产品依据耐盐雾性分为普通型和长效型两类。

【要求】

（1）面漆产品的性能要求

序号	项目		指　标	
			Ⅰ型面漆	Ⅱ型面漆
1	容器中状态		搅拌后无硬块，呈均匀状态	
2	施工性		涂刷二道无障碍	
3	漆膜外观		正常	
4	遮盖力（白色或浅色①） /（g/m²）		≤150	
5	干燥时间/h	表干	≤4	
		实干	≤24	

（续）

序号	项目		指　标	
			Ⅰ型面漆	Ⅱ型面漆
6	细度②/μm		≤60（片状颜料除外）	
7	耐水性		168h 无异常	
8	耐酸性③（5% H₂SO₄）		96h 无异常	168h 无异常
9	耐盐水性（3% NaCl）		120h 无异常	240h 无异常
10	耐盐雾性		500h 不起泡，不脱落	1000h 不起泡，不脱落
11	附着力(划格法)/级		≤1	
12	耐弯曲性		≤2mm	
13	耐冲击性		≥30cm	
14	涂层耐温变性（5 次循环）		无异常	
15	贮存稳定性	结皮性	≥8 级	
		沉降性	≥6 级	
16	耐人工老化性（白色或浅色①④）		500h 不起泡，不剥落，无裂纹，粉化≤1 级，变色≤2 级	1000h 不起泡，不剥落，无裂纹，粉化≤1 级，变色≤2 级

① 浅色是指以白色涂料为主要成分，添加适量色浆后配制成的浅色涂料形成的涂膜所呈现的浅颜色，按 GB/T 15608 中 4.3.2 的规定，明度值为 6～9 之间（三刺激值中的 $Y_{D65} \geq 31.26$）。

② 对多组分产品，细度是指主漆的细度。

③ 面漆中含有金属颜料时不测定耐酸性。

④ 其他颜色变色等级双方商定。

（2）底漆及中间漆产品的性能要求

序号	项目		指标		
			普通底漆	长效型底漆	中间漆
1	容器中状态		搅拌后无硬块，呈均匀状态		
2	施工性		涂刷二道无障碍		
3	干燥时间/h	表干	≤4		
		实干	≤24		
4	细度①/μm		≤70（片状颜料除外）		
5	耐水性		168h 无异常		
6	附着力(划格法)/级		≤1		
7	耐弯曲性		≤2mm		

（续）

序号	项目		指标		
			普通底漆	长效型底漆	中间漆
8	耐冲击性		≥30cm		
9	涂层耐温变性（5 次循环）		无异常		
10	贮存稳定性	结皮性	≥8 级		
		沉降性	≥6 级		
11	耐盐雾性		200h 不剥落，不出现红锈②	1000h 不剥落，不出现红锈②	—
12	面漆适应性		商定		

① 对多组分产品，细度是指主漆的细度。

② 漆膜下面的钢铁表面局部或整体产生红色的氧化铁层的现象。它常伴随有漆膜的起泡、开裂、片落等病态。

10. 钢质输水管道无溶剂液体环氧涂料（HG/T 4337—2012）

【用途】 本标准适用于输送淡水的钢质管道内、外壁防腐用无溶剂液体环氧涂料。

【分类】 产品分为输水管道内壁用和输水管道外壁用两类。

【要求】

项目			指标	
			输水管道内壁用	输水管道外壁用
在容器中状态			搅拌后均匀无硬块	
不挥发物含量（%）		≥	97	
细度①/μm		≤	80	
干燥时间	表干/h	≤	10	
	实干/h	≤	24	
涂膜外观			正常	
耐弯曲性（2.5°）			涂层无裂纹	
附着力/MPa		≥	10	
耐冲击性（5J）			无漏点	
耐水性 [(23±2)℃，30d]			无异常	
耐沸水性 [(98±2)℃，48h]			无异常	
耐磨性（1000g，1000r）		≤	0.10g	

（续）

项目	指标	
	输水管道内壁用	输水管道外壁用
耐盐水性（3% NaCl，30d）	—	无异常
耐酸性（10% H₂SO₄，30d）	—	无异常
耐碱性（10% NaOH，30d）	—	无异常
耐阴极剥离性^② [1.5V，(65±3)℃，48h] ≤	—	8mm

① 含有片状颜料的涂料除外。

② 如被涂装的钢质输水管道没有采用阴极保护，可以不测该项目。

三、其他漆

1. 铝粉有机硅烘干耐热漆（双组分）（HG/T 3362—2003）

【组成】 由清漆和铝粉组成，清漆是聚酯改性有机硅树脂的甲苯溶液，同时清漆与铝粉浆以10∶1均匀混合。

【用途】 该漆可以在150℃烘干，能耐500℃高温，主要用于涂覆高温设备的钢铁零件，如发动机外壳、烟囱、排气管、烘箱和火炉等。

【技术要求】

项　目	指　标
漆膜颜色及外观	银灰色， 漆膜平整
黏度（清漆）（涂-4）/s	12 ~ 20
酸值（清漆）（以 KOH 计）/ （mg/g）　　　　　　≤	10
固体含量（清漆）（%）　≥	34
干燥时间（150℃±2℃）/h　≤	2
柔韧性　　　　　　　　　≤	3mm
耐冲击性　　　　　　　　≥	35cm
附着力/级　　　　　　　≤	2
耐水性（浸于蒸馏水中24h，取出放置2h后观察）	漆膜外观不变
耐汽油性（浸于 RH-75 汽油中24h，取出放置1h后观察）	漆膜不起泡， 不变软
耐热性[（500±20）℃，烘 3h 后测量]　　　　　　　　　≥	15cm

【施工参考】

序号	说　明
1	施工时，用二甲苯作稀释剂，调整黏度至符合施工要求
2	待涂物表面必须经过喷砂处理，去除铁锈、污物，并在喷砂后24h内涂覆，以免被涂物表面生锈，影响附着力和耐性
3	喷涂、刷涂均可，喷涂比较均匀，一般以喷涂或刷涂二道为宜

2. 真空镀膜涂料（HG/T 4766—2014）

【用途】　本标准适用于由氧化干燥型树脂、稀释剂和助剂等原料加工而成的真空镀膜涂料。该产品可用于聚苯乙烯（PS）、丙烯腈-丁二烯-苯乙烯（ABS）、经前期处理过的聚丙烯（PP）塑胶底材、杂料和再生料等，也可用于金属、陶瓷和玻璃等。

【术语和定义】

术　语	定　义
1. 真空镀膜	一种产生薄膜材料的技术。在真空室内材料的原子从加热源离析出来打到被镀物体的表面上
2. 真空镀膜涂料	用于被镀物体表面，真空镀膜之前作为底漆和/或真空镀膜之后作为面漆的一类涂料

【要求】

项　目	指　标
原漆外观及透明度	透明，无机械杂质
原漆颜色/号　　　　　　　≤	18
黏度（涂-4）/s　　　　　　≥	20
不挥发物含量（%）　　　　≥	50
贮存稳定性（72h）	通过
干燥时间（实干）（65℃±2℃，2h）	通过
附着力（间距2mm）/级　　≤	1
铅笔硬度（擦伤）　　　　　≥	HB
光泽单位值（60°）　　　　≥	95
耐热性（60℃±2℃，48h）	无异常
耐水性（23℃±2℃，24h）	无异常
染色性	无异常

3. 家电用预涂卷材涂料（HG/T 4843—2015）

【用途】　本标准适用于由树脂、颜料、体质颜料、助剂、溶剂等按一定比例配制而成且以连续辊涂的涂装方式涂敷在家电用金属板上的溶剂型有机涂料。该涂料可用于各种家电用金属板的涂装。

【分类】

1）本标准按家电用预涂卷材涂料产品的用途分为底漆、面漆和背面漆。

2）根据家电类型，面漆分为：

① 冷用家电型，涂覆在冰箱、冰柜、冷冻机和空调等家电上。

② 热用家电型，涂覆在热水器、微波炉和烤箱等家电上。

③ 湿用家电型，涂覆在洗衣机和洗碗机等家电上。

④ 其他家电型，涂覆在电视机、DVD 等影视产品和打印机、复印机等办公设备上。

【要求】

项目		指标					
		底漆	背面漆	面漆			
				冷用家电型	热用家电型	湿用家电型	其他家电型
在容器中状态		搅拌后均匀无硬块					
黏度（涂-4 杯）/s		商定					
细度[①]/μm ≤		25					
不挥发物含量（%） ≥		45	50（色漆） 40（清漆）	50（白色和浅色[②]） 35（其他色和闪光漆[③]）			
重金属含量 /（mg/kg）≤	铅（Pb）	100					
	镉（Cd）	10					
	6 价铬（Cr^{6+}）	100					
	汞（Hg）	100					
多溴联苯含量/（mg/kg） ≤		100					
多溴二苯醚含量/（mg/kg） ≤		100					
涂层外观		正常					
耐溶剂（丁酮）擦拭 ≥		50 次		50 次（闪光漆[③]） 100 次（其他类）			
涂层色差		商定					
光泽单位值（60℃）		商定					
铅笔硬度（擦伤） ≥		—	H	HB			
反向冲击/kg·m[④] ≥		—	0.6	0.9			
T 弯/Ti ≤		4		1			
杯突/mm ≥		5.0		7.0			

（续）

项目		指标					
		底漆	背面漆	面漆			
				冷用家电型	热用家电型	湿用家电型	其他家电型
划格试验（间距1mm）/级				0			
耐低温性 [（-20±2）℃,120h]		—	—	不起泡,不开裂,不脱落,ΔE^*≤3.0	—	—	—
耐热性[（170±2）℃,1h]		—	—	不起泡,不开裂,不脱落,ΔE^*≤3.0	—	—	—
耐沸水性 （1h）				不生锈,不开裂,不脱落,不起泡,ΔE^*≤3.0			
耐湿性 （120h）		—		不生锈,不开裂,不脱落,不起泡,ΔE^*≤3.0			
耐污染性 （8h）	大豆油			不生锈,不开裂,不脱落,不起泡,无明显痕迹			
	番茄酱						
	酱油						
耐酸性（50mL/L H$_2$SO$_4$,24h）		—	—	无变化			
耐碱性（50g/L NaOH,24h）				无变化			
耐洗涤剂性 [浸入温度（50±2）℃、浓度5%洗涤剂,48h]						不生锈,不开裂,不脱落,不起泡,ΔE^*≤3.0	

（续）

项目	指标					
	底漆	背面漆	面漆			
			冷用家电型	热用家电型	湿用家电型	其他家电型
耐中性盐雾性（试板不划痕）			240h 不生锈，不开裂，不脱落，$\Delta E^* \leqslant 3.0$，起泡等级 ≤1（S2）			72h 不生锈，不开裂，不脱落，$\Delta E^* \leqslant 3.0$，起泡等级 ≤1（S2）
耐人工气候老化⑤（荧光紫外 UVB-313，240h）	—	—	不生锈，不起泡，不开裂，不脱落，变色，失光≤2级，粉化≤1级	—	—	—

① 特殊品种除外，如闪光漆类涂料等。

② 浅色是指以白色涂料为主要成分，添加适量色浆后配制成的浅色涂料形成的涂层所呈现的浅颜色，按 GB/T 15608 的规定，明度值为6～9之间（三刺激值中的 $Y_{D65} \geqslant 31.26$）。

③ 闪光漆是指含有金属颜料或珠光颜料的涂料。

④ 1kg·m≈9.8J。

⑤ 空调室外机等户外用产品测试该项目。

4. 冷涂锌涂料（HG/T 4845—2015）

【用途】 本标准适用于常温施涂的高锌含量的有机涂料。该产品是由锌粉、有机树脂、溶剂等组成的单组分涂料，主要用于钢铁底材暴露表面的阴极防护及镀（或喷）锌涂层破坏的修补。

本标准不适用于多组分富锌底漆。

【要求】

项　　目		指　　标
在容器中状态		搅拌后无硬块，呈均匀状态
不挥发物含量（%）	≥	80
不挥发分中金属锌含量（%）	≥	92
不挥发分中全锌含量（%）	≥	95
干燥时间/h	≤	
表干		0.5
实干		24
涂膜外观		正常
柔韧性	≤	2mm
耐冲击性		50cm
划格试验	≤	1 级
附着力（拉开法）/MPa	≥	3
耐盐雾性（2000h）		划线处无红锈[1]，单向扩蚀2.0mm；未划线区无开裂、剥落、生锈[1]现象，允许起泡密集等级≤1级，允许起泡大小等级≤S3级
配套性		漆膜平整，不起皱，不咬起，而且附着力≥3MPa

　　[1]　锌涂层产生的白锈不在考察范围内。

第五章　船舶及铁路车辆用漆

一、船舶用漆

1. 船用饮水舱涂料通用技术条件（GB 5369—2008）

【用途】　本标准适用于涂敷在船舶饮水舱内表面的涂料系统。

【要求】

饮水舱涂料理化指标

序号	项目		指标
1	细度/μm		≤70
2	固体含量（%）		≥70
3	干燥时间/h	表干	≤4
		实干	≤24
4	柔韧性		≤5mm
5	附着力/MPa		≥3.0
6	耐盐雾性（600h）		无起泡，无脱落，无生锈
7	耐水性（720h）		无起泡，无脱落，无生锈
8	贮存稳定性		≥1 年

注：细度、固体含量、干燥时间及贮存稳定性等项目指标的检测对象为单一涂料，柔韧性、附着力、耐盐雾性、耐水性等项目指标的检测对象为复合涂层。

2. 船壳漆（GB/T 6745—2008）

【用途】　本标准适用于涂敷在船舶满载水线以上的建筑物外部所用的涂料，亦可用于桅杆和起重机械用涂料。

【要求】

项目		指标
涂膜外观		正常
细度/μm	≤	40
不挥发物质量分数（%）	≥	50
干燥时间/h	表干 ≤	4
	实干 ≤	24
耐冲击性		通过
柔韧性		1mm
光泽单位值（60°）		商定

（续）

项　目	指　标
附着力（拉开法）/MPa　　　　　　　　≥	3.0
耐盐水性（天然海水或人造海水，27℃±6℃，48h）	漆膜不起泡，不脱落，不生锈
耐盐雾性（单组分漆400h，双组分漆1000h）	漆膜不起泡，不脱落，不生锈
耐人工气候老化性（紫外 UVB-313：300h 或商定；或者氙灯：500h 或商定）	漆膜颜色变化≤4 级 粉化≤2 级① 裂纹 0 级
耐候性（海洋大气暴晒，12 个月）	漆膜颜色变化≤4 级 粉化≤2 级① 裂纹 0 级

① 环氧类漆可商定。

3. 船用油舱漆（GB/T 6746—2008）

【用途】　本标准适用于装载除航空汽油、航空煤油等特种油品以外的石油烃类油舱内表面双组分船用油舱漆。

【技术要求】

项　目		指　标
在容器中状态		搅拌后均匀无硬块
干燥时间/h	表干	≤6
	实干	≤24
涂膜外观		正常
适用期/h		商定
附着力/MPa		≥3
耐盐雾性（800h）		漆膜不起泡，不生锈 不脱落，允许轻微变色
耐盐水性（三个周期）		漆膜不起泡，不脱落
耐油性（21d） 　耐汽油（120#） 　耐柴油（0#）		漆膜不起泡，不脱落，不软化

4. 船用车间底漆（GB/T 6747—2008）

【用途】　本标准适用于船用钢板、型钢和成型件经抛丸（或喷砂）表面处理达到要求的等级后施涂的车间底漆。该车间底漆作为暂时保护钢材的防锈底漆。

【分类】

分类	说　明
1. 类型	车间底漆可分含锌粉和不含锌粉底漆两种 Ⅰ型：含锌粉 Ⅱ型：不含锌粉
2. 等级（仅适用于Ⅰ型）	Ⅰ-12级：在海洋性气候环境中曝晒12个月，生锈≤1级 Ⅰ-6级：在海洋性气候环境中曝晒6个月，生锈≤1级 Ⅰ-3级：在海洋性气候环境中曝晒3个月，生锈≤1级

【技术要求】

（1）一般要求

序号	指　标
1	车间底漆的性能应符合下表要求
2	为适应自动化流水线作业需要，车间底漆应能在较短的时间内干燥
3	车间底漆应对下道漆种具有广泛的配套性，并对长期暴露的车间底漆旧漆膜有良好的重涂性
4	切割速度的减慢不超过15%

（2）技术指标

名　称		指　标
干燥时间/min		≤5
附着力/级		≤2
漆膜厚度/μm	含锌粉	15~20
	不含锌粉	20~25
不挥发分中的金属锌含量（仅限Ⅰ型）		按产品技术要求
耐候性（在海洋性气候环境中）	Ⅰ-12级，12个月	生锈≤1级
	Ⅰ-6级，6个月	
	Ⅰ-3级，3个月	
	Ⅱ型，3个月	生锈≤3级
焊接与切割		按A.2要求通过

5. 船用防锈漆（GB/T 6748—2008）

【用途】　本标准适用于船舶船体设计水线以上部位及内部结构（液舱除外）用防锈漆，也适用于海洋平台设计水线以上部位及内部结构（液舱除外）用防锈漆。

【分类】　产品分为Ⅰ型和Ⅱ型：

Ⅰ型：双组分油漆。

Ⅱ型：单组分油漆。

【技术要求】

项　　目		指　　标
固体含量（质量分数）(%)		商定
密度/（g/mL）		
黏度		
闪点/℃		
干燥时间/h	表干	商定
	实干	≤24
适用期（Ⅰ型）		商定
附着力/MPa	Ⅰ型	≥5
	Ⅱ型	≥3
柔韧性		≤2mm
耐盐水性（27℃±6℃，96h）		漆膜无剥落，无起泡，无锈点，允许轻微变色、失光
耐盐雾性	Ⅰ型（336h）	漆膜无起泡，无脱落，无锈蚀
	Ⅱ型（168h）	
对面漆适应性		无不良现象
施工性		通过

注：船用防锈漆应能与船用车间底漆配套。

6. 船体防污防锈漆体系（GB/T 6822—2014）

【用途】　本标准适用于各类船体材料的船舶设计水线以下和水线部位的防污防锈漆体系（包括防污漆、防锈漆和连接漆）。

【分类】

（1）防污漆体系

项目		说　　明
1. 防污漆类型	Ⅰ型：含防污剂的自抛光型或磨蚀型防污漆	
	Ⅱ型：含防污剂的非自抛光型或非磨蚀型防污漆	
	Ⅲ型：不含防污剂的非自抛光型或非磨蚀型的防污漆（Foul Release Coating，FRC）	
2. 防污剂类型	A类：铜和铜化合物	
	B类：不含铜和铜化合物	
	C类：其他	
3. 使用期效	短期效：3年以下使用期	
	中期效：3年及3年以上，5年以下使用期	
	长期效：5年及5年以上使用期	
4. 分类说明	防污漆体系的组成和分类的详细说明参见附录A	

（2）防锈漆体系

项　目	说　　明
1.　防锈漆型别	Ⅰ型：双组分油漆
	Ⅱ型：单组分油漆
2. 分类说明	防锈漆体系的组成和分类的详细说明参见附录 B

（3）连接漆

项　目	说　　明
1.　连接漆型别	Ⅰ型：双组分油漆
	Ⅱ型：单组分油漆
2. 分类说明	连接漆体系的组成和分类的详细说明参见附录 C

【要求】

（1）防污防锈漆体系一般要求

表1　防污防锈漆的技术性能

序号	检测项目		防污漆	防锈漆	连接漆
1	防污剂	铜总量①	按产品的技术要求	—	—
		不含铜的杀生物剂			
2	不挥发分的体积分数（%）		按产品的技术要求	按产品的技术要求	按产品的技术要求
3	挥发性有机化合物（VOC）		按产品的技术要求	按产品的技术要求	按产品的技术要求
4	密度/（g/mL）		按产品的技术要求	按产品的技术要求	按产品的技术要求
5	颜色		按产品的技术要求	按产品的技术要求	按产品的技术要求
6	黏度		按产品的技术要求	按产品的技术要求	按产品的技术要求
7	闪点/℃		按产品的技术要求	按产品的技术要求	按产品的技术要求
8	干燥时间/h	表干	按产品的技术要求	按产品的技术要求	按产品的技术要求
		实干②	≤24	≤24	≤24
9	适用期		按产品的技术要求	按产品的技术要求	按产品的技术要求
10	有机锡防污剂/（mg/kg）		不得使用③	—	—
11	滴滴涕（DDT）/（mg/kg）		不得使用④	—	—
12	磨蚀率/（μm/月）⑤		按产品的技术要求	—	—

① 仅适用于 A 类防污剂。

② Ⅲ型防污漆产品按各自规定的技术要求。

③ 按照 GB/T 26085 方法检测到的锡总量≤2500mg/kg，可认为没有添加有机锡防污剂。

④ 按照 GB/T 25011 方法检测到的滴滴涕含量≤1000mg/kg，可认为没有添加滴滴涕作为防污剂。

⑤ 磨蚀率仅适用于自抛光型防污漆（Ⅰ型），方法参见附录 D。

表2 防污防锈漆的其他性能

项目	指　标
1. 在容器中状态	在用机械混和器搅拌 5min 之内，油漆应很容易地混合成均匀的状态。油漆应无坚硬的沉底、结皮、起颗粒或其他不适合使用的现象
2. 贮存稳定性	原封、未开桶包装的油漆按照 GB/T 6753.3 方法试验，在自然环境条件下贮存 1 年后（或按照产品技术要求），或者在加速条件下贮存 30d 后，使用时应该满足下列性能： 1）用机械混合器搅拌，在 5min 之内很容易地混合成均匀的状态 2）无粗粒子、颗粒，无硬质或胶质沉淀物、结皮、硬的颜料沉底和持续的泡沫
3. 油漆的施工性	（1）喷涂性能。油漆体系的每一种单独的油漆按照产品规定要求混合，进行喷涂试验时，喷涂时油漆能雾化均匀。湿膜不应出现流挂，干燥后的漆膜应平整、均匀
	（2）刷涂性能。油漆体系的每一种单独的油漆按照产品规定要求混合，进行刷涂试验时容易涂刷，应具有良好的流动性和涂布性。湿膜不应出现流挂，干燥后的漆膜应平整、均匀
	（3）辊涂性能。油漆体系的每一种单独的油漆按照产品规定要求混合，进行辊涂试验时容易辊涂，应具有良好的流动性和涂布性。湿膜不应出现流挂，干燥后的漆膜应平整、均匀

（2）防污漆体系的涂层性能

项目	要　求
1. 防污性能	（1）浅海浸泡性（不适用于Ⅲ型防污漆）。Ⅰ型和Ⅱ型的防污漆在按照 5.15.1 进行试验时，应符合下列要求： 1）防锈涂层应无剥落和片落 2）防污漆的性能按 GB/T 5370—2007 方法评定 （2）防污涂层抛光（磨蚀）性（不适用于Ⅱ型和Ⅲ型防污漆）。Ⅰ型防污漆在按照 5.15.2 进行试验时，防污涂层的抛光或磨蚀率应与鉴定特征性能相一致 （3）动态模拟试验（适用于所有类型的防污漆）： 1）短期效防污漆体系。在按照 5.15.3 进行试验时，试验周期为 3 个，并且在每个试验周期结束后检查评级 1 次，最后一个周期应在海生物生长旺季。防污防锈漆体系应符合下列要求： 防锈涂层应无剥落和片落 防污漆的性能按 GB/T 5370—2007 方法评定。在试验结束时，Ⅰ型和Ⅱ型防污漆应符合 GB/T 5370—2007 中 6.1.7 要求；Ⅲ型防污漆的试验样板的硬壳污损生物（藤壶、硬壳苔藓虫、盘管虫等）覆盖面积应不大于 25%（注明适用的最长的海港静态浸泡时间） 2）中期效防污漆体系。在按照 5.15.3 进行试验时，试验周期为 5 个，并且在每个试验周期结束后检查评级 1 次，最后一个周期应在海生物生长旺季。防污防锈漆体系应符合下列要求：

（续）

项目	要　　求
1. 防污性能	防锈涂层应无剥落和片落 防污漆的性能按 GB/T 5370—2007 方法评定。在试验结束时，Ⅰ型和Ⅱ型防污漆应符合 GB/T 5370—2007 中 6.1.7 要求；Ⅲ型防污漆的试验样板的硬壳污损生物（藤壶、硬壳苔藓虫、盘管虫等）覆盖面积应不大于 25%（注明适用的最长的海港静态浸泡时间） 3）长期效防污漆体系。在按照 5.15.3 进行试验时，试验周期为 8个，并且在每个试验周期结束后检查评级 1 次，最后一个周期应在海生物生长旺季。防污防锈漆体系符合下列要求： 防锈涂层应无剥落和片落 防污漆的性能按 GB/T 5370—2007 方法评定。在试验结束后，Ⅰ型和Ⅱ型防污漆应符合 GB/T 5370—2007 中 6.1.7 要求；Ⅲ型防污漆的试验样板的硬壳污损生物（藤壶、硬壳苔藓虫、盘管虫等）覆盖面积应不大于 25%（注明适用的最长的海港静态浸泡时间）
2. 与阴极保护相容性	在按照 5.16 进行试验时，防污涂层与防锈涂层之间（包括连接涂层）的剥离在人造漏涂孔外缘起 10mm 范围内；同时防锈漆涂层从钢基材表面的剥离在人造漏涂孔外缘起 8mm 范围内，即在整个人造漏涂孔周围被剥离涂层的计算等效圆直径为 19mm 范围内。本试验仅适用于钢基材的防污漆体系。Ⅲ型防污漆的与阴极保护相容性应符合产品的技术要求

（3）防锈漆体系的涂层性能

项目	要　　求
1. 附着力 （Ⅱ型沥青系除外）	船体防锈漆体系与基体材料的附着力按照 GB/T 5210—2006 中 9.4.3方法试验时，防锈漆体系应大于 3.0MPa
2. 耐浸泡性 （Ⅱ型沥青系除外）	防锈漆体系按照 5.10 进行试验，结果按照 GB/T 1766 方法评定。浸泡试验的前 10 个周期（70d）起泡不超过 1（S2）级或其他表面缺陷，但增长速率很慢或不明显，可以不计在内 浸泡 20 周期（140d）结束后，漆膜生锈不超过 1（S2）级，起泡不超过 2（S3）级，外观颜色变化不超过 1 级。浸泡后重涂面防锈漆体系附着力应不小于未重涂面附着力的 50%
3. 抗起泡性 （适用于Ⅰ型）	防锈漆体系经热盐水浸泡试验不应出现起泡

（续）

项目	要　　求
4. 耐阴极剥离试验（适用于Ⅰ型）	本条仅对船体防锈漆体系而言，防锈漆体系应与船舶的阴极保护方法相适应，采用锌阳极，试验时间为182d。试验后被剥离涂层距人造漏涂孔外缘的平均距离不大于8mm，即在整个人造漏涂孔周围被剥离涂层的计算等效圆直径为19mm。如防锈漆体系与配套的防污漆一同进行耐阴极保护性试验，试验方法和要求按照5.15和4.2.2进行，不再单独做防锈漆的耐阴极剥离性试验

（4）安全要求

项目	要　　求
1. 安全技术说明书	作为船体防污防锈漆体系产品，提供的安全技术说明书（MSDS）应包括采用的防污剂
2. 有害化学物质	油漆产品不含有国家有关部门禁用的有害化学物质

附　录　A
（资料性附录）
防污漆体系组成和分类说明

（1）组成

序号	说　　明
1	预定直接涂在金属底材上的防锈漆体系或连接漆之上的防污漆
2	应用在非金属材料表面上，不需要与防锈漆配套，可以直接涂装防污漆或用附着力增进涂层（或称中间涂层、连接涂层）进行配套

（2）分类说明

项目	说　　明
1. 防污漆类型	三种类型的防污漆的防污机理如下： Ⅰ型：Ⅰ型是一种具有自抛光型防污漆的油漆体系，防污作用的过程应是水解的、抛光的、磨耗的或者在厚度上是减少的。其主要防污功能应是通过防污剂渗出过程来达到，也可以采用机械水下冲刷进行防污漆面层的更新 Ⅱ型：Ⅱ型是一类非自抛光型防污漆，它们在使用中不减少涂层厚度。其主要防污功能应是通过防污剂渗出过程来达到，也可以采用机械水下冲刷进行防污漆面层的更新 Ⅲ型：Ⅲ型是一类不含防污剂的非自抛光型或非磨蚀型的防污漆（Foul Release Coating）。其主要机理是形成一个非常光滑的、低摩擦力的表面，从而使污损生物难以附着或者容易地被一定速度的水流冲刷掉，也可采用合适的水下清洗方法进行防污漆面层的更新

（续）

项目	说　明
2. 防污剂类型	按照防污剂的化学组成分成3类防污剂： A类：铜和铜化合物 B类：不含铜和铜化合物的防污剂 C类：其他
3. 使用期效	按照防污漆体系的使用期效分短期效、中期效和长期效3种 　短期效：油漆体系应具有3年以下的使用期，并且没有因附着力损失、起泡、片落，由于过量磨蚀或防污能力的降低而造成的防污失效（从水线到轻载水线少量的海泥和污损除外） 　中期效：油漆体系应具有3年和3年以上，5年以下的使用期，并且没有因附着力损失、起泡、片落，由于过量磨蚀或防污能力降低而造成的防污失效（从水线到轻载水线少量的海泥和污损除外） 　长期效：油漆体系应具有5年和5年以上的使用期，并且没有因附着力损失、起泡、片落，由于过量磨蚀或防污能力降低而造成的防污失效（从水线到轻载水线少量的海泥和污损除外）

附　录　B
（资料性附录）
防锈漆体系组成和分类说明

（1）组成

船体防锈漆体系可以是多道的单一防锈漆产品，也可以是由防锈底漆和防锈面漆组成的体系。

（2）分类说明

项目	说　明
型别	按照防锈漆的成膜机理，防锈漆可分成下面两种型别： 　Ⅰ型：防锈漆由两种组分构成，在涂装施工前按照规定比例，均匀混合两种组分，经过一定时间的预反应后即可进行涂装施工，通过两种组分反应固化而干燥成膜 　Ⅱ型：防锈漆为单组分，涂装施工后，通过漆膜内的溶剂挥发或其他方式干燥成膜

附　录　C
（资料性附录）
连接漆的组成和分类说明

（1）组成

连接漆通常是单一的油漆产品。

（2）分类说明

项目	说　明
型别	按照连接漆的成膜机理，连接漆可分成下面两种型别：
	Ⅰ型：连接漆由两种组分构成，在涂装施工前按照规定比例，均匀混合两种组分，经过一定时间的预反应后即可进行涂装施工，通过两种组分反应固化而干燥成膜
	Ⅱ型：连接漆为单组分，涂装施工后，通过漆膜内的溶剂挥发或其他方式干燥成膜

7. 船舶压载舱漆（GB/T 6823—2008）

【用途】　本标准适用于不小于500t的所有类型船舶专用海水压载舱和船长不小于150m的散货船双舷侧处所保护涂层。

【分类】　产品按基料和固化剂组分分为两种类型：

1）环氧基涂层体系。

2）非环氧基涂层体系。

【技术要求】

（1）一般要求

序号	指　标
1	产品涂层的目标使用寿命为15a
2	产品配套体系的组成由涂料供应商确定
3	产品应能和无机硅酸锌车间底漆或等效的涂料配套，车间底漆与主涂层系统的相容性应由涂料供应商确认
4	产品应能在通常的自然环境条件下施工和干燥
5	产品应适应无空气喷涂，施工性能良好，无流挂

（2）技术指标

1）涂料的要求：

检测项目		环氧基涂层体系	非环氧基涂层体系
基料和固化剂组分鉴定		环氧基体系	非环氧基体系
密度/(g/mL)		商定	商定
不挥发物（%）			
储存稳定性	自然环境条件，1a	通过	通过
	(50±2)℃条件，30d	通过	通过

2）涂层的要求：

检测项目	环氧基涂层体系	非环氧基涂层体系
外观与颜色	漆膜平整 多道涂层系统，每道涂层的颜色要有对比，面漆应为浅色	漆膜平整 多道涂层系统，每道涂层的颜色要有对比，面漆应为浅色
名义干膜厚度	涂层在 90/10 规则下达到 320μm	商定
模拟压载舱条件试验	通过	通过
冷凝舱试验	通过	通过

8. 船用水线漆（GB/T 9260—2008）

【用途】 本标准适用于船舶满载水线和轻载水线之间船壳外表面的水线漆，不适用于具有防污作用的水线漆。

【技术要求】

项　目		指　标
涂膜外观		正常
干燥时间/h	表干	≤4
	实干	≤24
耐冲击性		通过
附着力/MPa		≥3
耐盐水性（天然海水或人造海水，27℃ ± 6℃，7d）		漆膜不起泡，不生锈，不脱落
耐油性（15W-40 号柴油机润滑油，48h）		漆膜不起泡，不脱落
耐盐雾性（单组分漆 400h，双组分漆 1000h）		漆膜不起泡，不脱落，不生锈
耐人工气候老化性[①] （紫外 UVB-313：200h 或商定； 或者氙灯：300h 或商定）		漆膜颜色变色[②] ≤4 级 粉化≤2 级 无裂纹
耐候性[①]（海洋大气曝晒，12 个月）		漆膜颜色变色[②] ≤4 级 粉化[②] ≤2 级 无裂纹
耐划水性（2 个周期）		漆膜不起泡，不脱落

注：配套底漆应符合 GB/T 6748《船用防锈漆》的要求。

① 耐人工气候老化性和耐候性可任选一项。

② 环氧类漆可商定。

9. 甲板漆（GB/T 9261—2008）

【用途】 本标准适用于船舶甲板、码头及其他海洋设施的钢铁表面用漆。

【技术要求】

项　目		指　标
涂膜外观		正常
不挥发物质量分数（%）	≥	50
干燥时间/h	表干 ≤	4
	实干 ≤	24
耐冲击性		通过
附着力/MPa	≥	3.0
耐磨性（500g，500r）	≤	100mg
耐盐水性（天然海水或人造海水，27℃±6℃，48h）		漆膜不起泡，不脱落，不生锈
耐柴油性（0#柴油，48h）		漆膜不起泡，不脱落
耐十二烷基苯磺酸钠（1%溶液，48h）		漆膜不起泡，不脱落
耐盐雾性（单组分漆400h，双组分漆1000h）		漆膜不起泡，不脱落，不生锈
耐人工气候老化性（紫外 UVB-313：300h 或商定；或者氙灯：500h 或商定）		漆膜颜色变化≤4 级 粉化≤2 级[①] 裂纹 0 级
耐候性（海洋大气曝晒，12 个月）		漆膜颜色变化≤4 级 粉化≤2 级[①] 裂纹 0 级
防滑性（干态摩擦系数）[②]		≥0.85

注：配套底漆应符合 GB/T 6748 的规定。

① 环氧类漆可商定。

② 仅适用于防滑型甲板漆。

10. 船用货舱漆（GB/T 9262—2008）

【用途】 本标准适用于船舶干货舱及舱内的钢结构部位防护用漆。

【分类】 船用货舱漆分为Ⅰ型和Ⅱ型，Ⅰ型为单组分漆，Ⅱ型为双组分漆。

【技术要求】

项　目	指　标	
	Ⅰ型	Ⅱ型
涂膜外观	正常	
在容器中状态	搅拌后均匀无硬块	

（续）

项　目		指　标	
		Ⅰ型	Ⅱ型
干燥时间 /h	表干	≤4	
	实干	≤24	
附着力/MPa		≥3	
耐磨性（500g，500r）		≤100mg	
适用期/h		—	商定
柔韧性		≤3mm	—
耐冲击性		≥40cm	商定
耐盐雾性		500h 无剥落，允许变色不大于 3 级，起泡 1（S2），生锈 1（S3）	1000h 无剥落，允许变色不大于 3 级，起泡 1（S1），生锈 1（S1）

注：1. 与货舱漆配套的各类防锈漆性能应符合 GB/T 6748《船用防锈漆》的技术要求。

　　2. 装载散装谷物食品时，应选用符合"中华人民共和国食品卫生法"［1995］中有关条例的货舱漆。

11. 原油油船货油舱漆（GB/T 31820—2015）

【用途】　本标准适用于原油油船货油舱用涂料。

【分类】

产品按基料和固化剂组分分为两种类型：

1）环氧类。

2）非环氧类。

【要求】

（1）一般要求

序号	指　标
1	涂层体系的目标使用寿命为 15 年
2	产品配套体系的组成由涂料供应商确定
3	产品如和无机硅酸锌车间底漆或等效的车间底漆配套，车间底漆与主涂层系统的相容性由涂料供应商确认
4	产品应能在通常的自然环境条件下施工和干燥
5	产品应适应无空气喷涂，施工性能良好，无流挂

（2）涂料的要求

项目	环氧类	非环氧类
基料和固化剂组分鉴定	环氧基体系	非环氧基体系
密度/（g/mL）	符合产品的技术要求	

（续）

项目	环氧类	非环氧类
不挥发物（%）	符合产品的技术要求	
挥发性有机化合物(VOC)/(g/L)	符合产品的技术要求	
石棉	无阈值	
储存稳定性［自然环境条件下 1a 或 (50±2)℃条件下 30d］	通过	

（3）涂层的要求

项目	环氧类	非环氧类
外观与颜色	漆膜平整；多道涂层体系，每道涂层的颜色要有对比，面漆应为浅色	
名义干膜厚度	涂层在 90/10 规则下达到 320μm	符合产品的技术要求
气密柜试验	通过	
浸泡试验	通过	

二、铁路车辆用漆

1. 铁路机车车辆用面漆（TB/T 2393—2001）

【组成】 由树脂、颜料、助剂及溶剂等调制而成。其中，Ⅰ类用于一般要求的机车车辆的外表面涂装，主要为醇酸类涂料；Ⅱ类用于较高要求的机车车辆的外表面涂装，主要为聚氨酯类涂料。

【用途】 漆膜能自干，漆膜平整光滑，色彩和谐，附着力强，耐候性与力学性能均良好。适用于铁路机车车辆和铁路运输用集装箱等钢结构的外表面涂装，不适用于铁路货车用厚浆型醇酸漆。

【技术要求】

项 目		指　标	
		Ⅰ类	Ⅱ类
漆膜颜色和外观		符合颜色要求，表面色调均匀一致，无颗粒、针孔、气泡、皱纹	
流出时间/s	≥	25	20
细度[①]/μm	≤	20	20
遮盖力 /(g/m²)	黑色 ≤	45	45
	灰色 ≤	65	65
	绿色 ≤	65	65
	蓝色 ≤	85	85
	白色 ≤	120	120
	红色 ≤	150	150
	黄色 ≤	150	150

（续）

项　目		指　标	
		Ⅰ类	Ⅱ类
双组分涂料适用期/h　≥		—	4
干燥时间	表干　≤	4	4
/h	实干　≤	24	24
施工性能		每道干膜厚度为要求的1.5倍时成膜良好	
弯曲性能　≤		2mm	2mm
杯突试验　≥		4.0mm	4.0mm
划格试验　≤		1级	1级
耐冲击性　≥		50cm	50cm
光泽② (%)　≥		85	85
硬度　≥		0.25	0.50
耐水性　≥		12h	24h
耐汽油性　≥		6h	24h
耐酸碱性	3% H_2SO_4　≥	15min	30min
	2% NaOH　≥	—	30min
	5% HAC　≥	15min	30min
耐热性		≥1h (120℃±2℃)	≥1h (150℃±2℃)
耐人工气候加速试验③		≤2级 (200h)	≤2级 (1000h)

① 表示细度和光泽指标不适用于铝粉颜料面漆。
② 表示光泽指标不适用于对光泽有特殊要求的面漆产品。
③ 表示耐人工气候加速试验为型式检验项目。

【施工参考】

序号	说　明
1	以喷涂施工为主
2	若为双组分涂料，应按产品说明书规定的比例配漆，并在规定时间内用完
3	施工中可按具体产品所要求的稀释剂调节施工黏度，并用产品说明书所要求的底漆、腻子配套施工

2. 铁路机车车辆用中间涂层用涂料技术条件（TB/T 2393—2001）

【组成】　中间涂层涂料由树脂、颜料、助剂及溶剂等组成。中间涂层涂料应为单组分或双组分产品。

【技术要求】

项　　目	指　　标
漆膜颜色和外观	符合颜色要求，表面色调均匀一致，无颗粒、针孔、气泡、皱纹
细度/μm	≤30
流出时间/s	≥25
双组分涂料适用期/h	≥4
干燥时间　/h	表干	≤4
	实干	≤24
施工性能	每道干膜厚度为要求的1.5倍时成膜良好
弯曲性能	≤2mm
杯突试验	≥4.0mm
划格试验	≤1 级
耐冲击性	≥50cm

3. 铁路机车车辆用腻子技术条件（TB/T 2393—2001）

【组成】　腻子是由树脂、颜料、催干剂、助剂和溶剂等组成。腻子应为单组分或双组分产品。

【技术要求】

项　　目	指　　标
腻子外观	无结皮和搅不开硬块，无白点
腻子膜颜色和外观	平整，不流挂，无颗粒，无裂纹，无气泡，色调不定
稠度/cm	9~16
实干时间　/h	普通腻子	≤24
	不饱和聚酯腻子	≤4
涂刮性	易涂刮，不产生卷边现象
打磨性	易打磨，不粘砂纸，无明显白点
柔韧性	≤100mm
划格试验	≤1 级
耐冲击性	≥15cm
耐水性试验	优秀

4. 铁路货车用厚浆型醇酸漆技术条件（TB/T 2707—1996）

【组成】　以专用中油度醇酸树脂为基料，加入不同量的氧化铁或其他颜料、填料、缓蚀剂、触变剂和溶剂等，经研磨分散而制成。

铁路货车用厚浆型醇酸漆分两类：

A 型：防锈底漆和面漆合一的单层厚浆型醇酸漆，涂装一道或湿碰湿两道干膜厚度可达 120μm 以上。

B 型：分为厚浆型醇酸防锈底漆和面漆两种，配套使用，每道干膜厚度可达 60μm 以上。

【用途】 适用于铁路货车车体钢结构表面及其他钢制零部件的防腐保护。

【技术要求】

项 目		指 标		
		A 型	B 型	
		单层厚浆型漆	厚浆型防锈底漆	厚浆型面漆
漆膜颜色及外观		颜色符合要求，漆膜平整光滑	颜色符合要求，漆膜平整光滑	颜色符合要求，漆膜平整光滑
细度/μm		≤45	≤50	≤45
黏度(3#转子,6r/min)/(Pa·s)		≥4	≥3	≥3
不挥发物含量(%)		≥65	≥65	≥63
干燥时间/h	表干时间	≤3	≤3	≤3
	实干时间	≤24	≤24	≤24
附着力/级		≤1	≤1	≤1
弯曲性		≤5mm	≤5mm	≤4mm
闪点/℃		≥33	≥33	≥33
耐水性		36h 不起泡，不生锈，允许轻度变白失光	—	36h 不起泡，不生锈，允许轻度变白失光
耐盐雾		500h 不起泡，不生锈，划痕允许有小泡，腐蚀蔓延不大于 2mm	500h 不起泡，不生锈，划痕处允许有小泡，腐蚀蔓延不大于 2mm	—
厚涂性		湿膜厚度 200μm 不流挂	湿膜厚度 125μm 不流挂	湿膜厚度 125μm 不流挂

注：闪点、耐水性、耐盐雾、厚涂性作为保证项目。

【施工参考】

序号	说 明
1	铁路货车用厚浆型醇酸漆以喷涂为主，可直接用于高压无气喷涂，进气压力应保持在 (0.45～0.60) MPa。喷嘴规格可以根据情况选择，建议采用回转式喷嘴

（续）

序号	说　明
2	一般情况不需要兑稀，当黏度太稠时，可加入少量的200#的溶剂汽油或醇酸稀料，兑稀搅匀后使用
3	如采用加热干燥，烘干温度以60℃以下为宜

三、桥梁用漆

1. 铁路钢桥保护涂装及涂料供货技术条件（TB/T 1527—2011）

【用途】 本标准适用于桥梁（包括附属结构）、支座等钢结构的初始涂装，钢桥涂膜劣化后的重新涂装和维护性涂装及涂装使用的防锈底漆、中间漆和面漆。

【技术要求】

（1）钢桥涂装体系

涂装体系	涂料（涂层）名称	每道干膜最小厚度/μm	至少涂装道数	总干膜最小厚度/μm	适用部位
1	特制红丹酚醛（醇酸）防锈底漆	35	2	70	桥栏杆、扶手、人行道托架、墩台吊篮、围栏和桥梁检查车等桥梁附属钢桥
	灰铝粉石墨（或灰云铁）醇酸面漆	35	2	70	
2	电弧喷铝层	—	—	200	钢桥明桥面的纵梁、上承板梁、箱形梁上盖板
	环氧类封孔剂	—	1	—	
	棕黄聚氨酯盖板底漆	50	2	100	
	灰聚氨酯盖板面漆	40	4	160	
3	无机富锌防锈防滑涂料	80	1	80	栓焊梁连接部分摩擦面
	或电弧喷铝层	—	—	100	
4	环氧沥青涂料	60	4	240	非密封的箱形梁和非密封的箱形杆件内表面
	或环氧沥青厚浆涂料	120	2	240	
5	特制环氧富锌防锈底漆	40	2	80	钢桥主体，用于气候干燥、腐蚀环境较轻的地区
	或水性无机富锌防锈底漆				
	云铁环氧中间漆	40	1	40	
	灰铝粉石墨醇酸面漆	40	2	80	
6	特制环氧富锌防锈底漆	40	2	80	钢桥主体、支座，用于腐蚀环境较严重的地区
	或水性无机富锌防锈底漆				
	云铁环氧中间漆	40	1	40	
	灰色丙烯酸脂肪族聚氨酯面漆	40	2	80	

（续）

涂装体系	涂料（涂层）名称	每道干膜最小厚度/μm	至少涂装道数	总干膜最小厚度/μm	适用部位
7	特制环氧富锌防锈底漆或水性无机富锌防锈底漆	40	2	80	钢桥主体，用于酸雨、沿海等腐蚀环境严重、紫外线辐射强、有景观要求的地区
	云铁环氧中间漆	40	1	40	
	氟碳面漆	35	2	70	

注：1. 对于温差较大地区，钢桥主体应采用断裂伸长率不小于50%的氟碳面漆。
　　2. 对于栓焊梁生产或贮存在黄河以南地区时，宜采用无机富锌防锈防滑涂料喷涂摩擦面。
　　3. 对于跨越河流的钢桥底面（包括桁梁下弦杆、纵横梁底面，下承板梁主梁和上承板、箱梁底面）、酸雨地区的钢桥应增加涂装底漆一道、中间漆一道。

（2）涂料产品技术要求

涂装体系	涂料（漆膜）名称	技术要求
1	特制红丹酚醛（醇酸）防锈底漆 灰铝粉石墨（或灰云铁）醇酸面漆	见附录A
2	环氧类封孔剂 棕黄聚氨酯盖板底漆 灰聚氨酯盖板面漆	见附录B
3	无机富锌防锈防滑涂料	见附录C
4	环氧沥青涂料 或环氧沥青厚浆涂料	见附录C
5	特制环氧富锌防锈底漆或水性无机富锌防锈底漆 云铁环氧中间漆 灰铝粉石墨醇酸面漆	见附录A、附录C、附录D
6	特制环氧富锌防锈底漆或水性无机富锌防锈底漆 云铁环氧中间漆 灰色丙烯酸脂肪族聚氨酯面漆	见附录C、附录D
7	特制环氧富锌防锈底漆或水性无机富锌防锈底漆 云铁环氧中间漆 氟碳面漆	见附录C、附录D

2. 聚硅氧烷涂料（HG/T 4755—2014）

【用途】　本标准适用于以含反应性官能团的聚硅氧烷树脂为主要成膜物，并加入适量的改性树脂、颜填料、助剂、溶剂等辅料，非多异氰酸酯固化的常温固化型钢结构表面用高耐久性面漆。

聚硅氧烷涂料产品主要用于桥梁和机场及机车等交通设施、体育场馆和电视塔等公共设施、储罐和管道等石化设备、石油平台和风电塔架及港机等海上建筑以及其他钢结构表面的装饰和保护，也可用于混凝土结构、非铁材质的金属底材等其他表面。

【要求】

项　目		指　标
容器中状态		搅拌后均匀无硬块
细度①/μm	≤	商定
不挥发物含量（%）	≥	75
干燥时间/h　≤	表干	2
	实干	24
涂膜外观		正常
基料中硅氧键含量（全漆）（%）	≥	15
挥发性有机化合物（VOC）含量/(g/L)	≤	390
重金属含量/(mg/kg)　　≤	铅（Pb）	1000
	镉（Cd）	100
	6价铬（Cr^{6+}）	1000
	汞（Hg）	1000
适用期/h（单组分除外）		商定
光泽①（60°）		商定
铅笔硬度（擦伤）　≥		F
弯曲试验　≤		3mm
耐冲击性		50cm
耐磨性（500g，500r）　≤		0.04g
附着力（拉开法）/MPa　≥		5
耐酸性（50g/L H_2SO_4）		240h 无异常
耐碱性（50g/L NaOH）		240h 无异常
耐湿冷热循环性（10 次）		无异常
耐湿热性（3000h）		不起泡，不生锈，不脱落
耐盐雾性（3000h）		不起泡，不生锈，不脱落
耐人工气候老化性（3000h）	白色和浅色②	变色≤2级，失光≤2级，粉化≤2级，不起泡，不脱落，不开裂
	其他色	变色≤3级，失光≤3级，粉化≤2级，不起泡，不脱落，不开裂
循环老化试验③（25 次）		粉化≤2级或商定，不起泡，不生锈，不脱落，不开裂

① 含效应颜料（如铝粉、珠光颜料等）的产品除外。

② 浅色是指以白色涂料为主要成分，添加适量色浆后配制成的浅色涂料形成的涂膜所呈现的浅颜色，按 GB/T 15608 的规定，明度值为 6～9 之间（三刺激值中的 Y_{D65}≥31.26）。

③ 海上建筑及相关结构用聚硅氧烷涂料进行该项目试验；选择该项目试验的产品不需再进行耐湿热性、耐盐雾性、耐人工气候老化性试验。

四、道路标线用涂料

1. 道路标线涂料（GA/T 298—2001）

【组成】　由树脂、颜料、助剂、溶剂等调制而成。其种类有常温型、加热型和热熔型几类，具体见下表：

种类	施工条件		使用方法	涂料状态
常温型标线涂料	A	常温	涂料中不含玻璃珠，施工时也不撒布玻璃珠	液态
	B		涂料中不含玻璃珠，施工时随涂料喷涂后撒布玻璃珠于湿膜上	
加热型标线涂料	A	加热（40～60℃）	涂料中不含玻璃珠，加热施工时也不撒布玻璃珠	液态
	B		涂料中不含玻璃珠或含15%以下的玻璃珠，加热施工时随涂料喷涂后撒布玻璃珠于湿膜上	
热熔型涂料	A	加热	涂料中不含玻璃珠或含15%以下的玻璃珠，加热施工时也不撒布玻璃珠	固态
	B		涂料中含15%～23%的玻璃珠，加热施工时再在涂膜上撒布玻璃珠	

【用途】　漆膜附着力好，色彩鲜艳，耐磨，防水。在光线照射下漆膜中的玻璃珠可因光反射作用而增强路标（标线、图案）的亮度和清晰度。可用于道路标线、路标、航标以及船舶管道、无线电元件等的标志涂饰。

【技术要求】

（1）常温型、加热型标线涂料的技术要求

种类　　项目	常温型标线涂料		加热型标线涂料	
	A	B	A	B
容器中状态	应无结块、结皮现象，易于搅匀			
稠度（KU）	≥60	≥75	90～130	
施工性能	刷涂、空气或无空气喷涂施工性能良好		加热至40～60℃时无空气喷涂性能良好	
漆膜颜色及外观	应无发皱、泛花、起泡、开裂、发黏等现象，颜色范围应符合 GB/T 8416 的规定			
不粘胎干燥时间/min	≤15		≤10	

（续）

种类 项目		常温型标线涂料		加热型标线涂料	
		A	B	A	B
遮盖力 /（g/m²）	白色	≤190			
	黄色	≤200			
固体含量（%）		≥60		≥65	
附着力		≤5 级		≤4 级	
耐磨性		≤40mg（200r，1000g 磨耗减重）			
耐水性		漆膜经蒸馏水 24h 浸泡后应无开裂、起泡、孔隙、起皱等异常现象			
耐碱性		在氢氧化钙饱和溶液中浸泡 18h 应无开裂、起泡、孔隙、剥离、起皱及严重变色等异常现象			
漆膜柔韧性		经 5mm 直径圆棒屈曲试验，应无龟裂、剥离等异常现象			
玻璃珠撒布试验		—	玻璃珠应均匀附在漆膜上	—	玻璃珠应均匀附在漆膜上
玻璃珠牢固附着率		—	玻璃珠应有 90% 以上牢固附着率	—	玻璃珠应有 90% 以上牢固附着率
逆反射系数	白	≥200		≥200	
	黄	≥100		≥100	

（2）热熔型标线涂料的技术要求

种类 项目		热熔型涂料	
		A	B
相对密度		1.8～2.3	
软化点/℃		90～140	
涂膜颜色及外观		涂膜冷却后应无皱纹、斑点、起泡、裂纹、脱落及表面无发黏等现象，颜色范围应符合 GB/T 8416 的规定	
不粘胎干燥时间/min		≤3	
抗压强度/Pa		≥1.2×10⁷	
耐磨性		≤60mg（200r，1000g 磨耗减重）	
白色度		≥65	
耐碱性		在氢氧化钙饱和溶液中浸泡 18h 应无开裂、起泡、孔隙、剥离、起皱及严重变色等异常现象	
加热残留分（%）		≥99	
逆反射系数	白	—	≥200
	黄	—	≥100

（3）涂料、涂装中所用玻璃珠的技术要求

种类 项目	A		B	
容器中玻璃珠状态	粒状或松散团状			
相对密度 （在23℃±2℃的二甲苯中）	2.4~2.6			
粒径	标准筛 筛号/目	筛余物 （%）	标准筛 筛号/目	筛余物 （%）
	20	0	30	0
	20~30	5~30		
	30~50	30~80	30~50	40~90
	50~140	10~40		
	140以下	95~100	100	95~100
外观	无色透明球状，扩大10~50倍观察时，熔融团、片状、尖状物、有色气泡等瑕疵珠不应超过总量的20%			
折射率（20℃浸渍法）	≥1.5			
耐水性	取10g样品放于100mL蒸馏水中，于沸腾水浴中加热1h后冷却，玻璃珠表面不应出现糊状。中和这100mL水所需0.01mol的盐酸应在10mL以下			

注：对玻璃珠品质要求仅供厂家参考，在型式检验中不作为检验项目。

【施工参考】

序号	说　　明
1	用于道路标线时大多用机械设备（如马路标线涂布机）涂装
2	船舶管道、无线电元件等可用刷涂、喷涂等方法施工
3	施工中可按产品说明书要求选用稀释剂调节施工黏度

2. 路面标线涂料（JT/T 280—2004）

【用途】　本标准适用于在我国公路上划制各种道路交通标线所用的液态溶剂型、双组分、水性、固态热熔型路面标线涂料，城市道路、机场、港口、厂矿、林场等地区划制的道路交通标线所用的路面标线涂料可参照执行。

【术语和定义】

术　语	定　　义
1. 遮盖力	路面标线涂料所涂覆物体表面不再能透过涂膜而显露出来的能力
2. 遮盖率	路面标线涂料在相同条件下分别涂覆于亮度因数不超过5%黑色底板上和亮度因数不低于80%白色底板上的遮盖力之比。遮盖力用亮度因数来描述，遮盖力与亮度因数成正比
3. 固体含量	涂料在一定温度下加热焙烘后剩余物质量与试验质量的比值，以百分数表示

【产品分类】

型　号	规　格	玻璃珠含量和使用方法	状　态
溶剂型	普通型	涂料中不含玻璃珠，施工时也不撒布玻璃珠	液态
	反光型	涂料中不含玻璃珠，施工时涂布涂层后立即将玻璃珠撒布在其表面	
热熔型	普通型	涂料中不含玻璃珠，施工时也不撒布玻璃珠	固态
	反光型	涂料中含 18%～25% 的玻璃珠，施工时涂布涂层后立即将玻璃珠撒布在其表面	
	突起型	涂料中含 18%～25% 的玻璃珠，施工时涂布涂层后立即将玻璃珠撒布在其表面	
双组分	普通型	涂料中不含玻璃珠，施工时也不撒布玻璃珠	液态
	反光型	涂料中不含（或含 18%～25%）玻璃珠，施工时涂布涂层后立即将玻璃珠撒布在其表面	
	突起型	涂料中含 18%～25% 的玻璃珠，施工时涂布涂层后立即将玻璃珠撒布在其表面	
水性	普通型	涂料中不含玻璃珠，施工时也不撒布玻璃珠	液态
	反光型	涂料中不含（或含 18%～25%）玻璃珠，施工时涂布涂层后立即将玻璃珠撒布在其表面	

【技术要求】

（1）溶剂型涂料的性能

项　目	溶　剂　型	
	普通型	反光型
容器中状态	应无结块、结皮现象，易于搅匀	
黏度	≥100（涂 4 杯，s）	80～120（KU 值）
密度/（g/cm³）	≥1.2	≥1.3
施工性能	空气或无空气喷涂（或刮涂）施工性能良好	
加热稳定性	—	应无结块、结皮现象，易于搅匀，KU 值不小于 140
涂膜外观	干燥后，应无发皱、泛花、起泡、开裂、粘胎等现象，涂膜颜色和外观应与标准板差异不大	
不粘胎干燥时间/min	≤15	≤10

（续）

项　目		溶　剂　型	
		普通型	反光型
遮盖率（%）	白色	≥95	
	黄色	≥80	
色度性能 （45/0）	白色	涂料的色品坐标和亮度因数应符合表（5）和图1规定的 范围	
	黄色		
耐磨性/mg （200r，1000g后减重）		≤40（JM—100橡胶砂轮）	
耐水性		在水中浸24h应无异常现象	
耐碱性		在氢氧化钙饱和溶液中浸24h应无异常	
附着性（划圈法）		≤4级	
柔韧性		5mm	
固体含量（%）		≥60	≥65

（2）热熔型涂料的性能

项　目		热　熔　型		
		普通型	反光型	突起型
密度/（g/cm³）		1.8～2.3		
软化点/℃		90～125		≥100
涂膜外观		干燥后，应无皱纹、斑点、起泡、裂纹、脱落、粘胎现象，涂膜的颜色和外观应与标准板差别不大		
不粘胎干燥时间/min		≤3		
色度性能 （45/0）	白色	涂料的色品坐标和亮度因数应符合表（5）和图1规定的 范围		
	黄色			
抗压强度/MPa		≥12	23℃±1℃时， ≥12 50℃±2℃时， ≥2	
耐磨性 （200r，1000g后减重）		≤80mg（JM-100橡胶砂轮）		—
耐水性		在水中浸24h应无异常现象		
耐碱性		在氢氧化钙饱和溶液中浸24h无异常现象		
玻璃珠含量（%）		—	18～25	
流动度/s		35±10		—
涂层低温抗裂性		-10℃保持4h，室温放置4h为一个循环，连续做三个循环后应无裂纹		

（续）

项　目	热　熔　型		
	普通型	反光型	突起型
加热稳定性	200~220℃，在搅拌状态下保持4h，应无明显泛黄、焦化、结块等现象		
人工加速耐候性	经人工加速耐候性试验后，试板涂层不产生龟裂、剥落；允许轻微粉化和变色，但色品坐标应符合表（5）和图1规定的范围，亮度因数变化范围应不大于原样板亮度因数的20%		

（3）双组分涂料的性能

项　目	双　组　分		
	普通型	反光型	突起型
容器中状态	应无结块、结皮现象，易于搅匀		
密度/（g/cm³）	1.5~2.0		
施工性能	按生产厂的要求，将A、B组分按一定比例混合搅拌均匀后，喷涂、刮涂施工性能良好		
涂膜外观	涂膜固化后应无皱纹、斑点、起泡、裂纹、脱落、粘胎等现象，涂膜颜色与外观应与样板差别不大		
不粘胎干燥时间/min	≤35		
色度性能（45/0） 白色	涂膜的色品坐标和亮度因数应符合表（5）和图1规定的范围		
色度性能（45/0） 黄色			
耐磨性（200r，1000g后减重）	≤40mg（JM-100橡胶砂轮）		
耐水性	在水中浸24h应无异常现象		
耐碱性	在氢氧化钙饱和溶液中浸24h应无异常		
附着性（划圈法）	≤4级（不含玻璃珠）		
柔韧性	5mm（不含玻璃珠）		
玻璃珠含量（%）	—	18~25	18~25
人工加速耐候性	经人工加速耐候性试验后，试板涂层不允许产生龟裂、剥落；允许轻微粉化和变色，但色品坐标应符合表（5）和图1规定的范围，亮度因数变化范围应不大于原样板亮度因数的20%		

（4）水性涂料的性能

项　目	水　性	
	普通型	反光型
容器中状态	应无结块、结皮现象，易于搅匀	
黏度	≥70（KU值）	80~120（KU值）
密度/（g/cm³）	≥1.4	≥1.6

（续）

项　目		水　性	
		普通型	反光型
施工性能		空气或无气喷涂（或刮涂）施工性能良好	
漆膜外观		应无发皱、泛花、起泡、开裂、粘胎等现象，涂膜颜色和外观应与样板差异不大	
不粘胎干燥时间/min		≤15	≤10
遮盖率（%）	白色	≥95	
	黄色	≥80	
色度性能（45/0）	白色	涂料的色品坐标和亮度因数应符合表（5）和图1规定的范围	
	黄色		
耐磨性（200r，1000g后减重）		≤40mg（JM－100橡胶砂轮）	
耐水性		在水中浸24h应无异常现象	
耐碱性		在氢氧化钙饱和溶液中浸24h应无异常	
冻融稳定性		在－5℃±2℃条件下放置18h后，立即置于23℃±2℃条件下放置6h为一个周期，3个周期后应无结块、结皮现象，易于搅匀	
早期耐水性		在温度为23℃±2℃、湿度为90%±3%的条件下，实干时间≤120min	
附着性（划圈法）		≤5级	—
固体含量（%）		≥70	≥75

注：1. 玻璃珠的性能应符合 JT/T 466 的有关规定。
　　2. 路面标线涂料的色度性能应符合 GB 2893 的要求，其色品坐标和亮度因数应符合表（5）和图1中规定的范围。
　　3. 反光型路面标线涂料的逆反射系数应符合 GB/T 16311 的规定。

（5）普通材料和逆反射材料的各角点色品坐标和亮度因数

颜色			用角点的色品坐标来决定可使用的颜色范围（光源:标准光源 D_{65};照明和观测几何条件:45/0）				亮度因数
		坐标	1	2	3	4	
普通材料色	白	x	0.350	0.300	0.290	0.340	≥0.75
		y	0.360	0.310	0.320	0.370	
	黄	x	0.519	0.468	0.427	0.465	≥0.45
		y	0.480	0.442	0.483	0.534	
逆反材料色	白	x	0.350	0.300	0.290	0.340	≥0.35
		y	0.360	0.310	0.320	0.370	
	黄	x	0.545	0.487	0.427	0.465	≥0.27
		y	0.454	0.423	0.483	0.534	

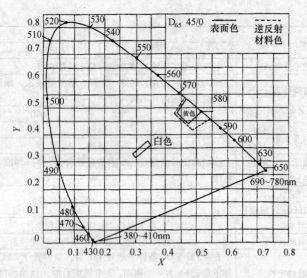

图 1　普通材料和逆反射材料的颜色范围图

第六章　汽车及自行车用漆

一、汽车漆

1. 各色汽车用面漆（GB/T 13492—1992）

【组成】　由合成树脂、颜料、助剂和溶剂调制而成。

【用途】　漆膜色泽鲜艳，平整光亮，丰满度高，附着力好，耐候性、耐磨性、耐洗刷性、耐油性和耐化学品腐蚀性优良。适用于各种货车、客车的车身、车厢的表面涂装。

【技术要求】

项　目		指　标		
		Ⅰ型	Ⅱ型	Ⅲ型
容器中的物料状态		应无异物、硬块，易搅起的均匀液体	应无异物、硬块，易搅起的均匀液体	应无异物、硬块，易搅起的均匀液体
细度/μm	≤	10	20	20
贮存稳定性	≥			
沉淀性		8级	8级	8级
结皮性		10级	10级	10级
划格试验	≤	1级	1级	1级
铅笔硬度		H	HB	B
弯曲试验	≤	2mm	2mm	2mm
光泽（60°）	≥	白色85，其他色90	白色85，其他色90	白色85，其他色90
杯突试验	≥	3mm	4mm	5mm
耐水性（24h）		不起泡，不起皱，不脱落，允许轻微变色、失光	不起泡，不起皱，不脱落，允许轻微变色、失光	
耐汽油性（4h）		不起泡，不起皱，不脱落，允许轻微变色		
耐汽油性（2h）			不起泡，不起皱，不脱落，允许轻微变色	不起泡，不起皱，不脱落，允许轻微变色
耐温变性	≤	2级	商定	

（续）

项　目	指　标		
	Ⅰ型	Ⅱ型	Ⅲ型
耐候性（广州地区24个月）	应无明显龟裂，允许轻微变色，抛光后失光率≤30%	应无明显龟裂，变色≤3级，失光率≤60%	
人工加速老化性（800h）	应无明显龟裂，允许轻微变色，抛光后失光率≤30%	应无明显龟裂，变色≤3级，失光率60%	
鲜映性（Gd值）	0.6～0.8		

【施工参考】

序号	说　明
1	以喷涂为主。本面漆包括Ⅰ、Ⅱ、Ⅲ型3种
2	施工时按产品说明选用与之相应的稀释剂调整施工黏度
3	本产品的黏度、干燥条件、遮盖力等项要求可由用户按不同型号的产品与生产厂协商确定
4	可选用相应的汽车用底漆相配套

2. 汽车用底漆（GB/T 13493—1992）

【组成】　由合成树脂、颜料、体质颜料、助剂和溶剂调制而成。

【用途】　该漆干燥快，附着力强，力学性能好，其耐油性、防锈性和防腐蚀性好。主要用于各种汽车车身、车厢及零部件底层涂装。

【技术要求】

项　目		指　标
容器中的物料状态		应无异物，无硬块，易搅拌成黏稠液体
黏度（6号杯）/s	≥	50
细度/μm	≤	60
贮存稳定性 　沉降性 　结皮性	≥	6级 10级
闪点/℃	≥	26
颜色及外观		色调不定，漆膜平整，无光或半光

（续）

项　目		指　标
干燥时间/h	≤	
实干		24
烘干（120℃±2℃）		1
铅笔硬度	≥	B
杯突试验	≥	5mm
划格试验		0级
打磨性（20次）		易打磨不粘砂纸
耐油性（48h）		外观无明显变化
耐汽油性（6h）		不起泡，不起皱，允许轻微变色
耐水性（168h）		不起泡，不生锈
耐酸性（0.05mol/L H_2SO_4 中，7h）		不起泡，不起皱，允许轻微变色
耐碱性（0.1mol/L NaOH 中，7h）		不起泡，不起皱，允许轻微变色
耐硝基漆性		不咬起，不渗红
耐盐雾性（168h）		切割线一侧2mm处，通过一级
耐湿热性（96h）	≤	1级

【施工参考】

序号	说　明
1	可采用刷涂和喷涂施工
2	按产品要求选用配套的或专用的稀释剂调整施工黏度
3	与专用腻子和相应的各色汽车面漆配套使用

3. 汽车用水性涂料（HG/T 4570—2013）

【用途】　本标准适用于以水为主要分散介质、用于汽车外表面起装饰和保护作用的原厂涂料。产品用于乘用车、商用车、挂车和列车等。

本标准适用于在施工状态下挥发性有机化合物（VOC）含量（扣除水后）小于 420g/L 或涂装过程中挥发性有机化合物（VOC）排放量小于 $35g/m^2$ 的汽车用水性涂料。

本标准不适用于电泳涂料、汽车内饰涂料和功能性涂料。

注：本标准中挥发性有机化合物是指在 101.3kPa 标准大气压下，任何初沸点低于或等于250℃的有机化合物。

【术语和定义】

术语	定　义
1. 底漆	多层涂装时，直接涂到底材上的色漆
2. 中间漆	多层涂装时，施涂于底涂层与面涂层之间的色漆
3. 实色漆	不含金属、珠光等效应颜料的色漆

（续）

术语	定　　义
4. 罩光清漆	涂于面漆之上形成保护装饰涂层的清漆
5. 底色漆	表面需涂装罩光清漆的色漆
6. 本色面漆	表面不需涂装罩光清漆的实色漆

【产品分类】　本标准将汽车用水性涂料分为底漆、中间漆和面漆。其中面漆分为本色面漆、底色漆和罩光清漆。

【要求】

（1）汽车底漆和中间漆产品的要求

项　　目		指　　标	
		底漆	中间漆
在容器中状态		搅拌后均匀无硬块	
细度（漆组分）/μm （含铝粉、珠光颜料的涂料组分除外）	≤	40	30
贮存稳定性[（40±2）℃，7d] 　沉降性 　贮存前后细度的变化/μm	≥ ≤	8 级 5	
干燥时间		商定	
划格试验	≤	1 级	
耐冲击性		50cm	
弯曲试验		2mm	
杯突试验	≥	5mm	4mm
耐盐雾性（168h）		划痕处单向锈蚀≤2.0mm， 未划痕区无起泡、生锈、 开裂、剥落等现象	—

注：中间漆的划格试验和杯突试验是对底漆＋中间漆或电泳涂料＋中间漆复合涂层的要求。

（2）汽车面漆产品的要求

项　　目		指　　标		
		本色面漆	底色漆	罩光清漆
在容器中状态		搅拌后均匀无硬块		
细度（漆组分）/μm （含铝粉、珠光颜料的涂料组分除外）	≤	20		—
贮存稳定性［（40±2）℃，7d] 　沉降性 　贮存前后细度的变化/μm	≥ ≤	8 级 5		

（续）

项　目		指　标		
		本色面漆	底色漆	罩光清漆
干燥时间		商定		
涂膜外观		正常		
耐冲击性		50cm		
铅笔硬度（擦伤）　　　≥		HB	—	HB
弯曲试验		2mm		
光泽单位值（60°）　　　≥ （含铝粉、珠光颜料的涂料除外）		90 或商定	—	90 或商定
划格试验　　　　　　　≤		1 级		1 级
杯突试验　　　　　　　≥		3mm		3mm
鲜映性　　　　　　　　≥ Gd 值 或 DOI 值		0.7 80		0.7 80
耐温变性（8 次）［（-40±2）℃、 1h、（60±2）℃、1h 为一次循环］		无异常		无异常
耐水性（240h）		无异常		无异常
耐酸性（0.05mol/L H₂SO₄，2h）		无异常		无异常
耐碱性（0.1mol/L NaOH，24h）		无异常		无异常
耐油性（SE 15W-40 机油，24h）		无异常		无异常
耐汽油性（93 号汽油，6h）		无异常		无异常
耐盐雾性（500h）		划痕处单向锈蚀 ≤2.0mm，未划痕区 无起泡、生锈、开裂、剥落等现象		划痕处单向锈蚀 ≤2.0mm，未划痕区无起泡、生锈、开裂、剥落等现象
耐湿热性（240h）		无起泡、生锈、开裂现象，变色≤1 级		无起泡、生锈、开裂现象，变色≤1 级
耐人工气候老化性（1000h）	白色和浅色①	无粉化、起泡、脱落、开裂现象，变色≤1 级，失光≤2 级		无粉化、起泡、脱落、开裂现象，变色≤1 级，失光≤2 级
	其他色	无粉化、起泡、脱落、开裂现象，变色≤2 级，失光≤2 级		无粉化、起泡、脱落、开裂现象，变色≤2 级，失光≤2 级

注：1. 划格试验、杯突试验、鲜映性、耐温变性、耐水性、耐酸性、耐碱性、耐油性、耐汽油性、耐盐雾性、耐湿热性和耐人工气候老化性是对复合涂层的要求，即底漆（或电泳涂料）＋中间漆＋本色面漆体系或底漆（或电泳涂料）＋中间漆＋底色漆＋罩光清漆（或非水性罩光清漆）体系。

2. 光泽和鲜映性项目是对高光泽体系的要求。

3. 含金属、珠光等效应颜料且不需罩光的汽车面漆可参考本色面漆的要求。

① 浅色是指以白色颜料为主要成分，添加适量色浆后配制成的浅色涂料形成的涂膜所呈现的浅颜色，按 GB/T 15608 中的规定，明度值为 6～9（三刺激值中的 $Y_{D65} \geqslant 31.26$）。

4. 工程机械涂料（HG/T 4339—2012）

【用途】 本标准适用于工程机械保护和装饰用溶剂型涂料涂装体系。

【产品分类】 本标准将工程机械涂料分为底漆、中涂漆和面漆三大类。其中，底漆分为富锌底漆、防锈底漆和通用底漆三类，中涂漆分为环氧云铁中涂漆和其他中涂漆两类，面漆分为聚氨酯面漆和其他面漆两类。

【要求】

（1）底漆产品的要求

序号	项 目		指 标	
			防锈底漆	通用底漆
1	在容器中状态		搅拌混合后无硬块，呈均匀状态	
2	细度①/μm	≤	50	
3	不挥发物含量（%）	≥	60	55
4	贮存稳定性[（50±2）℃，30d]		通过	
5	干燥时间/h 　表干 　实干 　烘干[（80±2）℃或商定]	≤ ≤	2 24 0.5	
6	打磨性		易打磨，不粘砂纸	
7	耐冲击性		50cm	
8	划格试验	≤	1级	
9	耐硝基漆性		不咬起，不渗色	
10	耐盐水性		168h无异常	96h无异常
11	耐盐雾性		240h无异常	96h无异常

① 含片状颜料和效应颜料，铝粉、云母氧化铁、玻璃鳞片、珠光粉等的产品除外。

（2）中涂漆产品的要求

序号	项 目		指 标
1	在容器中状态		搅拌混合后无硬块，呈均匀状态
2	细度①/μm	≤	40
3	不挥发物含量（%）	≥	50
4	贮存稳定性[（50±2）℃，30d]		通过
5	干燥时间/h 　表干 　实干 　烘干[（80±2）℃或商定]	≤ ≤	2 24 0.5

（续）

序号	项目		指标
6	打磨性		易打磨，不粘砂纸
7	耐冲击性		50cm
8	划格试验	≤	1级
9	耐硝基漆性		不咬起，不渗色

① 含片状颜料和效应颜料，铝粉、云母氧化铁、玻璃鳞片、珠光粉等的产品除外。

（3）面漆产品及涂层体系的要求

序号	项目		指标	
			聚氨酯面漆	其他面漆
1	在容器中状态		搅拌混合后无硬块，呈均匀状态	
2	细度①/μm	≤	20［光泽（60°）≥85%］ 40［光泽（60°）<85%］	
3	不挥发物含量（%）	≥	50	40
4	贮存稳定性［(50±2)℃,30d］		通过	
5	干燥时间/h 表干 ≤ 实干 ≤ 烘干［(80±2)℃或商定］		2 24 0.5	
6	漆膜外观		正常	
7	光泽（60°）		商定	
8	弯曲试验		2mm	≤3mm
9	耐冲击性		50cm	≥30cm
10	划格试验	≤	1级	2级
11	铅笔硬度（擦伤）	≥	HB	
12	耐水性		240h 无异常	96h 无异常
13	耐油性（0号柴油）		24h 无异常	4h 无异常
14	耐酸性（50g/L H_2SO_4）		96h 无异常	24h 无异常
15	耐碱性（50g/L NaOH）		96h 无异常	24h 无异常
16	耐盐雾性		800h 无异常	500h 无异常
17	耐湿热性		800h 无异常	500h 无异常

（续）

序号	项目		指标	
			聚氨酯面漆	其他面漆
	耐人工气候老化性		80h 不起泡，不生锈，不开裂，不脱落	500h 不起泡，不生锈，不开裂，不脱离
18	粉化/级	≤	2	2
	变色/级	≤	2	2
	失光/级	≤	2	2

① 含片状颜料和效应颜料，铝粉、云母氧化铁、玻璃鳞片、珠光粉等的产品除外。

5. 农林拖拉机及机具涂漆 通用技术条件（JB/T 5673—2015）

【用途】 本标准适用于农林拖拉机及机具的油漆涂层，不适用于所配仪器和仪表产品的油漆涂层。

【油漆涂层的标记和分类】

（1）标记

油漆涂层的标记方法规定如下：

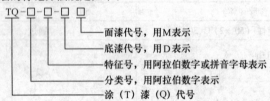

TQ-□-□-□□
- 面漆代号，用M表示
- 底漆代号，用D表示
- 特征号，用阿拉伯数字或拼音字母表示
- 分类号，用阿拉伯数字表示
- 涂（T）漆（Q）代号

（2）分类

根据对作业环境条件及涂漆质量要求的不同，农林拖拉机及机具的油漆涂层分为五类十四种。

油漆涂层的标记和分类

类别	分类号	特征号	标记	使用环境	特性	应用举例
优质耐候涂层	1	1	TQ-1-1-××	湿热带、温带等地区	优质装饰保护性涂层	机罩总成、挡泥板、驾驶室及其他对装饰保护性要求较高的零部件
		2	TQ-1-2-××	温带地区	装饰保护性涂层	
		3	TQ-1-3-××	湿热带地区装饰保护性涂层	装饰保护性涂层	

（续）

类别	分类号	特征号	标记	使用环境	特性	应用举例
普通耐候涂层	2	1	TQ-2-1-××	湿热带、温带等地区	优质保护性涂层	一般外露表面
		2	TQ-2-2-××	温带地区	保护性涂层	
		3	TQ-2-3-××	湿热带地区	保护性涂层	
耐化学药品涂层	3	SJ	TQ-3-SJ-××		耐酸或耐碱涂层	蓄电池等
		NY	TQ-3-NY-××		耐农药涂层	植保机械上接触农药的表面
		F	TQ-3-F-××		耐化肥涂层	施肥箱上接触化肥的表面
耐水涂层	4	SM	TQ-4-SM-××		耐水耐磨涂层	水田机械、排灌机械、洗涤药浴槽等机具上接触水、泥土或在潮湿地带使用的部件以及散热器等
		SC	TQ-4-SC-××		耐水耐潮涂层	
其他涂层	5	JY	TQ-5-JY-××		耐机油涂层	经常接触油的零部件，如齿轮箱内表面等
		R	TQ-5-R-××		耐热涂层	排气管部分、高温快速型烘干机混流室等
		M	TQ-5-M-××		木用涂层	拖车木制栏板、割草机拉杆、插秧机船底板等

（3）标记示例

要求涂底漆和面漆，适用于温带地区的装饰保护性涂层的标记为：

TQ-1-2-DM　JB/T 5673

要求涂底漆的耐机油涂层的标记为：

TQ-5-JY-D　JB/T 5673

【技术要求】

（1）一般要求

序号	项　　目
1	涂漆前零部件必须全部经过表面处理，处理后表面应达到无油污、无锈斑、无氧化皮、无粘砂、无焊渣、无酸碱等残留物 涂漆前须经磷化处理的钢铁工件的磷化处理应符合 GB/T 6807 的规定
2	涂漆施工场所的温度与湿度应与涂料的施工条件相适应
3	两色油漆交界处，界限必须平整明显，不得有相互交错现象
4	产品出厂前，油漆涂层不得有碰伤、露底、剥落、发黏、脆裂、气泡、变色等缺陷

（2）质量要求

油漆涂层的质量指标

标记	主要质量指标
TQ-1-1-××	1）漆膜外观：丰满、光滑平整、颜色均匀，不允许有流挂、露底、起泡、针孔、麻点等涂漆缺陷，漆膜光泽不低于 90% 2）漆膜厚度：底漆层不小于 15μm，面漆层不小于 40μm，总厚度不小于 55μm 3）机械强度：冲击强度 4.9N·m，柔韧性 1mm，硬度不低于 2H，附着力Ⅰ～Ⅱ级 4）耐候性：出厂一年内，漆膜应完整，不脱落，不起泡，不开裂 5）耐水性：120h 6）耐盐水性：80h 7）耐盐雾性：1000h 不应起泡、锈蚀 8）抗老化性：人工老化（氙灯）800h 失色 1 级，失光 1 级
TQ-1-2-××	1）漆膜外观：光滑平整、颜色均匀，不允许有涂漆缺陷，漆膜光泽不低于 85% 2）漆膜厚度：底漆层不小于 15μm，面漆不小于 35μm，总厚度不小于 50μm 3）机械强度：冲击强度 4.9N·m，柔韧性 1mm，硬度不低于 HB，附着力Ⅱ～Ⅲ级 4）耐候性：出厂一年内，漆膜应完整，不脱落，不起泡，不开裂 5）耐水性：120h 6）耐盐水性：60h 7）耐盐雾性：720h 不应起泡、锈蚀 8）抗老化性：人工老化（氙灯）800h 失色 1 级，失光 1 级

（续）

标记	主要质量指标
TQ-1-3-××	1）漆膜外观：光滑平整、颜色均匀，不允许有涂漆缺陷，漆膜光泽不低于80% 2）漆膜厚度和耐候性：与TQ-1-2相同 3）机械强度：冲击强度不小于3.92N·m，柔韧性2mm，硬度不低于H，附着力Ⅱ级 4）耐水性：120h 5）耐盐水：60h 6）耐盐雾性：720h不应起泡、锈蚀 7）抗老化性：人工老化（氙灯）800h失色1级，失光1级
TQ-2-1-××	1）漆膜外观：颜色均匀，不允许露底漆，不允许有涂漆缺陷 2）漆膜总厚度：不小于45μm 3）机械强度：与TQ-1-1相同 4）耐候性：与TQ-1-2相同 5）耐水性：120h 6）耐盐雾性：240h不应起泡、锈蚀 7）耐机油性：48h不应起泡 8）抗老化性：人工老化（氙灯）400h失色1级，失光1级
TQ-2-2-××	1）漆膜外观和耐机油性：与TQ-2-1相同 2）漆膜总厚度：不小于40μm 3）耐候性：出厂9个月内，漆膜应完整，不脱落，不起泡，不开裂 4）机械强度和耐水性：与TQ-1-2相同 5）抗老化性：人工老化（氙灯）400h失色1级，失光1级
TQ-2-3-××	1）漆膜外观和耐机油性：与TQ-2-1相同。耐候性：与TQ-2-2相同 2）漆膜总厚度：不小于40μm 3）机械强度：冲击强度不小于3.92N·m，柔韧性2mm，硬度不低于H，附着力不低于Ⅲ级 4）耐水性：120h 5）耐盐水性：96h 6）耐盐雾性：240h不应起泡、锈蚀 7）抗老化性：人工老化（氙灯）400h失色1级，失光1级
TQ-3-SJ-××	1）漆膜外观：平整光滑、均匀、无针孔、无麻点，不允许有涂漆缺陷 2）漆膜总厚度：不小于40μm 3）耐酸性（耐酸涂层）：72h漆膜应无变化 4）耐碱性（耐碱涂层）：72h漆膜应无变化

（续）

标记	主要质量指标
TQ-3-NY-××	1）漆膜外观：平整光滑、均匀、无针孔、无麻点，不允许有涂漆缺陷 2）漆膜总厚度：不小于 $75\mu m$ 3）耐农药性：合格
TQ-3-F-××	1）漆膜外观：平整光滑，不允许有涂漆缺陷 2）漆膜总厚度：不小于 $50\mu m$ 3）耐化肥性：24h 漆膜无明显变化
TQ-4-SM-××	1）漆膜外观：均匀，不允许有涂漆缺陷 2）漆膜总厚度：不小于 $70\mu m$ 3）机械强度：冲击强度 $4.9N\cdot m$，柔韧性 1mm，附着力不低于Ⅱ级 4）耐水性：120h
TQ-4-SC-××	1）漆膜外观：平整、均匀，不允许有涂漆缺陷 2）漆膜总厚度：不小于 $40\mu m$ 3）机械强度：与 TQ-4-SM 相同 4）耐水性：120h
TQ-5-JY-××	1）漆膜外观：均匀，不允许有涂漆缺陷 2）漆膜总厚度：不小于 $15\mu m$ 3）机械强度：冲击强度、柔韧性、硬度、附着力要达到选用漆的指标 4）耐机油性：96h 无变化
TQ-5-R-××	1）漆膜外观：平整、均匀，不允许有涂漆缺陷 2）漆膜总厚度：$50\mu m \pm 5\mu m$ 3）漆膜耐热性：$500℃\pm10℃$下受热 24h，漆膜应完整，允许失光变暗 4）漆膜受热后耐盐雾性：$500℃\pm10℃$下受热 24h，耐盐雾试验 96h，漆膜应完整，无锈蚀，不起泡 5）漆膜受热后的防潮：$500℃\pm10℃$下受热 24h，耐湿热试验 96h，漆膜应完整，无锈蚀，不起泡
TQ-5-M-××	1）漆膜外观：平整均匀，不允许有涂漆缺陷 2）漆膜总厚度：不小于 $30\mu m$

6. 农用机械涂料（HG/T 4757—2014）

【用途】 本标准适用于农用机械保护和装饰用涂料涂装体系。

【产品分类】 本标准将农用机械涂料分为底漆、中间漆和面漆三大类。

其中，底漆分为环氧富锌底漆、阴极电泳底漆和其他底漆，其他底漆根据性能要求不同再分为Ⅰ型、Ⅱ型；中间漆分为环氧云铁中间漆和其他中间漆；面漆根据用途、性能要求不同分为Ⅰ型、Ⅱ型、Ⅲ型，Ⅰ型适用于装饰性要求较高的部位，Ⅱ型适用于保护性要求较高的部位，Ⅲ型适用于一般要求的部位。

【要求】

1）农用机械涂料中重金属含量应符合表1的要求。

表1　重金属含量的要求

项　目			指　标
重金属含量/（mg/kg）	铅（Pb）	≤	1000
	汞（Hg）	≤	1000
	镉（Cd）	≤	100
	6价铬（Cr^{6+}）	≤	1000

2）环氧富锌底漆应符合HG/T 3668《富锌底漆》的要求，阴极电泳底漆应符合HG/T 3952《阴极电泳底漆》的要求，其他底漆应符合表2的要求。

表2　其他底漆产品的要求

项　目		指　标	
		Ⅰ型	Ⅱ型
在容器中状态		搅拌混合后无硬块，呈均匀状态	
不挥发物含量（%）	≥	50	
贮存稳定性（50℃±2℃，7d）		通过	
干燥时间①/h			
表干	≤	2	
实干	≤	24	
烘干（烘烤温度、时间商定）		通过	
打磨性		易打磨，不粘砂纸	
耐冲击性		50cm	
划格试验	≤	1级	
耐水性		168h无异常	48h无异常
耐盐雾性		240h 划线处单向锈蚀≤2.0mm，未划线区不起泡，不生锈，不开裂，不脱落	120h 划线处单向锈蚀≤2.0mm，未划线区不起泡，不生锈，不开裂，不脱落

①　自干型产品测试表干干燥时间和实干干燥时间，烘干型产品测试烘干干燥时间。

3）环氧云铁中间漆应符合HG/T 4340《环氧云铁中间漆》的要求，其他中间漆应符合表 3 的要求。

表 3　其他中间漆产品要求

项　目		指　标
在容器中状态		搅拌混合后无硬块，呈均匀状态
不挥发物含量（%）	≥	50
贮存稳定性（50℃±2℃，7d）		通过
干燥时间①/h		
表干	≤	3
实干	≤	24
烘干（烘烤温度、时间商定）		通过
耐冲击性		50cm
划格试验	≤	1 级

①　自干型产品测试表干干燥时间和实干干燥时间，烘干型产品测试烘干干燥
　　时间。

4）面漆产品应符合表 4 的要求。

表 4　面漆产品的要求

项　目		指　标		
		Ⅰ型	Ⅱ型	Ⅲ型
在容器中状态		搅拌混合后无硬块，呈均匀状态		
不挥发物含量（%）	≥	50		
贮存稳定性（50℃±2℃，7d）		通过		
遮盖力①（g/m²）	≤			
白色		110		
黑色		40		
其他色		商定		
细度②/μm	≤	20	30	40
干燥时间③/h				
表干	≤	4		
实干	≤	24		
烘干（烘烤温度、时间商定）		通过		
耐冲击性		50cm	≥40cm	
划格试验	≤	1 级		
铅笔硬度（擦伤）	≥	HB		
弯曲试验		2mm	≤3mm	
光泽（60°）		商定		

（续）

项 目	指 标		
	Ⅰ型	Ⅱ型	Ⅲ型
耐磨性(750g,500r) ≤	0.03g		
耐温变性（5次循环）	无变化		
抗石击性④ ≥	2B		
耐化肥性⑤（100g/L复混肥料溶液）	24h 无异常		
耐油性（0号柴油）	24h 无异常		
耐水性	120h 无异常	240h 无异常	48h 无异常
耐酸性（50g/L H_2SO_4 溶液）	24h 无异常	96h 无异常	—
耐碱性（50g/L NaOH 溶液）	24h 无异常	96h 无异常	—
耐盐雾性	500h 划线处单向锈蚀≤2.0mm,未划线区不起泡,不生锈,不开裂,不脱落	720h 划线处单向锈蚀≤2.0mm,未划线区不起泡,不生锈,不开裂,不脱落	—
耐湿热性	500h 1 级	720h 1 级	—
耐人工气候老化性	1000h 不起泡,不生锈,不开裂,不脱落	600h 不起泡,不生锈,不开裂,不脱落	200h 不起泡,不生锈,不开裂,不脱落
粉化/级 ≤	1	1	1
变色/级 ≤	商定	商定	商定
失光/级 ≤	2	2	商定

① 清漆、含有透明颜料的产品除外。
② 含片状颜料和效应颜料，铝粉、云母氧化铁、玻璃鳞片、珠光粉等的产品除外。
③ 自干型产品测试表干干燥时间和实干干燥时间，烘干型产品测试烘干干燥时间。
④ 有抗石击性要求的产品需检验该项目。
⑤ 有可能接触化肥的产品需检验该项目。

二、自行车漆

1. 自行车用面漆（HG/T 3832—2006）

【组成】 由树脂、颜料、助剂、有机溶剂等调制而成。其中，Ⅰ型为各色氨基烘干沥青磁漆或丙烯酸氨基烘干磁漆等同类产品，Ⅱ型为沥青烘干清漆。

【用途】 漆膜平整光滑，并具有一定的耐水、耐候性和耐蚀性。可适用于自行车等金属表面的保护与装饰。

【技术要求】

项　目		指　标	
		Ⅰ型	Ⅱ型
容器中状态		搅拌以后无硬块	—
施工性		喷涂二道无障碍	—
干燥时间/h	130～150℃　≤	0.5	—
	(200±2)℃　≤	—	0.5
漆膜颜色和外观		符合标准样板及色差范围，平整光滑	
黏度 (ISO 6 号杯)/s　≥		40	50
细度/μm　≤		20	30
光泽 (60°)　≥		85	90
冲击强度/cm　≥		50	
硬度 (擦伤)　≥		HB	
柔韧性　≤		2mm	
附着力 (划格法) /级　≤		1	
耐挥发油性 (浸于 GB/T 15894 石油醚中 24h)		无异常	—
耐水性 (23℃±2℃)		60h 不起泡，不脱落，允许其他轻微变化	48h 不起泡，不脱落，允许其他轻微变化
固体含量 (%)　≥		50	45
漆膜加热试验		通过直径 10mm 弯曲	
耐汽油性 (浸于 GB 1922 NY-120 号溶剂油中 24h)		—	不起泡，不起皱，不脱落，允许其他轻微变化
耐油性 (浸于 GB 2536 10 号变压器油中 24h)		—	不起泡，不起皱，不脱落，允许其他轻微变化

注：漆膜加热试验为型式检验项目，每半年抽检一次。

【施工参考】

序号	说　　明
1	以喷涂施工为主
2	按产品要求选用稀释剂调节施工黏度
3	喷涂后先置室温下流平，而后按产品要求的温度与时间进行烘干
4	可选用相应的"自行车用底漆"作配套底漆

【安全、卫生、环保规定】 该漆含有二甲苯、丁醇等有机溶剂，属于易燃液体，并具有一定的毒性。施工场所应采取通风、防火、防静电及防中毒等安全措施，遵守涂装作业安全操作规程和有关规定。

施工场地空气中有毒物质的最高容许浓度和防爆防火安全参数见下表。

名称	最高容许浓度 /(mg/m³)	最大爆炸压力 /MPa	爆炸极限（体积分数）（%）		爆炸危险度	闪点 /℃	自燃点 /℃
			下限	上限			
二甲苯	100	0.77	1.1	7.0	5.4	25	525
丁醇	200	0.73	3.7	10.2	—	35	343

2. 自行车用底漆（HG/T 3833—2006）

【组成】 由树脂、颜料、助剂和溶剂调制而成。其中，Ⅰ型为各色酚醛和环氧酯类阳极电泳漆，Ⅱ型为沥青烘干漆。

【用途】 漆膜附着力好，具有防锈、防水性能。可用作自行车等金属表面涂装中的防锈底漆。

【技术要求】

项　　目		指　　标	
		Ⅰ型	Ⅱ型
漆膜颜色和外观		符合标准样板及色差范围，平整光滑	
细度/μm	≤	50	35
黏度（ISO 6 号杯）/s	≥	—	20
干燥时间/h	(160±2)℃　≤	1	—
	(200±2)℃　≤	—	0.5
固体含量（%）	≥	50	
光泽（60°）	≥		30
柔韧性	≤	2mm	2mm
冲击强度/cm	≥	50	
附着力（划格法）/级	≤	1	
耐盐水性		32h 不起泡，不脱落，允许其他轻微变化	24h 不起泡，不脱落，允许其他轻微变化

（续）

项　目	指　标	
	Ⅰ型	Ⅱ型
耐油性（浸于 GB 2536　10 号变压器油中 24h）	不起泡，不起皱，不脱落，允许其他轻微变化	
耐汽油性（浸于 GB 1922 NY-120 号溶剂油中 24h）	不起泡，不起皱，不脱落，允许其他轻微变化	
漆液 pH 值	7.5 ~ 9.0	—
漆液电导率/（mS/cm）　≤	2	
漆液泳透力/cm　　　　≥	8	

【施工参考】

序号	说　明
1	被涂金属表面要求清洁，无油污，无灰尘等，并有合适的表面粗糙度
2	Ⅰ型漆用电泳涂装方法施工，Ⅱ型漆多以喷涂为主
3	选用产品要求的稀释剂调节黏度，用产品要求的干燥条件烘干漆膜
4	选用与其相应的"自行车用面漆"作为配套面漆

【安全、卫生、环保规定】　该漆含有二甲苯、丁醇等有机溶剂，属于易燃液体，并具有一定的毒害性。施工场所应采取通风、防火、防静电、防中毒等安全措施，遵守涂装作业安全操作规程和有关规定。

施工场地空气中有毒物质的最高容许浓度和防爆防火安全参数见下表。

名称	最高容许浓度/（mg/m³）	最大爆炸压力/MPa	爆炸极限（体积分数）（%）		爆炸危险度	闪点/℃	自燃点/℃
			下限	上限			
二甲苯	100	0.77	1.1	7.0	5.4	25	525
丁醇	200	0.73	3.7	10.2	—	35	343

3. 自行车油漆技术条件（QB/T 1218—1991）

【用途】　本标准适用于国家标准规定的各类自行车的油漆件。

【术语】

术　语	定　义
1. 漆膜	油漆件表面已干燥的油漆薄膜
2. 流疤	油漆件表面出现的流淌现象，致使漆膜厚薄不均，有时呈垂幕状
3. 龟裂	漆膜表面形状不一的裂纹
4. 皱皮	油漆表面不平整，收缩成弯曲的棱脊

（续）

术　语	定　义
5. 桔皮形	漆膜表面呈现凹凸不平的桔皮形状
6. 剥落	油膜与基体或底漆失去附着力而导致的脱离
7. 漏漆	油漆件表面没有完全覆盖，露出部分底漆或基体的现象
8. 砂粒	黏附在漆膜表面上的机械颗粒

【技术要求】

项　目	指　标
1. 漆膜外观	（1）油漆件表面外观应色泽均匀，光滑平整。根据零部件的主次，将外观要求分成三类。外观要求应符合表 A 规定 表 A <table><tr><td>零部件类别</td><td>外　观　要　求</td></tr><tr><td>一类件</td><td>正视面不允许有龟裂和明显的流疤、集结的砂粒、皱皮、漏漆等缺陷</td></tr><tr><td>二类件</td><td>正视面不允许有龟裂和严重的流疤、皱皮、漏漆等缺陷</td></tr><tr><td>三类件</td><td>不允许有漏漆和龟裂现象</td></tr></table> （2）装饰和贴花端正、清晰
2. 漆膜耐冲击强度	经冲击强度试验后，漆膜不得有剥落和龟裂现象
3. 漆膜抗腐蚀能力	将试件浸入标准的试验溶液中，经表 B 规定的时间和温度后，漆膜不得有剥落现象 表 B <table><tr><td>零部件类别</td><td>浸蚀时间/min</td><td>溶液温度/℃</td></tr><tr><td>一类件</td><td>90</td><td>60±2</td></tr><tr><td>二类件</td><td>60</td><td>60±2</td></tr><tr><td>三类件</td><td>60</td><td>60±2</td></tr></table>
4. 漆膜硬度	将铅笔在漆膜表面划一段距离，用毛巾轻擦后目测，漆膜表面不应有划破现象。铅笔硬度按表 C 规定 表 C <table><tr><td>零部件类别</td><td>铅笔硬度</td></tr><tr><td>一类件</td><td>H</td></tr><tr><td>二类件</td><td>HB</td></tr></table>

4. 自行车粉末涂装技术条件（QB/T 1896—1993）

【用途】　本标准适用于 QB 1714《自行车　命名和型号编制方法》中规定的自行车用零部件的粉末涂装。

【术语】

术　语	定　义
1. 涂膜	涂料均匀地涂覆于物体表面，在一定条件下形成的薄膜
2. 起泡	涂膜表面呈现泡状凸起
3. 气孔	涂膜表面呈现肉眼可见的孔隙
4. 流挂	涂膜表面呈现流淌现象，致使涂膜厚薄不均
5. 漏涂	工件表面未被完全涂覆，露出基体或下面涂层的现象
6. 龟裂	涂膜表面有形状不一的裂纹
7. 皱皮	涂膜表面不平整，收缩成弯曲的棱脊
8. 桔皮	涂膜表面呈现凹凸不平的桔皮状
9. 剥落	涂膜与基体或下面涂层失去附着力而导致的脱离
10. 颗粒	黏附在涂膜表面上的杂质
11. 正视面	自行车装配成车后，各零部件的正面明显部分

【技术要求】

项　目	指　标
1. 涂膜外观	自行车零部件根据涂装要求分为三类，即一类件、二类件和三类件。涂膜外观质量应符合表 A 的规定 **表 A** <table><tr><td>类别</td><td>外观要求</td></tr><tr><td>一类件</td><td>涂膜表面应色泽均匀，光滑平整，不允许有龟裂、漏涂、剥落；正视面不允许有起泡、气孔、流挂和明显的皱皮、桔皮形、颗粒等缺陷</td></tr><tr><td>二类件</td><td>涂膜表面应色泽均匀，光滑平整，不允许有龟裂、漏涂、剥落；正视面不允许有流挂和严重的皱皮、桔皮形等缺陷</td></tr><tr><td>三类件</td><td>涂膜表面应色泽均匀，光滑平整，不允许有龟裂、漏涂、剥落等缺陷</td></tr></table>
2. 涂膜耐冲击强度	经冲击试验后，涂膜不得有剥落和龟裂现象
3. 涂膜抗腐蚀能力	将试件浸入标准的试验溶液中，经表 B 规定的时间和温度后，涂膜不得有剥落、起泡、皱皮等现象 **表 B** <table><tr><td>类别</td><td>浸蚀时间/min</td><td>溶液温度/℃</td></tr><tr><td>一类件</td><td>90</td><td>80±2</td></tr><tr><td>二、三类件</td><td>60</td><td>80±2</td></tr></table>
4. 涂膜硬度	将绘图铅笔在涂膜表面划一段距离，用毛巾轻擦后目测，涂膜表面不得有划破现象。铅笔硬度按表 C 规定 **表 C** <table><tr><td>类　别</td><td>铅笔硬度</td></tr><tr><td>一类件</td><td>2H</td></tr><tr><td>二、三类件</td><td>H</td></tr></table>

5. 自行车电泳涂装技术条件（QB/T 2183—1995）

【用途】 本标准适用于单独以电泳涂装为表面保护层的自行车零部件。

【术语】

术 语	定 义
1. 涂膜	涂料均匀地涂敷于零件表面，在一定条件下形成的薄膜
2. 流疤	涂装件表面出现的涂膜厚薄不均、垂幕状的流淌现象
3. 龟裂	涂膜表面形状不一的裂纹
4. 皱皮	涂膜表面不平整，收缩成弯曲的棱脊
5. 剥落	涂膜与基体失去附着力而导致的脱离
6. 漏涂	涂装件表面没有完全被覆盖，显现部分基体金属
7. 砂粒	黏附在涂膜表面上的机械颗粒

【类别】 电泳涂装件分为三类：一类件、二类件、三类件。各零部件类别由产品标准确定。

【技术要求】

项 目	指 标
1. 外观	涂装件表面外观应色泽均匀，光滑平整，不允许有龟裂和明显的流疤、集结的砂粒、皱皮、漏涂等缺陷
2. 结合力	（1）耐冲击强度：经冲击强度试验后，涂膜不得有剥落和龟裂现象 （2）附着力：用标准 18 号缝纫机针在涂膜表面纵横刻划后，用胶带纸贴在刻线上然后撕下，涂膜不得剥落

3. 耐磨性

（1）硬度：将标号为 3H 的标准绘图铅笔在涂膜表面刻划，涂膜表面不应有划痕现象

（2）厚度：电泳涂膜的厚度应符合表 A 规定

表 A

类别	一类件	二类件	三类件
电泳涂膜厚度/μm	≥16	≥12	≥8

4. 抗腐蚀能力

将试件浸入标准的试验溶液中，经表 B 规定的时间和温度后，涂膜不得剥落、变色

表 B

类别	一类件	二类件	三类件
浸蚀时间/min	90	60	
浸蚀温度/℃	80±2		

6. 童车涂层通用技术条件（QB/T 2121—2014）

【用途】 本标准适用于各种具有装饰和防护等功能的童车表面涂层。

【术语和定义】

术语	定　义
1. 涂层	在基体材料上形成或附着的非金属材料层，包括色漆、清漆、生漆、油墨、聚合物或其他类似性质
2. 漆膜	油漆件表面已干燥的油漆薄膜
3. 塑膜	塑料在产品基材或涂层上形成的固态连续膜
4. 剥落	涂层脱离其内层涂层或完全脱离基材的现象
5. 漏涂	产品表面没有被涂层完全覆盖，出现部分基体或内层的现象
6. 龟裂	涂层表面出现形状不一的裂纹
7. 刷痕	涂层表面出现的非预期刷涂痕迹
8. 流疤	涂料流淌形成的凸起疤痕
9. 颗粒	突出在涂层表面的粒状物
10. 起皱	涂层表面不平整，收缩成弯曲的棱脊
11. 起泡	涂层由于内部含有气体而在表面产生的凸起现象
12. 缩孔	涂层表面出现针尖状凹陷
13. 正视面	童车装配成整车后，按正常使用状态摆放的可视部分

【要求】

项目	指　　标
1. 总则	零部件根据其在产品上的部位和对产品整体外观质量的影响程度分为3类，即一类件、二类件和三类件
2. 外观	涂层应色泽均匀，光滑平整。按5.1方法进行观察，应符合表1的相应规定

表1　各类零部件的外观要求

零部件类别	外观要求
一类件	不可有剥落、漏涂和龟裂，正视面不可有流疤、颗粒、起皱、刷痕、起泡、缩孔等缺陷
二类件	不可有剥落、漏涂和龟裂，正视面不可有流疤、颗粒、起皱等缺陷
三类件	不可有剥落、漏涂和龟裂等缺陷

项目	指　　标
3. 特定元素的迁移	童车可触及表面涂层特定元素的迁移含量应符合 GB 14747、GB 14748、GB 14749 的相应要求
4. 附着力	涂层应附着牢固，按5.2进行涂层附着力试验时，应满足 GB/T 9286—1998 中 2 级的要求 注：发泡材料的涂层可豁免本条款的要求

（续）

项目	指　　标
5. 耐冲击强度	按 5.3 和表 2 规定进行试验，涂层表面不应产生裂纹、剥落、起皱等不良现象 **表 2　涂层耐冲击试验钢球跌落高度**
6. 硬度	按 5.4 和表 3 规定进行试验后，一类件涂层表面不应产生长度超过 3mm 的连续划痕，二、三类件涂层表面不应有划破现象 **表 3　涂层硬度试验铅笔硬度要求**
7. 耐腐蚀能力	将被试金属件浸入 5.5 规定的试验溶液中，经表 4 规定的时间试验后，涂层不应有脱落、锈蚀现象 **表 4　各类零部件耐腐蚀能力试验时间**

表 2　涂层耐冲击试验钢球跌落高度

零部件类别	漆膜涂层/mm	塑膜涂层/mm
一类件	1500	1500
二类件	1000	1200
三类件	—	1000

表 3　涂层硬度试验铅笔硬度要求

零部件类别	漆膜涂层	塑膜涂层
一类件	H	2H
二类件	HB	H
三类件	—	HB

表 4　各类零部件耐腐蚀能力试验时间

零部件类别	浸蚀时间/min
一类件	90
二类件	60
三类件	45

三、机床漆

1. 机床面漆（HG/T 2243—1991）

【组成】　本产品机床面漆包括两大类：Ⅰ型过氯乙烯漆类，由过氯乙烯树脂、颜料、助剂和有机溶剂调制而成；Ⅱ型聚氨酯漆类，由异氰酸酯类和聚酯类化合物、颜料助剂和有机溶剂调制而成。Ⅱ型漆亦可做成双组分，使用时按规定比例混合后在一定时间内使用完毕。

【用途】　Ⅰ型和Ⅱ型机床面漆均具有良好的抗冲击性和遮盖力，其耐油性、耐切削液浸蚀性优良，用于各种机床的表面保护和装饰。

【技术要求】

项　　目		指　　标	
		Ⅰ型	Ⅱ型
漆膜颜色及外观		符合标准色板，平整光滑	
流出时间（6 号杯）/s	≥	20	30

（续）

项　目		指　标	
		Ⅰ型	Ⅱ型
细度/μm	≤	50	30
不挥发物含量(%)	≥		
红、蓝、黑		28	—
其他色		33	—
划格试验(1mm)		1级	0级
铅笔硬度		B	B
冲击强度/(kg·cm)		50	50
干燥时间	≤		
表干/min		15	90
实干/h		1	24
遮盖力/(g/m²)	≤		
黑		20	—
红、黄		80	—
白、正蓝		60	—
浅复色		50	50
深复色		40	40
耐油性(30d)		不起泡，不脱落，允许轻微变色	
耐切削液			
23℃±2℃，3d		不起泡，不脱落，允许轻微发白	—
23℃±2℃，7d		—	不起泡，不脱落，允许轻微发白
耐盐雾			
14d		2级	—
21d		—	1级
耐湿热			
14d		2级	—
21d		—	1级
光泽(60°)	≤	80	90
贮存稳定性(沉降性)		6级	6级

【施工参考】

序号	说　明
1	喷涂前，应将漆液充分搅拌均匀
2	多用喷涂法施工

（续）

序号	说　明
3	黏度过高时，Ⅰ型漆用 X-3 过氯乙烯稀释剂调整施工黏度，Ⅱ型漆用聚氨酯漆稀释剂或无水二甲苯与无水环己酮（1:1）的混合液调整施工黏度
4	Ⅰ型漆若在相对湿度大于70%的场合下施工，应适量加入 F-2 防潮剂以防漆膜发白
5	Ⅱ型漆若为双组分漆，应按比例和用量调配，充分搅匀并除气后再用
6	涂装中的配套腻子：Ⅰ型漆用过氯乙烯漆腻子，Ⅱ型漆用聚氨酯型腻子。亦可使用醇酸腻子
7	涂装中的配套底漆：Ⅰ型和Ⅱ型机床面漆与相应的Ⅰ型和Ⅱ型机床底漆配套使用

2. 机床底漆（HG/T 2244—1991）

【组成】　本产品机床底漆包括两大类：Ⅰ型过氯乙烯底漆，由过氯乙烯树脂、颜料、助剂和有机溶剂等调制而成；Ⅱ型环氧酯底漆，由环氧酯、颜料、体质颜料、助剂和有机溶剂等调制而成。

【用途】　Ⅰ型和Ⅱ型机床底漆均具有良好的附着力和遮盖力，硬度适中。主要用作各种机床表面的打底涂料。

【技术要求】

项　目		指　　标	
		Ⅰ型	Ⅱ型
漆膜颜色及外观		色调不定，漆膜平整	
流出时间(6 号杯)/s	≥	40	30
细度/μm	≤	80	60
不挥发物含量(%)	≥	45	45
干燥时间	≤		
表干/min		10	—
实干/h		1	24
遮盖力/(g/m²)	≤	40	40
划格试验(1mm)		0 级	0 级
铅笔硬度		B	HB
耐盐水(3% NaCl)			
24h		不起泡，不脱落，允许轻微发白	—
48h		—	不起泡，不脱落，允许轻微发白
结皮性		—	10 级
沉降性		6 级	6 级
闪点/℃	≥		23

【施工参考】

序号	说　明
1	被涂机床金属表面可采用喷砂、打磨、酸洗、磷化等方法进行处理，除净铁锈和油污，使金属表面洁净后方可涂底漆
2	可用喷涂法或刷涂法施工
3	Ⅰ型机床底漆用 X-3 过氯乙烯稀释剂调整施工黏度，在相对湿度大于 70% 场合下施工应加入适量的 F-2 过氯乙烯防潮剂，以防漆膜发白
4	Ⅱ型机床底漆可用环氧漆稀释剂调整施工黏度
5	Ⅰ型和Ⅱ型机床底漆应与Ⅰ型和Ⅱ型机床面漆配套使用

3. 机床涂装用不饱和聚酯腻子（JB/T 7455—2007）

【用途】　适用于各种机床产品的底层涂料。

【技术要求】

项　目	指　标
在容器中的状态	主剂：表面无结皮，搅拌时应色泽一致，无杂质异物，无沉底和搅不开的结块固化剂；有一定黏度不致流淌，色泽均匀一致，不分层，不结块
混合性	应该容易均匀混合
适用期	混合均匀后能使用时间应可调，在（25±1）℃时为 15～40min
涂刮性	易涂刮，不卷边
干燥时间	（25±1）℃在 4h 以内
涂膜外观	表面平整，收缩小，孔、纹路、气泡不明显，无肉眼可见裂纹
打磨性	可以打磨
耐冲击性	3.92N·m
对上、下涂层的配套性	与标准样板比较，无明显差异，并应有良好的结合力
贮存稳定性	根据地区要求选择使用，贮存有效期应不低于半年
稠度（指主剂）	11～13

四、其他用漆

1. 热固性粉末涂料（HG/T 2006—2006）

【组成】　本标准适用于以合成树脂为主要成膜物，并加入颜料、填料、助剂等制成的热固性、涂膜呈平面状的通用型粉末涂料。通用型粉末涂料不包括功能型和含金属、珠光颜料的粉末涂料。

【用途】　根据使用场合分为室内用粉末涂料和室外用粉末涂料两种类型。

【技术要求】

项 目	指 标			
	室内用		室外用	
	合格品	优等品	合格品	优等品
在容器中状态	色泽均匀，无异物，呈松散粉末状		色泽均匀，无异物，呈松散粉末状	
筛余物（125μm）	全部通过		全部通过	
粒径分布	商定		商定	
胶化时间	商定		商定	
流动性	商定		商定	
涂膜外观	涂膜外观正常		涂膜外观正常	
硬度（擦伤） ≥	F	H	F	H
附着力/级 ≤	1		1	
耐冲击性				
光泽（60°）≤60	≥40cm	50cm	≥40cm	50cm
光泽（60°）>60	50cm	正冲50cm，反冲50cm	50cm	正冲50cm，反冲50cm
弯曲试验				
光泽（60°）≤60	≤4mm	2mm	≤4mm	2mm
光泽（60°）>60	2mm	2mm	2mm	2mm
杯突				
光泽（60°）≤60 ≥	4	6	4	6
光泽（60°）>60 ≥	6	8	6	8
光泽（60°）	商定		商定	
耐碱性（5%NaOH）	168h 无异常		商定	
耐酸性（3%HCl）	240h 无异常		240h 无异常	500h 无异常
耐沸水性	商定		商定	
耐湿热性	500h 无异常		500h 无异常	1000h 无异常
耐盐雾性	500h 划线处：单向锈蚀 ≤2.0mm 未划线区：无异常		500h 划线处：单向锈蚀 ≤2.0mm 未划线区：无异常	
耐人工气候老化性	—		500h 变色≤2级，失光≤2级，无粉化、起泡、开裂、剥落等异常现象	800h 变色≤2级，失光≤2级，无粉化、起泡、开裂、剥落等异常现象

（续）

项　目	指　标			
	室内用		室外用	
	合格品	优等品	合格品	优等品
重金属含量/（mg/kg）				
可溶性铅　≤		90		90
可溶性镉　≤	—	75	—	75
可溶性铬　≤		60		60
可溶性汞　≤		60		60

2. 铝合金建筑型材用粉末涂料（YS/T 680—2016）

【用途】　本标准适用于铝及铝合金静电喷涂用热固性粉末涂料。

【术语和定义】

术语	定　义
1. 遮盖力	粉末涂层对底材颜色的覆盖能力，用最小膜厚表示。通常，若粉末涂层颜色三刺激值 Y 的对比率达到 0.98 则认为"完全遮盖"
2. 角覆盖力	粉末涂层覆盖尖锐的角的能力

【产品分类】

（1）典型粉末类型及其主要组成

典型粉末类型	主要组成	
	主要成膜物质	其他
聚酯型	聚酯及固化剂	颜料、填料、助剂
聚酯/环氧型	聚酯树脂及环氧树脂	
纯环氧型	环氧树脂及固化剂	
聚氨酯型	聚氨酯树脂及固化剂	
丙烯酸型	丙烯酸树脂及固化剂	
氟碳型	氟树脂及固化剂	

（2）粉末用途、使用环境与粉末类型

用途	使用环境	粉末类型[①]
建筑装饰用	户内用	纯环氧树脂型、环氧/聚酯混合型、聚酯型、聚氨酯型、丙烯酸型、氟碳型
	户外用	聚酯型、聚氨酯型、丙烯酸型、氟碳型
其他用途		供需双方商定

注：1. 根据膜层的耐候性能，户外用粉末分为Ⅰ级粉、Ⅱ级粉和Ⅲ级粉三个等级。
　　2. 根据膜层的外观效果，粉末分为平面粉末、纹理粉末及特殊效果粉末。
　　3. 根据膜层的光泽值，平面粉末分为低光、平光和高光三个类别（见下表）。
① 　户外用粉末可用于户内。

（3）平面粉末类别

平面粉末类别	60°光泽值
低光	≤30
平光	31～70
高光	≥71

【要求】

（1）粉末粒径分布

项目	要 求			
	$D_{10}^{①}$	$D_{50}^{②}$	$D_{95}^{③}$	最大粒径
粒径分布	≥10μm	25μm～45μm	≤90μm	<125μm

① 负累计粒径分布曲线上，对应体积分数为10%的粒径。

② 负累计粒径分布曲线上，对应体积分数为50%的粒径，一般称为中位粒径。

③ 负累计粒径分布曲线上，对应体积分数为95%的粒径。

（2）粉末中的重金属限量

重金属元素	重金属元素含量/（mg/kg）
可溶性铅（Pb）	≤90
可溶性镉（Cd）	≤75
可溶性六价铬（Cr^{6+}）	≤60
可溶性汞（Hg）	≤60

（3）粉末灼烧残渣、角覆盖力、遮盖力

项目		要 求	
		户内用	户外用
灼烧残渣质量分数		供需双方商定	≤40%
角覆盖力	R≥0.5mm	供需双方商定	≥40μm
	R>0.5mm		供需双方商定
遮盖力		供需双方商定	≤40μm

（4）粉末常用有关性能数据

项目	指 标
1. 粉末爆炸下限	供方应提供粉末爆炸下限的计算数据
2. 粉末密度	粉末密度为1.0～1.8g/cm³

（续）

项目	指标
3. 粉末沉积效率	粉末沉积效率由供需双方协商确定，并在订货单（或合同）中注明
4. 粉末流化性	粉末流动速率为 120～180g
5. 粉末贮存稳定性	粉末贮存稳定性应小于 2 级
6. 外观质量	粉末应色泽均匀，干燥松散，无异物或结团现象

（5）粉末喷涂膜的耐候性

项目		要　求			
		户内用	户外用		
			I级	II级	III级
加速耐候性	氙灯加速老化	—	1000h，光泽保持率≥50%，变色程度 ΔE 不得大于附录 D 中的规定值	1000h，光泽保持率≥90%，变色程度 ΔE 不得大于附录 D 中规定值的 75%	供需双方商定
	荧光紫外灯加速老化	—	供需双方商定	供需双方商定	供需双方商定
自然耐候性		—	经过 1 年曝晒，光泽保持率≥50%，变色程度 ΔE 不得大于附录 D 中的规定值	经过 1 年曝晒，光泽保持率≥70%，变色程度 ΔE 不得大于附录 D 中规定值的 65%；经过 2 年曝晒，光泽保持率≥65%，变色程度 ΔE 不得大于附录 D 中规定值的 75%；经过 3 年曝晒，光泽保持率≥50%，变色程度 ΔE 不得大于附录 D 中的规定值	经过 3 年曝晒，光泽保持率≥80%，变色程度 ΔE 不得大于附录 D 中规定值的 50%；经过 7 年曝晒，光泽保持率≥55%；经过 10 年曝晒，光泽保持率≥50%，变色程度 ΔE 不得大于附录 D 中的规定值

附 录 A
（资料性附录）

粉末类型与特性说明
表 A.1 典型的粉末组成及其作用

组成	描 述
树脂	粉末的主要成膜物质，又称基料，赋予涂膜最基础的性能，是粘结颜填料形成坚韧连续涂膜的主要组分
固化剂	又称交联剂，是能和基础树脂发生交联反应的一类功能性化合物
颜料	赋予粉末的遮盖力和颜色
填料	在一定情况下增加粉末涂膜的耐久性和耐磨性，降低涂膜的收缩率
助剂	用以改善或消除涂膜的缺陷，或使涂膜形成纹理，以及赋予涂膜某种特殊功能的一类化合物，如导电、流平和阻燃等

表 A.2 粉末按涂膜外观的分类

类型		要求或说明	
平面粉末	低光粉	60°光泽	≤30
	平光粉		31~70
	高光粉		≥71
纹理粉末		粉末组成中加入了适量的助剂，使涂膜形成具有美术的纹理，如砂纹粉末、皱纹粉末、锤纹粉末等	
特殊效果粉末		特殊表面效果的粉末，如珠光效果、金属效果、色点效果、木纹效果等	

注：1. 由于粉末涂膜外观类型多样，特别是特殊用途和特殊效果的涂膜种类繁多，粉末出厂时应做适当标记。

　　 2. 根据用途，粉末分为建筑与装饰用和其他用途两个类别；根据使用环境，建筑与装饰用粉末分为户内用和户外用两个类别；户外用粉末根据膜层耐候性能分为Ⅰ级粉、Ⅱ级粉和Ⅲ级粉三个等级；根据膜层的外观效果，粉末分为平面粉末、纹理粉末及特殊效果粉末；根据膜层的光泽值，平面粉末分为低光、平光和高光3个类别。

表 A.3 典型的粉末类型、使用环境及其膜层特性

典型的粉末类型	使用环境		膜层特性
	户外	户内	
氟碳型	√	√	具有最高等级的耐候性，高硬度、高耐化学稳定性及耐蚀性，具有抗沾污性及自洁性。柔韧性较差，价格昂贵

（续）

典型的粉末类型	使用环境		膜层特性
	户外	户内	
聚氨酯型	√	√	较高的装饰性及优异的物理化学性能，不易黄变，可制成不同耐候性能等级的喷涂膜。固化温度较高，不易生产低光膜，成本相对较高
聚酯型	√	√	具有比较优良的综合性能，市场占有率大，可制成不同耐候性能等级的喷涂膜
丙烯酸型	√	√	喷涂膜具有较高的透明度，兼顾硬度与柔韧性，较高的耐候性。对其他类型粉体具有较强的干扰性，抗腐蚀性差，并且成本相对较高
聚酯/环氧型	—	√	具有较强的电绝缘性及抗腐蚀性，外观优良，具有极佳的装饰性。耐候性较差，不适宜户外使用
纯环氧型	—	√	极佳的抗腐蚀性，可与多种固化剂交联固化，较高的粘结强度。耐候性较差，不适宜户外使用，而且较易黄变

表 A.4 典型户内环境条件与推荐的粉末类型

腐蚀等级	腐蚀程度	典型户内环境条件	推荐的粉末类型
C1	非常低	低污染、低相对湿度、可烘暖的空间，如办公室、商店、学校、宾馆、博物馆	聚酯/环氧型、纯环氧型
C2	低	温度和相对湿度变化较大，低污染且较少发生冷凝的不供暖空间，如仓库、体育馆	
C3	中等	在生产过程中产生中等频次冷凝和中度污染的空间，如食品加工厂、洗衣店、酿酒厂、牛奶厂	聚酯/环氧型、纯环氧型、聚氨酯型、丙烯酸型
C4	高	在生产过程中产生的冷凝频次非常高和高度污染的空间，如化工厂、游泳池、海船、造船厂	聚酯/环氧型、纯环氧型、氟碳型
C5	很高	在生产过程中产生的冷凝频次非常高和严重污染的空间，如矿山、工业用洞窟、热带和亚热带地区不透气的工棚	纯环氧型、氟碳型
C6	非常高	在生产过程中冷凝持续发生或者很长时间内受高潮湿影响且高污染的空间，如室外污染物（包括空气中的氯化物及能加速腐蚀的颗粒物）可渗入室内的潮湿热带地区的不通风的工棚	

表 A.5　粉末特性说明

项目	说明
1. 粉末粒径	粒径分布不合理,会对粉末的喷涂上粉情况及涂膜外观带来不良影响。粉末粒径过细会导致粉末利用率降低,过粗容易在表面产生橘皮现象。筛余物中可能含有杂质或是粗颗粒,容易在固化后的膜层表面形成污染物或颗粒。一般激光粒度分析仪法按照进样方式分为干法进样和湿法进样两种方式,GB/T 21782.13 规定使用干法进样法,GB/T 19077 适用于干、湿进样法。仲裁时宜选用干法进样法,日常检测也可选择湿法进样法
2. 重金属含量	重金属含量过高,会对人体及环境造成不良影响
3. 粉末爆炸下限	供应商应告知客户粉末的爆炸下限,以免在使用过程中发生闪爆事故
4. 粉末密度	密度过大,表示粉末中填料或是无机颜料过多,相应的树脂就会偏少,不利于粉末熔融时的浸润分散,固化后膜层理化性能也会受到一定影响;密度过小,表示体质颜料过少,也会对膜层强度带来不良影响
5. 粉末灼烧残渣	粉末的灼烧残渣实质为不能够燃烧的无机物含量,无机物主要为填料及无机颜料,有机物以树脂固化剂、有机颜料及助剂为主,如果残渣的含量高于 40%,表示树脂含量偏少,会对固化后的膜层理化性能带来不良影响。粉末灼烧残渣按照 GB/T 7531 规定的方法测定,灼烧温度为 850℃,以保证有机物完全灼烧
6. 粉末的角覆盖力	角覆盖力评价粉末对尖角部位的覆盖能力,尖角覆盖力影响膜层的整体防护性能,是粉末喷涂膜层的一个重要特性。同一粉末在不同曲率半径下的角覆盖力不同,曲率半径越小,粉末的角覆盖力越低。粉末角覆盖力的测试方法按附录 B 的规定进行。评价粉末的角覆盖力一般采用曲率半径为 0.5mm 的尖角,曲率半径 <0.5mm 的尖角部位的角覆盖力测试主要用于特殊的尖角场合
7. 粉末的遮盖力	遮盖力反映了粉末对底材颜色的覆盖能力。遮盖力高的粉末可以在膜层厚度较低的情况下实现对底材颜色的完全覆盖。户内用粉末对遮盖力的要求更高。遮盖力主要评价粉末的覆盖能力,浅颜色遮盖力低,选择遮盖力测试意义更大
8. 粉末的沉积效率	沉积效率可间接反映粉末的粒度分布以及粉末中树脂含量。通常沉积效率越高,细粉比例越低和/或树脂含量较高
9. 粉末的流化性	流化性对粉末喷涂时的施工质量影响很大,粉末只有在流化充分后才能有较好的喷涂效果,流化值超出规定范围会对喷涂过程造成不良影响

（续）

项目	说明
10. 粉末的贮存稳定性	粉末应具备良好的贮存稳定性，不会因储存、运输过程而影响粉体的使用。贮存稳定性差容易导致在喷涂过程中发生堵塞喷枪、上粉不好等现象，甚至会影响涂装效果。粉末贮存稳定性的检查按 GB/T 21782.8 的规定进行。根据本标准粉末的贮存特性，试验温度选择 40℃±0.5℃
11. 粉末的外观质量	色泽不均匀，可能在喷涂后造成颜色的不均一，产生局部色差；粉末不够松散，表示流动性差，粉体可能受潮，会影响粉体流化，不能够正常喷涂，结团会堵塞喷枪，或是在喷涂后的工件上产生"粉包"现象

表 A.6 粉末喷涂膜耐候性能

序号	要 求
1	粉末喷涂膜在使用环境中的性能衰退不应导致铝材腐蚀或影响铝材的外观质量，为此，应根据使用区域的环境条件合理选择粉末喷涂膜耐候性能
2	加速耐候性试验通常包括氙灯加速老化试验和荧光紫外加速老化试验。氙灯加速老化试验主要应用于测试Ⅰ级和Ⅱ级户外用粉末喷涂膜的加速耐候性，Ⅲ级粉加速耐候性测试由供需双方商定。荧光紫外灯加速老化也可以用于快速考察户外用粉末喷涂膜的耐候性。户内用粉末一般不做此项目测试
3	加速耐候试验结果不能完全与自然耐候试验结果相对应，为了得到粉末的真实耐候状况，也为了确保粉末的质量符合客户要求，户外用粉末喷涂膜层应选择自然耐候测试法作为考察粉末喷涂膜层耐候性的主要测试方法
4	根据不同环境条件对应的腐蚀等级，表 A.7 给出了推荐的粉末喷涂膜耐候性能等级

表 A.7 典型环境条件与推荐的粉末喷涂膜耐候性能等级

腐蚀等级	腐蚀程度	典型环境条件 户外	推荐的粉末喷涂膜耐候性能等级
C1	非常低	非常低污染和润湿时间的寒冷或干燥气氛环境，如某些沙漠、北极与南极中心	Ⅰ级
C2	低	低污染（SO_2：$<5\mu g/m^3$）温带环境，如农村、小城镇 低污染和润湿时间的寒冷或干燥气氛环境，如沙漠、亚北极区域	Ⅰ极
C3	中等	中等污染（SO_2：$5\sim30\mu g/m^3$）的温带环境或者某些受氯化物轻微影响的地域，如城市地区、低氯化物沉积的海滨地区、低污染的热带及亚热带地区	Ⅰ、Ⅱ级

（续）

腐蚀等级	腐蚀程度	典型环境条件 户外	推荐的粉末喷涂膜耐候性能等级
C4	高	高污染的温带环境（SO$_2$：30 ~ 90μg/m^3）或者某些受氯化物影响的地域，如被污染的城市、工业区域、没有盐水喷淋或者融冰盐强影响的滨海地区、中度污染的热带和亚热带区域	Ⅱ级
C5	很高	非常高污染的温带或亚热带地区（SO$_2$：90 ~ 250μg/m^3）或者某些受氯化物严重影响的地域，如工业区域、海滨地区、海岸线受保护的地域	Ⅲ级
C6	非常高	极其高污染的热带及亚热带（长时间润湿）环境（SO$_2$：>250μg/m^3），包括某些伴生因素及工业要求或受氯化物严重侵蚀地区，如极端工业地区、海滨及近海地区、偶尔受盐雾影响地域	Ⅲ级

附录 B
（资料性附录）

耐候性试验颜色色差变化允许值

B.1 铝合金建筑型材用粉末涂层经耐候性试验后，不同颜色涂层的颜色色差变化允许值见表 B.1。

表 B.1 耐候性试验颜色色差变化允许值

RAL 1 × × ×		RAL 2 × × ×		RAL 3 × × ×		RAL 4 × × ×		RAL 5 × × ×	
RAL	ΔE	RAL	ΔE	RAL	ΔE	RAL	ΔE	RAL	ΔE
1000	3.0	2000	6.0	3000	6.0	4001	4.0	5000	4.0
1001	3.0	2001	5.0	3001	6.0	4002	4.0	5001	4.0
1002	3.0	2002	8.0	3002	6.0	4003	5.0	5002	4.0
1003	4.0	2003	6.0	3003	4.0	4004	5.0	5003	4.0
1004	4.0	2004	4.0	3004	4.0	4005	4.0	5004	5.0
1005	6.0	2008	6.0	3005	4.0	4006	5.0	5005	4.0
1006	6.0	2009	4.0	3007	4.0	4007	5.0	5007	3.0
1007	6.0	2010	6.0	3009	4.0	4008	4.0	5008	5.0
1011	3.0	2011	6.0	3011	5.0	4009	4.0	5009	4.0
1012	3.0	2012	4.0	3012	2.0	4010	5.0	5010	4.0
1013	2.0	—	—	3013	4.0	—	—	5011	5.0
1014	3.0	—	—	3014	4.0	—	—	5012	4.0
1015	3.0	—	—	3015	3.0	—	—	5013	4.0
1016	6.0	—	—	3016	5.0	—	—	5014	4.0
1017	3.0	—	—	3017	8.0	—	—	5015	3.0
1018	6.0	—	—	3018	5.0	—	—	5017	5.0
1019	2.5	—	—	3020	4.0	—	—	5018	5.0
1020	6.0	—	—	3022	4.0	—	—	5019	4.0
1021	6.0	—	—	3027	6.0	—	—	5020	5.0
1023	3.0	—	—	3031	4.0	—	—	5021	4.0

（续）

RAL 1×××		RAL 2×××		RAL 3×××		RAL 4×××		RAL 5×××	
RAL	ΔE	RAL	ΔE	RAL	ΔE	RAL	ΔE	RAL	ΔE
1024	3.0	—	—	—	—	—	—	5022	5.0
1027	3.0	—	—	—	—	—	—	5023	4.0
1028	8.0	—	—	—	—	—	—	5024	4.0
1032	6.0	—	—	—	—	—	—	—	—
1033	8.0	—	—	—	—	—	—	—	—
1034	4.0	—	—	—	—	—	—	—	—
1037	6.0	—	—	—	—	—	—	—	—
1038	2.0	—	—	—	—	—	—	—	—
6000	5.0	7000	4.0	7024	4.0	8000	4.0	9001	2.0
6001	5.0	7001	3.0	7026	4.0	8001	3.0	9002	2.0
6002	4.0	7002	4.0	7030	2.0	8003	3.0	9003	2.0
6003	5.0	7003	4.0	7031	4.0	8004	4.0	9004	5.0
6004	5.0	7004	4.0	7032	2.0	8007	4.0	9005	5.0
6005	3.0	7005	4.0	7033	3.0	8008	4.0	9006	2.0
6006	4.0	7006	4.0	7034	3.0	8011	4.0	9007	2.0
6007	4.0	7008	4.0	7035	2.0	8012	4.0	9010	2.0
6008	5.0	7009	4.0	7036	3.0	8014	3.0	9011	5.0
6009	4.0	7010	4.0	7037	2.5	8015	4.0	9016	2.0
6010	5.0	7011	4.0	7038	2.0	8016	4.0	9018	2.0
6011	4.0	7012	4.0	7039	4.0	8017	4.0	9022	2.0
6012	4.0	7013	4.0	7040	3.0	8019	3.0	—	—
6013	3.0	7015	4.0	7042	3.0	8022	5.0	—	—
6014	4.0	7016	3.0	7043	3.0	8024	4.0	—	—
6015	4.0	7021	4.0	7044	2.0	8025	4.0	—	—
6016	5.0	7022	4.0	7045	3.0	8028	3.0	—	—
6017	5.0	7023	3.0	7046	4.0	—	—	—	—
6018	4.0	—	—	7047	2.0	—	—	—	—
6019	2.0	—	—	—	—	—	—	—	—
6020	2.0	—	—	—	—	—	—	—	—
6021	4.0	—	—	—	—	—	—	—	—
6022	4.0	—	—	—	—	—	—	—	—
6024	3.0	—	—	—	—	—	—	—	—
6025	5.0	—	—	—	—	—	—	—	—
6026	5.0	—	—	—	—	—	—	—	—
6027	5.0	—	—	—	—	—	—	—	—
6028	5.0	—	—	—	—	—	—	—	—
6029	4.0	—	—	—	—	—	—	—	—
6032	3.0	—	—	—	—	—	—	—	—
6033	2.0	—	—	—	—	—	—	—	—
6034	2.0	—	—	—	—	—	—	—	—

注：1. 若粉末的颜色不以 RAL 颜色体系表示，则以涂层 L、a、b 值与该表中 RAL 颜色对应的 L、a、b 值相近为参考值。

2. 表中所列不同颜色的色差变化允许值只是一个基准值，根据粉末等级和要求的不同，允许值要求相应也会不同。

3. 硝基铅笔漆（HG/T 2245—2012）

【用途】 本标准适用于由硝化棉加适量其他合成树脂为主要成膜物质制成的硝基铅笔漆。主要用于木质铅笔笔杆表面的保护与装饰。

【分类】 硝基铅笔漆分为硝基铅笔底漆与硝基铅笔面漆两大类，其中硝基铅笔面漆分为清漆和色漆。

【要求】

项　　目		指标		
		面漆		底漆
		清漆	色漆	
流出时间（ISO 6 号杯）/s	≥	商定	30	18
不挥发物含量（％）	≥	28	黑色　30 其他色 40	50
干燥时间/min 　表干 　实干	≤		3 —	1 20
涂膜外观		正常		
划格试验	≤	2 级		
耐热性[（45±2）℃，30min]		漆膜无裂痕		

注：产品应符合 GB 8771—2007《铅笔涂层中可溶性元素最大限量》的安全要求。

五、油漆涂层

1. 铝合金门窗型材粉末静电喷涂涂层技术条件（JG/T 496—2016）

【用途】 本标准适用于铝合金门窗型材用热固性粉末静电喷涂涂料的涂层。

【术语和定义】

术　　语	定　　义
1. 粉末静电喷涂	利用直流高压静电发生器，带负电的粉末涂料微粒在静电和压缩空气气流的作用下沿着电场的反方向定向运动吸附在正极的型材工件表面，后经流平固化的粉末涂料喷涂方法
2. 粉末静电喷涂涂层	采用粉末静电喷涂方法涂覆在型材表面上经固化的热固性粉末涂料覆盖层，简称涂层
3. 装饰面	型材经加工或安装后，无论是处于开启还是关闭状态，均可看见的、对型材的使用性能和外观起重要作用的覆盖粉末涂料涂层的型材表面
4. 局部膜厚	型材装饰面上不大于100mm² 的测量区内，3 次涂层测量平均厚度
5. 最小局部膜厚	型材装饰面上测量的不小于 3 个局部膜厚中的最小局部膜厚
6. 平均膜厚	型材装饰面上测量的不小于 3 个局部膜厚的平均厚度

【要求】

（1）可溶性重金属限量值

可溶性重金属	限量值/（mg/kg）
铅（以 Pb 计）	≤90
镉（以 Cd 计）	≤75
铬（以 Cr 计）	≤60
汞（以 Hg 计）	≤60

（2）技术要求

项　目	要　求
1. 外观	型材装饰面的涂层外观应平整和光洁，不应有过度的粗糙、浪痕、气泡、夹杂、凹陷、暗斑、针孔、划伤等缺陷以及任何到达基体金属的损伤，允许有轻微的橘皮现象，并应由供需双方商定
2. 颜色和色差	装饰面涂层的颜色应与样板或色板基本一致。当使用色差仪测定时，单色涂层与样板或色板间的色差 $\Delta E_{ab}°$ 不大于 1.5，同一批（指交货批）型材之间色差值 $\Delta E_{ab}°$ 不大于 1.5
3. 光泽	涂层 60° 光泽值允许偏差应符合以下的规定： 光泽值范围/光泽单位 | 允许偏差 5～30 | ±5 31～70 | ±7 71～100 | ±10
4. 膜厚	最小局部膜厚应不小于 40μm，平均膜厚应不小于 50μm。可允许内角、横沟等表面涂层厚度低于规定值
5. 压痕硬度	涂层的巴克霍尔兹压痕硬度应不小于 80
6. 耐冲击性	经冲击试验后，涂层应无开裂或脱落现象
7. 附着性	涂层的干附着性和湿附着性均应达到 0 级
8. 耐磨性	经落砂试验，涂层的磨耗系数应不小于 0.8L/μm
9. 抗划痕性	划针划透涂层的最小负荷应不小于 3500g
10. 耐湿热性	经 1000h 的湿热试验后，涂层的耐湿热性应达到 1 级
11. 渗透性	经渗透试验后，在距试样边缘 3mm 以外，涂层不应起泡
12. 耐盐酸性	经耐盐酸试验后，涂层表面不应有气泡及其他明显变化
13. 耐洗涤剂性	经耐洗涤剂性试验后，涂层表面应无起泡、脱落或其他明显变化
14. 耐砂浆性	经耐砂浆性试验后，涂层不应受砂浆的影响发生脱落或其他明显变化

（续）

项　目	要　求
15. 耐盐雾性	经1000h耐中性盐雾试验后，涂层表面应无起泡、软化、剥落或其他腐蚀现象，划线两侧膜下单边腐蚀宽度应不超过2mm。附着性损失检查，除划线2.0mm内的范围外，涂层不应从表面脱落
16. 耐候性	经1000h耐候性试验后，按GB/T 1766评级方法，涂层的耐候性应符合：失光不大于1级；变色不大于1级；粉化0级

2. 钢门窗粉末静电喷涂涂层技术条件（JG/T 495—2016）

【用途】　本标准适用于建筑用钢质外门、外窗用热固性粉末涂料的涂层。

【术语和定义】

术语	定义
1. 粉末静电喷涂	利用直流高压静电发生器，带负电的粉末涂料微粒在静电和压缩空气气流的作用下沿着电场的反方向定向运动吸附在正极的钢门窗工件表面，经流平固化的粉末涂料喷涂方法
2. 粉末静电喷涂涂层	采用粉末静电喷涂方法涂覆在钢门窗表面上经固化的热固性粉末涂料覆盖层，简称涂层
3. 装饰面	钢门窗经加工或安装后，无论是处于开启还是关闭状态，均可看见的、对钢门窗使用性能和外观起重要作用的覆盖粉末涂料涂层的门窗表面
4. 局部膜厚	在1樘钢门窗的装饰面上某个面积不大于 $100mm^2$ 的测量区内，3次涂层测量平均厚度
5. 最小局部膜厚	在1樘钢门窗的装饰面上测量的不小于3个局部膜厚中的最小局部膜厚
6. 平均膜厚	在1樘钢门窗的装饰面上测量的不小于3个局部膜厚的平均厚度

【要求】

（1）可溶性重金属限量值

可溶性重金属	限量值/（mg/kg）
铅（以 Pb 计）	≤90
镉（以 Cd 计）	≤75
铬（以 Cr 计）	≤60
汞（以 Hg 计）	≤60

（2）技术要求

项目	要 求
1. 外观	钢门窗装饰面的涂层外观应清洁、光滑、平整，不应有毛刺、焊渣、锤迹、波纹等质量缺陷，不应有明显的擦伤、划伤
2. 颜色和色差	涂层的颜色应与样板或色板基本一致

3. 光泽	涂层60°光泽值允许偏差应符合以下规定：

光泽值范围/光泽单位	允许偏差
5 ~ 30	±5
31 ~ 70	±7
71 ~ 100	±10

项目	要 求
4. 膜厚	最小局部膜厚应不小于50μm，平均膜厚应不小于60μm
5. 压痕硬度	涂层的巴克霍尔兹压痕硬度应不小于80
6. 耐冲击性	经冲击试验后，涂层应无开裂或脱落现象
7. 附着性	涂层的干附着性和湿附着性均应达到0级
8. 耐磨性	经落砂试验，涂层的磨耗系数应不小于0.8L/μm
9. 抗划痕性	划针划透涂层的最小载荷应不小于3500g
10. 耐湿热性	经1000h的湿热试验后，涂层的耐湿热性应达到1级
11. 渗透性	在距试样边缘3mm以外，涂层不应有气泡
12. 耐盐酸性	经耐盐酸性试验后，涂层表面不应有气泡及其他明显变化
13. 耐洗涤剂性	经耐洗涤剂性试验后，涂层表面应无起泡、脱落或其他明显变化
14. 耐砂浆性	涂层不应受砂浆的影响发生脱落或其他明显变化
15. 耐盐雾性	经500h耐中性盐雾试验后，涂层均应无起泡、软化、剥落或其他腐蚀现象；划线两侧膜下单边腐蚀宽度不应超过2mm；附着性损失检查，除划线2mm内的范围外，涂层不应从表面脱落
16. 耐候性	经800h耐候性试验后，涂层表面无起泡、开裂、剥落等异常现象。按GB/T 1766评级方法，涂层的耐候性应符合：失光不大于2级；变色不大于2级；粉化0级

3. 灯具油漆涂层（QB 1551—1992）

【用途】 本标准适用于灯具零部件漆膜的质量要求和检验。

本标准不适用于特殊要求的灯具零部件漆膜，如航空灯具等。

【产品分类】

分类方法	分类名称
漆膜按使用 条件可分为	Ⅰ类：良好的使用环境，如一般室内
	Ⅱ类：恶劣的使用环境，如含有工业废气或盐分、潮湿的使用场所

【技术要求】 漆膜应符合本标准的规定，如有特殊要求，应在按照规定程序批准的图样及技术文件中另做规定。

项　目	指　标
1. 外观	（1）主要表面漆膜的外观应平整光洁，色泽均匀，不应有露底、龟裂，不应有明显的流挂、起泡、桔皮、针孔、咬底、渗色和杂质等缺陷
	（2）美术漆的漆膜花纹应均匀清晰，但尖角、沉孔周围和连接处等复杂部位允许花纹清晰度略差
2. 附着力	漆膜应具有良好附着力，漆膜与底材应结合牢固。经按照本标准5.2 条试验后应无漆膜脱落的不良现象

3. 耐湿热性

漆膜应具有防潮性能，经按照本标准5.3 条的湿热试验后应能符合下列要求：

（1）湿热试验后漆膜的外观质量不得低于二级，其质量级别评定应按表 A 的规定

表 A

级别	漆膜的外观状况
一	漆膜表面外观良好，无明显变化和缺陷
二	允许漆膜表面轻微失光，轻微褪色，有少量针孔等缺陷 试件主要表面的漆膜任意一个 $100mm^2$ 正方形面积内直径为 $0.5\sim1mm$ 的气泡不得多于 2 个，不允许出现直径大于 1mm 的气泡及超过 10% 表面积的隐形气泡
三	允许基底金属出现个别锈点以及漆膜有少量起皱 试件主要表面的漆膜任意一个 $100mm^2$ 正方形面积内直径为 $0.5\sim3mm$ 的气泡不得多于 9 个，其中直径大于 1mm 的气泡不超过 3 个，直径大于 2mm 的气泡不超过 1 个，不允许出现直径大于 3mm 的气泡及超过 30% 表面积的隐形气泡
四	缺陷超过三级的即为四级

（续）

项　目	指　标
3. 耐湿热性	（2）湿热试验后漆膜的附着力不得低于二级，按本标准 5.2 条进行附着力试验后，其质量级别评定应按表 B 的规定

表 B

级别	漆膜附着力状况
一	九个方格完整，漆膜没有脱落
二	底漆没有脱落或面漆脱落不超过三个方格
三	底漆脱落不超过三个方格以及面漆脱落不超过六个方格
四	缺陷超过三级者即为四级

4. 照明灯具反射器油漆涂层技术条件（QB/T 1552—1992）

【用途】　本标准适用于以荧光灯和白炽灯为光源的照明灯具金属反射器的白色或近白色的油漆涂层的性能测量。

【术语】

术语	定　义
白度	物体的一种颜色属性，用来表示具有较高的光反射比而纯度较低的颜色的白色程度 在可见光区，光谱漫反射比均为 100% 的理想表面的白度为 100 度，光谱漫反射比均为 0 的绝对黑表面的白度为 0 度

【技术要求】

序号	指　标
1	反射器油漆涂层的外观、附着力和抗潮性能均应符合 QB 1551 的规定
2	反射器油漆涂层的初始反射比不能低于 69%，初始白度不能低于 70 度
3	光源采用荧光灯的反射器油漆涂层经光老化试验后的反射比不能低于 60%，白度不能低于 56 度
4	光源采用白炽灯的反射器油漆涂层经热老化试验后的反射比不能低于 62%，白度不能低于 46 度

5. 皮革五金配件表面喷涂层技术条件（QB/T 2002.2—1994）

【用途】　本标准适用于各种皮革五金配件表面喷塑层（以下简称喷塑层）或表面喷漆层（以下简称漆层），皮革五金配件其他有机覆盖层亦可参照使用。

【技术要求】

项　目	指　标
1. 外观	外露喷涂层应色泽一致，无起皱、漏喷、流挂、堆漆、无明显起泡、颗粒及针孔
2. 附着力	按 5.2 条规定试验，喷涂层应无脱落
3. 厚度	不大于 $100\mu m$
4. 硬度	(1) 喷塑层：不低于 5H 级
	(2) 喷漆层：不低于 3H 级
5. 耐腐蚀性能	按 GB/T 1740 评定，评定级数不低于 2 级

6. 计时仪器外观件涂饰通用技术条件　钟金属外观件漆层（QB/T 2268—1996）

【用途】　本标准适用于钟金属外观件漆层的质量检查及要求。

【技术要求】

项　目	指　标
1. 漆层外观质量	(1) 漆层表面（单色漆）应色泽一致，不允许变色
	(2) 漆层表面应光滑平整，不允许有露底、起泡、损伤等缺陷
	(3) 漆层主要表面不允许有明显严重影响美观的凹凸不平、流漆、脱漆、尘粒、粉粒、严重擦花和划伤痕（主要表面是指钟的正面、上面及左、右侧面的可见部位）
2. 漆层耐蚀性	漆层应有良好的耐蚀性，经氯化钠溶液浸泡试验后不允许有锈点、脱漆、软化、起泡和变色等缺陷
3. 漆层结合强度	漆层应有良好的结合强度，经刀片切割法试验后不允许有脱漆现象

7. 玩具表面涂层技术条件（QB/T 2359—2008）

【用途】　本标准适用于玩具表面的各种装饰和防腐性油漆涂层或其他类似的表面涂层。

本标准不适用于儿童自行车、儿童三轮车、儿童推车、婴儿学步车、电动童车的表面涂层。

【术语】

术语	定　义
1. 堆漆	干燥很快的漆，在刷涂操作过程中由于变得非常黏稠，致使漆膜厚而不均的现象

（续）

术语	定　义
2. 流挂	涂料施于垂直面上时，由于其抗流挂性差或施涂不当、漆膜过厚等原因而使湿漆膜向下移动，形成各种形状下边缘厚的不均匀涂层
3. 露底	涂于底面（不论已涂漆否）上的色漆，干燥后仍露出底面颜色的现象
4. 剥落	一道或多道涂层脱离其下涂层，或者涂层完全脱离底材的现象
5. 起泡	涂层因局部失去附着力而离开基底（底材或其下涂层）鼓起，使漆膜呈现似圆形的凸起变形。泡内可含液体、蒸汽、其他气体或结晶物
6. 流痕	对流挂处进行处理后，仍可辨出的流挂痕迹
7. 锈蚀	漆膜下面的钢铁表面局部或整体产生粉状氧化层的现象
8. 失光	漆膜的光泽因受气候环境的影响而降低的现象

【技术要求】

项　目	指　标
1. 外观	除非是产品的设计要求，涂层表面应平整光滑，色泽均匀一致。所有产品主要表面应无堆漆、流挂、露底、剥落、起泡、烤焦及影响美观的补漆和流痕等缺陷。同一产品相同颜色的配件应无明显的色差和光泽差
2. 附着力	金属件、木制件和硬塑胶件的表面涂层按 5.2.1 进行试验，结果应不低于 2 级。软塑胶件和不满足 GB/T 9286 标准试样条件的金属件、木制件和硬塑胶件的表面涂层按 5.2.2 进行试验，白布上不应有明显沾色
3. 硬度	金属件、木制件和硬塑胶件等硬质底材的表面涂层按 5.3 进行试验，被测表面不应有划破现象，表面涂层硬度应不低于 HB。软塑胶件等软质底材和表面处理采用显孔涂饰的木制件的表面涂层无须进行测试
4. 耐腐蚀能力	金属件的表面涂层应具有一定的耐腐蚀能力，按 5.4 进行盐水浸泡试验不应产生锈蚀、失光、起泡、剥落等缺陷。其他底材表面涂层无须进行测试
5. 特定元素的迁移	玩具表面涂层特定元素的迁移含量应符合 GB 6675 中有关特定元素的迁移的最大限量要求
6. 铅总含量（当有特定需要时）	玩具表面涂层的铅总含量应不超过 600mg/kg

8. 单张纸胶印油墨（QB/T 2624—2012）

【用途】 本标准适用于在单、双或多色胶印机上使用的，在纸张、薄膜等承印物上印刷图片及商标等胶印单张纸油墨。

【要求】

（1）产品各项技术性能指标

颜色类别	颜色/级	细度1/μm	细度2/μm	流动度/mm	黏性	着色力（%）	结膜干燥/h	固着速度/min	流动值/mm	光泽（%）
黄	≥4	≤12.5	≤15.0	27~37	7~13	95~105	≥6	≤40	32~40	≥55
红	≥4	≤12.5	≤15.0	28~38	7~13	95~105	≥6	≤40	33~41	≥55
蓝	≥4	≤12.5	≤15.0	27~37	7~13	95~105	≥6	≤40	33~41	≥55
黑	≥4	≤12.5	≤15.0	27~37	7~13	95~105	≥6	≤40	34~42	≥55
中间色	≥4	≤12.5	≤15.0	27~37	7~13	95~105	≥6	≤40	32~40	≥55
白	≥4	≤12.5	≤15.0	27~37	7~13	95~110	—	—	32~40	—
撤淡剂	≥4	≤12.5	≤15.0	30~40	6~13	—	—	—	—	—

注：细度1依据本标准中附录A中的方法一，细度2依据本标准中附录A中的方法二，指标与方法对应二者选一。

（2）产品有害可溶性元素的最大限量

元素名称	锑Sb	砷As	钡Ba	镉Cd	铬Cr	铅Pb	汞Hg	硒Se
限量	60	25	1000	75	60	90	60	500

注：大红墨、金红墨的钡元素的最大限量不在此范围。

（3）铅Pb、汞Hg、镉Cd、六价铬Cr（Ⅵ）的总含量应小于100mg/kg。

9. 汽车车轮 表面油漆涂层（QC/T 981—2014）

【用途】 本标准适用于汽车车轮的表面油漆涂层。

【术语与定义】

术语	定义
1. 软化	漆膜经受液体浸泡后，因溶胀而使其硬度明显变低的现象
2. 色差	涂层表面的颜色与标准色板对比后存在的差异
3. 异物	喷涂过程中吸附到工件表面的灰尘或杂质
4. 锈蚀	因涂层破坏导致基底腐蚀而产生表面锈点或锈斑的现象
5. 脱落	涂层因受外力或老化而发生的涂层脱离现象
6. 溶胀	涂层经液体渗透作用而发生的增厚、变软现象
7. 露底	喷涂过程中因涂层覆盖不完全而裸露出金属基底或下一层涂层的现象
8. 外观面	车轮装上车辆后正视可见的轮辐正面及轮缘区域面

【技术要求】

试验项目	技术要求		试验方法
	铝轮	钢轮	
涂层外观	车轮外观面应平整光滑，不允许有明显的色差、流挂、桔皮、露底、针孔、起泡和起皱 车轮的安装面、中心孔、螺母座表面不能有油漆	车轮外观面应平整光滑，不允许有明显的色差、流挂、桔皮、露底、针孔、起泡和起皱	5.1
涂层厚度/μm	外观面≥20	≥18	5.2
涂层硬度	≥H	≥H	5.3
涂层附着力	≤1级	≤1级	5.4
涂层耐水性	120h后，涂层应： 1）无明显的软化、发白、失光、起泡、脱落、锈蚀等 2）附着力不低于1级	120h后，涂层应： 1）无明显的软化、发白、失光、起泡、脱落、锈蚀等 2）附着力不低于2级	5.5

涂层耐盐雾性	腐蚀类型	中性盐雾	CASS	中性盐雾	5.6
	试验周期/h	480	96	商用车轮240，乘用车轮480	
	起泡	0（S0）	0（S0）	2（S2）	
	锈蚀	0（S0）	0（S0）	2（S2）	
	边缘腐蚀	1级	2级	3级	
	划线处腐蚀蔓延（单边）	≤3mm	≤3mm	≤2mm	
	附着力	≤1级	≤1级	≤2级	

涂层耐湿热性	试验周期/h	120		120	5.7
	起泡	0（S1）		0（S1）	
	锈蚀	0（S0）		0（S0）	
	开裂	0（S0）		0（S0）	
	附着力	≤1级		≤2级	

（续）

试验项目		技术要求		试验方法
		铝轮	钢轮	
涂层耐液体介质性	耐汽油性	浸在93号汽油中24h，涂层应无软化、发白、变色、失光、起泡、开裂、脱落等		5.8
	耐碱性	4h，涂层应无起泡、破裂、脱落、发黏，允许变软，但放置24h后应能恢复		
	耐酸性	24h，涂层应无起泡、破裂、脱落、发黏，允许变软，但放置24后应能恢复		

第七章 装饰装修用涂料

一、室内装饰装修用涂料

1. 室内装饰装修用溶剂型醇酸木器涂料（GB/T 23995—2009）

【用途】 本标准适用于以醇酸树脂为主要成膜物，通过氧化干燥成膜的溶剂型木器涂料。产品适用于室内木制品表面的保护及装饰。

【要求】

项　　目		指　　标
在容器中状态		搅拌后均匀无硬块
细度/μm　　　　　　　　　　　　　　　　　≤		40
干燥时间　≤	表干/h	8
	实干/h	24
贮存稳定性	结皮性（24h）	不结皮
	沉降性（50℃，7d）	无异常
涂膜外观		正常
光泽单位值（60°）		商定
附着力（划格间距2mm）/级　　　　　　　≤		1
耐干热性[（70±2）℃,15min] 　　　　　　≤		2级
耐水性（24h）		无异常
耐碱性（50g/L 的 NaHCO$_3$，1h）		无异常
耐污染性（1h）	醋	无异常
	茶	无异常

2. 室内装饰装修用溶剂型金属板涂料（GB/T 23996—2009）

【用途】 本标准适用于室内装饰装修用金属板工厂预涂装溶剂型涂料。该涂料主要用于天花板、墙面、装饰板、橱柜等表面的装饰和保护。

【要求】

项　　目		指　　标
涂膜外观		正常
耐冲击性		50cm
柔韧性		1mm
光泽（60°）		商定
硬度（擦伤）　　　　　　　　　　　　　　≥		B
附着力	干附着力/级　　　　≤	1
	湿附着力/级　　　　≤	1；试验区域无起泡等涂膜病态现象
耐沸水性（30min）		无异常

（续）

项　目		指　标
耐洗涤剂性（24h）		无异常
耐油污性（24h）		无异常
耐污染性		通过
耐湿热性（120h）		无异常
重金属含量 （限色漆）/ （mg/kg）	可溶性铅 ≤	90
	可溶性镉 ≤	75
	可溶性铬 ≤	60
	可溶性汞 ≤	60

3. 室内装饰装修用溶剂型聚氨酯木器涂料（GB/T 23997—2009）

【用途】　本标准适用于以含反应性官能团的聚酯树脂、醇酸树脂、丙烯酸树脂等为主要成膜物，以多异氰酸酯树脂为固化剂的双组分常温固化型室内用木器涂料。

【产品分类】　本标准根据室内装饰装修用溶剂型聚氨酯木器涂料的主要使用功能，将其分为家具厂和装修用面漆、地板用面漆和通用底漆。

【要求】

项　目		指　标		
		家具厂和装 修用面漆	地板用 面漆	通用底漆
在容器中状态		搅拌后均匀无硬块		
施工性		施涂无障碍		
遮盖率（色漆） ≥		商定	—	
干燥时间 ≤	表干/h	1		
	实干/h	24		
涂膜外观		正常		—
贮存稳定性（50℃，7d）		无异常		
打磨性		—		易打磨
光泽（60°）		商定		—
铅笔硬度（擦伤） ≥		HB	F	—
附着力（划格间距2mm）/级 ≤		1		
耐干热性［（90±2）℃，15min］ ≤		2级		—
耐磨性（750g，500r） ≤		0.050g	0.040g	—
耐冲击性		—	涂膜无脱落， 无开裂	—
耐水性（24h）		无异常		—
耐碱性（2h）		无异常		—
耐醇性（8h）		无异常		—

（续）

项　　目		指　标		
		家具厂和装修用面漆	地板用面漆	通用底漆
耐污染性（1h）	醋	无异常		—
	茶	无异常		—
耐黄变性①（168h）ΔE^*	清漆 一级	≤3.0		
	清漆 二级	3.1~6.0		
	色漆	≤3.0		

注：清漆产品必须在产品外包装上注明所达到的等级。

① 该项目仅限于标称具有耐黄变等类似功能的产品。

4. 室内装饰装修用溶剂型硝基木器涂料（GB/T 23998—2009）

【用途】 本标准适用于以硝酸纤维素为主要成膜物，加入醇酸树脂、改性松香树脂、丙烯酸树脂等改性而成的木器涂料。产品适用于室内装饰装修（包括工厂化涂装）用木制品表面的保护及装饰。

【分类】 本标准将溶剂型硝基木器涂料分为面漆和底漆。

【要求】

项　　目		指　标	
		面漆	底漆
在容器中状态		搅拌后均匀无硬块	
细度/μm ≤		40	60
干燥时间 ≤	表干/min	20	
	实干/h	2	
涂膜外观		正常	—
回黏性级别 ≤		2	—
打磨性		—	易打磨
光泽单位值（60°）		商定	—
铅笔硬度（擦伤） ≥		B	—
附着力（划格间距2mm）/级 ≤		2	
耐干热性[（90±2）℃,15min] ≤		2 级	
耐水性（24h）		无异常	
耐碱性（50g/L的 $NaHCO_3$, 1h）		无异常	
耐污染性（1h）	醋	无异常	
	茶	无异常	

5. 室内装饰装修用水性木器涂料（GB/T 23999—2009）

【用途】 本标准适用于聚氨酯类、丙烯酸酯类、丙烯酸-聚氨酯类以及其他类型的常温干燥型单组分或双组分水性木器涂料。

【术语和定义】

术语	定义
水性木器涂料	以水作为分散介质、用于木质基材表面起装饰与保护作用的涂料

【产品分类】

水性木器涂料按实际用途及使用功能分为 A、B、C、D 四类。

A 类：地板用面漆——工厂涂装和家庭涂装等所有木质地板用面漆。

B 类：家具用面漆——工厂涂装木质家具用面漆。

C 类：装修用面漆——除 A、B 类以外的木质表面用面漆，主要用于门套、窗套、护墙板等的涂装。

D 类：底漆、中涂漆——所有可与各类面漆配套使用的木器用底漆、中涂漆。

【要求】

项　目		指　　标			
		A 类	B 类	C 类	D 类
在容器中状态		搅拌后均匀无硬块			
细度/μm　　　　　≤		35	清漆和透明色漆：35 色漆：40		60
不挥发物（%）　　≥		30	30		清漆和透明色漆：30 色漆：40
干燥时间　　　　≤	表干/min	单组分：30；　双组分：60			
	实干/h	单组分：6；　双组分：24			
贮存稳定性[(50±2)℃,7d]		无异常			
耐冻融性①		不变质			
涂膜外观		正常			—
光泽（60°）		商定			—
打磨性		—			易打磨
硬度（擦伤）　　　≥		B			
附着力（划格间距2mm)/级　≤		1			
耐冲击性		涂膜无脱落，无开裂	—	—	—
抗粘连性[500g,(50±2)℃,4h]		MM：A-0；	MB：A-0		—
耐磨性（750g, 500r）　≤		0.030g	—	—	—
耐划伤性（100g）		未划伤		—	—
耐水性	耐水性（24h）	无异常			—
	耐沸水性（15min）	无异常			—
耐碱性（50g/L, NaHCO₃, 1h）		无异常			—
耐醇性（50%, 1h）		无异常			—

（续）

项　目		指　标			
		A 类	B 类	C 类	D 类
耐污染性（1h）	醋	无异常			—
	绿茶	无异常			—
耐干热性[（70±2）℃,15min] ≤		2 级			—
耐黄变性② （168h） ΔE^* ≤		3.0			

① 用于工厂涂装且对此项无要求的产品可不做该项。

② 该项目仅限标称具有耐黄变等类似功能的产品。

6. 室内装饰装修用天然树脂木器涂料（GB/T 27811—2011）

【用途】 本标准适用于由亚麻油、桐油、蓖麻油、松香等天然原料制成的树脂作为主要成膜物质，用松节油、橘油等来源于植物的天然稀释剂作为稀释剂调制而成的氧化干燥型天然树脂涂料。产品主要用于室内木器表面的保护及装饰。

本标准不适用于人为加入甲苯、二甲苯等来源于矿物的稀释剂的天然树脂涂料。

【术语和定义】

术语	定　义
1. 挥发性有机化合物（VOC）	在 101.3kPa 标准大气压下，任何初沸点低于或等于 250℃ 的有机化合物
2. 挥发性有机化合物含量	按规定的测试方法测试产品所得到的挥发性有机化合物的含量
3. 天然树脂	由亚麻油、桐油、蓖麻油、松香等天然原料制成的树脂
4. 天然稀释剂	指松节油、橘油等来源于植物的稀释剂

【要求】

项　目		指　标
在容器中状态		搅拌后均匀无硬块
细度/μm ≤		40
干燥时间/h ≤	表干	8
	实干	24
贮存稳定性	结皮性（24h）	不结皮
	沉降性[（50±2）℃,7d]	无异常
涂膜外观		正常
光泽单位值（60°）		商定
硬度（擦伤） ≥		B
附着力（划格间距2mm）/级 ≤		1

（续）

项　目		指　标
耐干热性级别 [(70±2)℃,15min]	≤	2
耐水性（24h）		无异常
耐碱性（50g/L NaHCO₃ 溶液，1h）		无异常
耐醇性（8h）		无异常
耐污染性（1h）	醋	无异常
	茶	无异常
挥发性有机化合物（VOC）含量①/(g/L)	≤	450
苯含量①（质量分数,%）	≤	0.1
甲苯、二甲苯、乙苯含量总和①（质量分数,%）	≤	1.0
卤代烃含量①②（质量分数,%）	≤	0.1
可溶性重金属含量/(mg/kg)　≤	铅 Pb	90
	镉 Cd	75
	铬 Cr	60
	汞 Hg	60

① 按产品明示的施工配比混合后测定。如稀释剂的使用量为某一范围时，应按照产品施工配比规定的最大稀释比例混合后进行测定。

② 包括二氯甲烷、1，1-二氯乙烷、1，2-二氯乙烷、三氯甲烷、1，1，1-三氯乙烷、1，1，2-三氯乙烷、四氯化碳。

7. 紫外光（UV）固化木器涂料（HG/T 3655—2012）

【用途】　本标准适用于由活性低聚物、活性稀释剂、光引发剂和其他成分等组成的紫外光固化木器涂料。产品适用于室内用木质地板、家具等木器的装饰与保护。

本标准不适用于水性紫外光固化木器涂料。

【产品分类】　本标准根据紫外光（UV）固化木器涂料的主要用途，将其分为地板用面漆、家具等木器用面漆和通用底漆。

【要求】

项　目	指　标		
	地板用面漆	家具等木器用面漆	通用底漆
在容器中状态	搅拌后均匀无硬块		
细度/μm　≤	35 或商定	清漆和透明色漆：30 或商定 色漆：40 或商定	70 或商定
贮存稳定性(50℃，7d)	无异常		
固化性能	通过		
涂膜外观	正常		
打磨性	—		易打磨
光泽单位值（60°）	商定		—

（续）

项　目		指　标		
		地板用面漆	家具等木器用面漆	通用底漆
耐磨性（1000g，500r）	≤		0.010g	—
铅笔硬度（擦伤）	≥		H	
划格试验（划格间距2mm）	≤		2级	
耐干热性[（90±2）℃,15min]	≤	—	2级	—
耐水性（24h）			无异常	—
耐碱性（2h）			无异常	—
耐醇性（8h）			无异常	—
耐污染性（1h）	醋		无异常	
	茶		无异常	
耐黄变性（168h）ΔE^*	≤		6.0	

注："耐黄变性"项目仅限标称具有耐黄变功能的涂料品种。

8. 木器用不饱和聚酯漆（LY/T 1740—2008）

【用途】　本标准适用于木质材料涂饰用不饱和聚酯树脂漆。

【术语和定义】

术　语	定　义
1. 木器用不饱和聚酯漆	以不饱和聚酯树脂为主要成膜物质的木器用涂料
2. 底漆	多层涂装时，直接涂到木质材料表面上的涂料。这层涂料可以分一次或几次进行涂饰
3. 面漆	多层涂装时，涂于底漆上的表层涂料。其可以是色漆或清漆
4. 腻子	用于消除涂漆前较小表面缺陷的厚浆状或膏状涂料
5. 稀释剂	单组分或多组分的挥发性液体。用于调节涂料黏度等使用性能
6. 漆膜	涂于基材上的一道或多道涂层所形成的连续的膜
7. 不挥发物含量	涂料中所含有的不挥发物质的量。一般用不挥发物的质量分数表示，也可以用体积分数表示
8. 干燥时间	在规定的干燥条件下，一定厚度的涂层从液态达到规定干燥状态所需要的时间
9. 硬度	漆膜抵抗物体压入其表面的能力
10. 附着力	漆膜与被涂面之间（通过物理和化学作用）结合的坚牢程度。被涂面可以是裸底材也可以是涂漆底材
11. 光泽	表面的一种光学特性，以其反射光的能力来表示
12. 遮盖力	色漆消除基材上的颜色或颜色差异的能力
13. 耐干热性	漆膜对高温干燥环境作用的抵抗能力

【分类】

产品分为：

1）面漆。

2）底漆。

3）腻子。

4）辅助材料。

【技术要求】

（1）面漆性能的技术要求

项　　目		指　　标
原漆外观		浅黄色透明液体，无杂质
细度/μm		≤20
主漆固体含量（%）		≥45
干燥时间	表干/min	≤70
	实干/h	≤24
漆膜外观		透明，平整，光滑
胶凝时间/min		≥10
光泽（%）		≥85
附着力/级		≤2
硬度/H		≥2
耐干热性级别		≤2
有害物质限量/（mg/kg）	可溶性铅	≤90
	可溶性镉	≤75
	可溶性铬	≤60
	可溶性汞	≤60

（2）底漆性能的技术要求

项　　目		指　　标	
		透明底漆	实色底漆
原漆外观		黏稠液体，无杂质	
主漆固体含量（%）		≥50	
干燥时间	表干/min	≤70	
	实干/h	≤12	
漆膜外观		透明，平整	平整
附着力/级		≤2	
胶凝时间/min		≥10	
遮盖力/（g/m²）		—	≤200
有害物质限量/（mg/kg）	可溶性铅	≤90	
	可溶性镉	≤75	
	可溶性铬	≤60	
	可溶性汞	≤60	

（3）腻子性能的技术要求

项　目		指　标
原漆外观		无杂质
漆膜外观		平整，无明显颗粒
主漆固体含量（%）		≥50
干燥时间	表干/min	≤50
	实干/h	≤12
有害物质限量/（mg/kg）	可溶性铅	≤90
	可溶性镉	≤75
	可溶性铬	≤60
	可溶性汞	≤60

（4）辅助材料的技术要求

项目	指　标			
	稀释剂、助剂	促进剂	引发剂	色浆
外观	清晰，透明，无杂质	紫红色液体	无色，透明，清晰液体	黏稠液体
颜色	≤2	—	—	—
水分	不浑浊	—	—	—

9. 潮（湿）气固化聚氨酯涂料（单组分）（HG/T 2240—2012）

【用途】　本标准适用于由含—NCO 封端的多异氰酸酯预聚物、溶剂、助剂等制成的潮（湿）气固化涂料。该涂料主要用于木质、金属表面等的保护及装饰。

【产品分类】　本标准根据潮（湿）气固化聚氨酯涂料（单组分）的主要应用领域，将其分为木器用涂料和金属用涂料两类。根据使用功能，木器用涂料又分为地板用、家具厂和装修用两类。

【技术要求】

（1）木器用涂料产品性能的要求

项　目		指　标	
		地板用	家具厂和装修用
在容器中状态		搅拌混合后无硬块，呈均匀状态	
颜色（Fe-Co）/号（仅限清漆）　≤		2	
涂膜外观		正常	
干燥时间	表干/h　≤	1	
	实干/h　≤	24	
铅笔硬度（擦伤）　≥		HB	B
划格试验（间距 2mm）　≤		1 级	

（续）

项 目		指 标	
		地板用	家具厂和装修用
耐干热性[(90±2)℃,15min] ≤		2 级	
光泽单位值（60°）		商定	
耐冲击性		涂膜无脱落，无开裂	—
耐磨性（750g，500r） ≤		0.010g	0.050g
耐水性（24h）		无异常	
耐碱性（50g/L Na₂CO₃ 溶液，2h）		无异常	
耐醇性[70%（体积分数）乙醇水溶液，8h]		无异常	
耐污染性（1h）	醋	无异常	
	茶	无异常	

（2）金属用涂料产品性能的要求

项 目		指 标
在容器中状态		搅拌混合后无硬块，呈均匀状态
涂膜外观		正常
干燥时间	表干/h ≤	1
	实干/h ≤	24
光泽单位值（60°）		商定
弯曲试验		2mm
耐冲击性		50cm
划格试验（间距 1mm） ≤		1 级
铅笔硬度（擦伤） ≥		H
耐碱性（50g/L NaOH 溶液，120h）		无异常
耐酸性（50g/L H₂SO₄ 溶液，120h）		无异常
耐水性（168h）		无异常
耐盐水性（3% NaCl 溶液，72h）		无异常

10. 不粘涂料（HG/T 4563—2013）

【用途】　本标准适用于具有涂层表面不易被物质黏附或黏附后容易被去除的功能涂料。

【产品分类】　本标准将不粘涂料分为两类：A 类为涂层与食品、食品原料接触或可能接触的不粘涂料，如厨具（锅具、餐具、灶具、刀具等）、厨用电器（微波炉、烤箱、食品加工机、洗碗机等）、食品机械等用不粘涂料；B 类为除 A 类产品以外的不粘涂料，如五金制品、车辆零件、机械部件、化工设备、电器设备等用不粘涂料。

A 类涂料根据涂层使用温度分为两种类型：Ⅰ 型为涂层最高使用温度100℃及 100℃以下涂料，Ⅱ 型为涂层最高使用温度 100℃以上的涂料。

【要求】

(1) A 类不粘涂料的技术要求

项 目		指 标	
		Ⅰ 型	Ⅱ 型
在容器中状态		正常	
细度/μm	≤	商定	
不挥发物含量（%）		商定	
涂膜外观		涂膜外观正常	
划格试验	≤	1 级	
光泽单位值（60°）		商定	
硬度（刮破）	≥	H	—
热硬度（刮破）	≥	—	HB
黏附力/（N/mm）	≤	0.1	—
不粘性试验		—	通过
耐磨性次数	≥	商定	
耐热性（2h）		—	无异常，划格试验≤1 级
耐冷热试验（5 次）		—	无异常
耐酸性		24h 无异常，划格试验≤1 级	热醋酸溶液浸泡无异常
耐碱性（1h）		无异常，划格试验≤1 级	
耐盐水性		24h 无异常，划格试验≤1 级	热盐水溶液浸泡无异常，划格试验≤1 级

(2) B 类不粘涂料的技术要求

项 目		指 标
在容器中状态		正常
细度/μm	≤	商定
不挥发物含量（%）		商定
涂膜外观		涂膜外观正常
划格试验	≤	1 级
光泽单位值（60°）		商定
硬度（刮破） （试验温度商定）	≥	H
黏附力/（N/mm）	≤	0.1
耐热性① （2h） （试验温度商定）		无异常，划格试验≤1 级
耐磨性次数	≥	商定
耐溶剂擦拭性次数 （无水乙醇）	≥	100
耐化学试剂腐蚀性②		无异常，划格试验≤1 级

① 涂层在室温下使用的不粘涂料不测该项目。

② 该项目仅适用于对耐化学试剂腐蚀性有要求的产品，试验温度、化学药品品种和浓度、试验时间等由双方商定。

11. 低表面处理容忍性环氧涂料（HG/T 4564—2013）

【用途】 本标准适用于低表面处理容忍性环氧涂料。这类涂料用于非理想状态表面（包括不能彻底除锈、高压水喷射、湿喷砂或附着良好的旧漆膜等表面）时尚能保持较好的性能。

【要求】

项　　目	指　　标
在容器中状态	正常
密度/（g/cm³）	符合商定值，允许偏差 ±0.05
不挥发物含量（％）　≥	80
干燥时间/h	
表干　≤	4
实干　≤	24
弯曲试验　≤	2mm
耐冲击性	50cm
附着力（拉开法）/MPa　≥	3
耐水性（240h）	无异常
耐盐雾性（1000h）	漆膜无起泡、生锈、开裂、剥落等现象
与旧漆膜相容性①	无异常

① 该项目适用于需要用于旧漆膜表面的产品。该项目在现场进行测试。

二、树脂涂料

1. 氨基醇酸树脂涂料（GB/T 25249—2010）

【用途】 本标准适用于以氨基树脂和醇酸树脂为主要成膜物质，在一定温度下经烘烤固化形成涂膜的单组分涂料。该涂料主要用于轻工产品、机电仪器仪表、玩具等各种金属制品表面的涂覆，起装饰保护作用。

本标准不适用于氨基烘干绝缘涂料。

【产品分类】 本标准将氨基醇酸树脂涂料分为清漆和色漆两种。色漆又分为Ⅰ型和Ⅱ型，Ⅰ型为除锤纹等美术漆以外的色漆，Ⅱ型为锤纹等美术漆。Ⅰ型按使用场合不同又分为室外用和室内用两种。

【要求】

项　　目	指　　标			
	清漆	色漆		Ⅱ型
		Ⅰ型		
		室外用	室内用	
在容器中状态	搅拌混合后无硬块，呈均匀状态			
原漆颜色①/号　≤	6	—		
流出时间（ISO 6 号杯）/s≥	30			
不挥发物含量（％）　≥	—	47		

（续）

项　目	指　标			
	清漆	色漆		
		Ⅰ型		Ⅱ型
		室外用	室内用	
细度②/μm　　　　　≤				
光泽（60°）≥80	—	20		
光泽（60°）<80		36		
遮盖力③/（g/m²）　≤				
白色	—	110		
黑色		40		
其他色		商定		
贮存稳定性[（50±2）℃，72h]		通过		
干燥时间		通过		
漆膜外观		正常		
光泽（60°）		商定		—
划格试验　　　　　≤		1级		—
耐冲击性	50cm	≥40cm		
铅笔硬度（刮破）　≥		HB		
弯曲试验　　　　　≤		3mm		
耐热性[（150±2）℃，1.5h]	—	允许轻微变色和失光，并通过10mm弯曲试验		
渗色性④	—	无渗色		—
耐水性（24h）		无异常		—
耐碱性⑤（5% Na₂CO₃溶液，24h）	—		无异常	—
耐酸性⑤（10% H₂SO₄溶液，5h）	—	无异常		—
耐挥发油性（3号普通型油漆及清洗用溶剂油）	48h无异常	24h无异常		—
耐人工气候老化性（350h）	—	不起泡，不开裂，变色≤2级，失光≤2级		—

① 非透明液体除外。

② 含片状颜料和效应颜料，铝粉、云母氧化铁、玻璃鳞片、珠光粉等的产品除外。

③ 含有透明颜料的产品除外。

④ 白色、银色、红色漆除外。

⑤ 含铝粉的产品除外。

2. 醇酸树脂涂料（GB/T 25251—2010）

【用途】 本标准适用于以醇酸树脂或改性醇酸树脂为主要成膜物质，且通过氧化干燥成膜的醇酸树脂涂料。该涂料主要用于金属、木质等表面的保护和装饰。

【产品分类】 产品分醇酸树脂清漆和醇酸树脂色漆两大类。醇酸树脂色漆分为底漆、防锈漆、调合漆和磁漆。磁漆根据涂装产品的使用场合分为室内用和室外用两种产品。

【要求】

（1）醇酸树脂清漆的要求

项　目		指　标
在容器中状态		搅拌混合后无硬块，呈均匀状态
原漆颜色（不透明产品除外）/号	≤	12
不挥发物含量（%）	≥	40
流出时间（ISO 6 号杯）/s	≥	25
结皮性（24h）		不结皮
施工性		施涂无障碍
漆膜外观		正常
干燥时间/h 　表干 　实干	≤ ≤	 5 15
弯曲试验	≤	3mm
回黏性级别	≤	3
耐水性（6h）		无异常
耐挥发油性（4h）		无异常

（2）醇酸树脂色漆的要求

项　目		指　标				
		底漆	防锈漆	调合漆	磁漆	
					室内用	室外用
在容器中状态		搅拌混合后无硬块，呈均匀状态				
流出时间（ISO 6 号杯）/s 　　　　　　　≥		商定		40	35	
细度①/μm	≤	50	60	40	20[光泽(60°)≥80] 40[光泽(60°)<80]	

（续）

项　目	指　标				
	底漆	防锈漆	调合漆	磁漆	
				室内用	室外用
遮盖力/（g/m²）　≤ 　白色 　黑色 　其他色 （含有透明颜料的产品除外）	—		200 45 商定	120 45 商定	
不挥发物含量（％）　≥	—		50	黑色、红色、蓝色、透明色：42 其他色：50	
施工性	施涂无障碍				
重涂适应性	—		重涂时无障碍		
与面漆的适应性	不咬起，不渗色	对面漆无不良影响	—		
干燥时间/h 　表干　≤ 　实干　≤	5 24		8 24	8 15	8 18
漆膜外观	正常				
光泽（60°）	—		商定		
涂膜硬度　≥	—		0.2	0.2	
弯曲试验　≤	—		3mm		
划格试验　≤	1级		—		
打磨性	易打磨，不粘砂纸		—		
渗色性（白色、银色、红色不测）	—		无渗色		
结皮性（48h）	不结皮				
耐盐水性（3％NaCl）	24h 无异常	48h 无异常			
耐水性（8h）	—		无异常		

（续）

项　目	指　标				
	底漆	防锈漆	调合漆	磁漆	
				室内用	室外用
耐挥发油性（4h）	—			无异常	
耐酸性② （10g/L H_2SO_4 溶液，24h）	—			无异常	
耐人工气候老化性 （200h）	—			不起泡，不开裂，不剥落，不粉化 白色、黑色：变色≤2级，失光≤3级 其他色：变色、失光商定	

① 含片状颜料和效应颜料，铝粉、云母氧化铁、玻璃鳞片、珠光粉等的产品除外。

② 含铝粉颜料的产品除外。

3. 酚醛树脂涂料（GB/T 25253—2010）

【用途】 本标准适用于由酚醛树脂或改性酚醛树脂为主要成膜物制成的酚醛树脂涂料。该涂料主要用于交通工具、机械设备、木器家具等表面的保护和装饰。

【产品分类】 产品分为清漆和色漆两类。其中色漆分为调合漆、磁漆和底漆三类。

【要求】

项　目		指　标			
		清漆	色漆		
			调合漆	磁漆	底漆
在容器中状态		搅拌混合后无硬块，呈均匀状态			
原漆颜色①/号	≤	14	—		
流出时间（ISO 6 号杯）/s	≥	35	40		45
细度②/μm	≤	—	40	30	60
遮盖力③/（g/m²） 　黑色 　白色 　其他色	≤	—	45 200 商定	45 120 商定	

（续）

项　目		指　标			
		清漆	色漆		
			调合漆	磁漆	底漆
不挥发物含量（%）	≥	45	50		
结皮性（48h）		不结皮			
施工性		施涂无障碍			
耐硝基漆性		—			涂膜不膨胀，不起皱，不渗色
涂膜外观		正常			
干燥时间/h　　　　　　　≤					
表干		8			
实干		24			
涂膜硬度	≥	0.20	0.20	0.25	—
柔韧性	≤	2mm			—
耐冲击性		—		50cm	—
附着力/级	≤	2			
光泽单位值（60°）		商定			—
耐水性（8h）		无异常			—

① 仅限于透明液体。

② 含铝粉、云母氧化铁、玻璃鳞片、锌粉等颜料的产品除外。

③ 含有透明颜料的产品除外。

4. 过氯乙烯树脂涂料（GB/T 25259—2010）

【用途】　本标准适用于以过氯乙烯树脂为主要成膜物制成的过氯乙烯树脂涂料。该涂料主要用于化工设备、管道、机床等表面的保护和装饰。

【产品分类】　本标准将过氯乙烯树脂涂料分为底漆和面漆。

【技术要求】

项　目		指　标	
		底漆	面漆
流出时间/s	≥	35	20
不挥发物含量（%）	≥	45	30
细度/μm	≤	—	40
（含片状颜料，铝粉等的产品除外）			
遮盖力/（g/m²）	≤		
（清漆、含有透明颜料的产品除外）			
白色			60
黑色			20
其他色			商定

（续）

项　目		指　标	
		底漆	面漆
干燥时间	表干/min　≤	—	20
	实干/min　≤	60	
涂膜外观		正常	
弯曲试验		2mm	
划格试验　≤		2 级	
涂膜硬度　≥		—	0.40
耐冲击性		—	50cm
光泽单位值（60°）		—	商定
耐盐水性（3% NaCl 溶液，24h）		无异常	—
耐油性（SE 15W-40 机油，24h）		—	无异常
耐水性（24h）		—	无异常

5. 溶剂型丙烯酸树脂涂料（GB/T 25264—2010）

【用途】　本标准适用于以丙烯酸酯树脂为主要成膜物质的溶剂型单组分面漆。产品主要用于各类金属及塑料等表面的装饰与保护。

本标准不适用于辐射固化丙烯酸树脂涂料。

【分类】　本标准规定的溶剂型丙烯酸树脂涂料分为以下两个类型：

Ⅰ型：以热塑型丙烯酸酯树脂为主要成膜物质，可加入适量纤维素酯等成膜物改性而成的单组分面漆。Ⅰ型产品又可分为 A 类和 B 类两个类别，其中 A 类产品主要适用于金属表面，B 类产品主要适用于塑料表面。

Ⅱ型：以热固型丙烯酸酯树脂为主要成膜物质，加入氨基树脂交联剂等调制而成的单组分面漆。产品主要适用于金属表面。

【要求】

（1）Ⅰ型产品的要求

项　目		要　求			
		A 类		B 类	
		清漆	色漆	清漆	色漆
在容器中状态		搅拌混合后无硬块，呈均匀状态			
原漆颜色[①]/号（铁钴比色计）　≤		2		2	
细度[②]/μm　≤		—		—	
光泽（60°）≥80			20		20
光泽（60°）<80			40		40
遮盖力[③]/(g/m²)　≤					
白色		—	110	—	110
其他色			商定		商定

（续）

项　目		要　求			
		A 类		B 类	
		清漆	色漆	清漆	色漆
流出时间/s（ISO 6 号杯）	≥	20	40	20	40
不挥发物含量（％）	≥	35	40	35	40
干燥时间	≤				
表干/min			30		
实干/h			2		
漆膜外观			正常		
弯曲试验					
光泽（60°）≥80		2mm		—	
光泽（60°）<80		商定			
划格试验	≤		1 级		
铅笔硬度（擦伤）	≥		HB		
光泽单位值（60°）			商定		
耐汽油性［符合 SH 0004—1990 的溶剂油,1h］		不发软,不发黏,不起泡		—	
耐水性（8h）		不起泡,不脱落,允许轻微变色			
耐热性［(90±2)℃,3h］		不鼓泡,不起皱		—	
与底材的适应性		—		通过	

① 不透明液体除外。

② 含效应颜料,珠光粉、铝粉等的产品除外。

③ 含有透明颜料的产品除外。

（2）Ⅱ型产品的要求

项　目		要　求	
		清漆	色漆
在容器中状态		搅拌混合后无硬块,呈均匀状态	
原漆颜色①/号（铁钴比色计）	≤	2	—
细度②/μm	≤		
光泽（60°）≥80			20
光泽（60°）<80			30
遮盖力③/(g/m²)	≤		
白色		—	110
其他色			商定
流出时间/s（ISO 6 号杯）	≥	20	40

（续）

项　　目	要　　求	
	清漆	色漆
不挥发物含量（%）　　　　≥	35	40
干燥时间（实干）	通过	
漆膜外观	正常	
弯曲试验	2mm	
划格试验　　　　　　　　≤	1 级	
耐冲击性	50cm	
铅笔硬度（擦伤）　　　　≥	H	
光泽单位值（60°）	商定	
耐汽油性［符合 SH 0004—1990 的溶剂油,3h］	不发软，不发黏，不起泡	
耐水性（24h）	不起泡，不脱落，允许轻微变色	

① 不透明液体除外。

② 含效应颜料，如珠光粉、铝粉等的产品除外。

③ 含有透明颜料的产品除外。

6. 硝基涂料（GB/T 25271—2010）

【用途】　本标准适用于以硝酸纤维素为主要成膜物质，加入醇酸树脂、改性松香树脂、丙烯酸树脂等改性而成的涂料。产品主要适用于金属、塑料、木质等表面的保护与装饰。

本标准不适用于室内装饰装修（包括工厂化涂装）用木器制品表面的保护与装饰。

【产品分类】　硝基涂料分为硝基底漆与硝基面漆两大类，其中硝基面漆分为清漆和色漆。

【要求】

（1）硝基底漆的要求

项　　目	指　　标
在容器中状态	搅拌混合后无硬块，呈均匀状态
不挥发物含量（%）　　　　≥	35
干燥时间/min　　　　　　　≤	
表干	10
实干	50
涂膜外观	正常
施工性	施涂无障碍
划格试验　　　　　　　　≤	2 级
与面漆的适应性	对面漆无不良影响
打磨性（用 400 号水砂纸打磨 30 次）	易打磨

（2）硝基面漆的要求

项　目		要　求	
		清漆	色漆
在容器中状态		搅拌混合后无硬块，呈均匀状态	
原漆颜色[①]/号	≤	9	—
细度[②]/μm	≤		
光泽（60°）≥80		—	26
光泽（60°）<80			36
不挥发物含量（%）	≥	28	30
遮盖力[③]/（g/m²）	≤		
黑色			20
白色			60
其他色			商定
施工性		施涂无障碍	
干燥时间/min	≤		
表干		10	
实干		50	
涂膜外观		正常	
光泽单位值（60°）		—	商定
回黏性	≤	2 级	
渗色性[④]		—	不渗色
耐热性		无起泡、起皱、裂纹，允许颜色 和光泽有轻微变化	
清漆[（115~120）℃，2h]			
色漆[（100~105）℃，2h]			
耐水性		18h 无异常	24h 无异常
耐挥发油性（2h）		无异常	

①　非透明液体除外。

②　含片状颜料和效应颜料，含铝粉、珠光粉等的产品除外。

③　含有透明颜料的产品除外。

④　白色、红色、银色漆除外。

7. 热熔型氟树脂（PVDF）涂料（HG/T 3793—2005）

【用途】　本标准适用于以聚偏二氟乙烯树脂（PVDF）和丙烯酸酯类树脂为主要成膜物，加入颜填料（清漆不加）、溶剂、助剂等制成的热熔型氟树脂涂料。该涂料主要用于金属表面的预涂装，起装饰和保护作用。

【要求】

项　　目		指　标
容器中状态		搅拌混合后均匀无硬块
树脂中 PVDF 树脂含量（%）　≥		70
涂膜外观		外观正常
涂膜颜色一致性		符合商定的颜色
耐溶剂擦拭性（丁酮）　≥		200 次
光泽（60°）		商定
铅笔硬度（擦伤）　≥		F
附着力	干附着力/级　≤	1
	湿附着力/级　≤	1；试验区域无起泡等涂膜病态现象
	沸水附着力/级　≤	1；试验区域无起泡等涂膜病态现象
耐冲击性		通过
耐磨性　≥		2.8L/μm
耐化学性	耐盐酸性（15min）	无变化
	耐砂浆性（24h）	无变化
	耐硝酸性（30min）	颜色变化 $\Delta E \leqslant 5.0$
	耐洗涤剂性（72h）	无异常
	耐窗洗液性（24h）	无异常
耐湿热性（4000h）		起泡程度不超过图 4 中"少量"、起泡大小"No.8"
耐盐雾性（4000h）		划线处破坏≥7 级，未划线区破坏≥8 级
耐人工气候老化性（4000h）		变色≤2 级 失光≤2 级 白色漆粉化≤1 级，其他颜色漆粉化≤2 级 无其他涂膜病态现象

8. 交联型氟树脂涂料（HG/T 3792—2014）

【用途】　本标准适用于以含反应性官能团的氟树脂为主要成膜物并加入颜填料（清漆不加）、溶剂、助剂等辅料作为主剂，以脂肪族多异氰酸酯树脂为固化剂的双组分常温固化型建筑外墙、混凝土表面和金属表面用面漆。本标准还适用于以含反应性官能团的氟树脂为主要成膜物，以氨基树脂或封闭型脂肪族多异氰酸酯树脂为交联剂，并加入颜填料（清漆不加）、溶剂、助剂等辅料制成的单组分烘烤固化型金属表面用面漆。

用于其他基材表面的交联型氟树脂涂料也可参考本标准。

【产品分类】　本标准根据交联型氟树脂涂料的主要应用领域将其分为 3 种类型：Ⅰ型为建筑外墙用氟树脂涂料；Ⅱ型为桥梁、储罐等混凝土设施表面用氟树脂涂料；Ⅲ型为钢结构等金属表面用氟树脂涂料。

【要求】

交联型氟树脂涂料的性能要求

项　目		指标		
		Ⅰ型	Ⅱ型	Ⅲ型
在容器中状态		搅拌后均匀无硬块		
细度/μm（含铝粉、珠光颜料的涂料除外）≤		25	35	
不挥发物含量（％）≥（含铝粉、珠光颜料的涂料除外）	白色和浅色①	50		
	清漆和其他色	40		
基料中氟含量（％）≥	双组分	20		
	单组分	—	—	10
干燥时间/h ≤	表干（自干漆）	2		
	实干（自干漆）	24		
	烘干（烘烤型漆）（140℃±2℃或温度商定）	—	—	0.5 或商定
遮盖率 ≥（烘干型、清漆、含铝粉和珠光颜料的涂料除外）	白色和浅色①	0.90		
	其他色	商定		
涂膜外观		正常		
光泽单位值（60°）		商定		
铅笔硬度（擦伤）≥		—	—	F
耐冲击性		—	—	50cm
划格试验 ≤	双组分	1 级	—	—
	单组分	—	—	1 级
附着力（拉开法）/MPa ≥（双组分）		—	3	5
弯曲试验/mm		2		
耐酸性（50g/L H_2SO_4）		168h 无异常		
耐碱性（50g/L NaOH）		—	—	168h 无异常
耐碱性[饱和 $Ca(OH)_2$ 溶液]		240h 无异常	240h 无异常	—
耐水性		168h 无异常	168h 无异常	—
耐湿冷热循环性（10 次）		无异常		
耐沾污性（白色和浅色①）≤（含铝粉、珠光颜料的涂料除外）		10%		
耐湿热性（1000h）		—	—	不起泡，不生锈，不脱落

（续）

项 目		指 标		
		Ⅰ型	Ⅱ型	Ⅲ型
耐盐雾性（1000h）		—	—	不起泡，不生锈，不脱落
耐人工气候老化性②③（3000h）	白色	不起泡，不脱落，不开裂，不粉化，$\Delta E^* \leqslant 3.0$，保光率≥80%		
	其他色	不起泡，不脱落，不开裂，不粉化，$\Delta E^* \leqslant 6.0$ 或商定，保光率≥50%		
自然气候暴露②③（3年）	白色	不起泡，不脱落，不开裂，不粉化，$\Delta E^* \leqslant 3.0$，保光率≥70%		
	其他色	不起泡，不脱落，不开裂，不粉化，$\Delta E^* \leqslant 6.0$ 或商定，保光率≥50%		
	涂层损失（%）≤	15		

① 浅色是指以白色涂料为主要成分，添加适量色浆后配制成的浅色涂料形成的涂膜所呈现的浅颜色。按 GB/T 15608 的规定，明度值为 6~9 之间（三刺激值中的 $Y_{D65} \geqslant 31.26$）。

② 耐人工气候老化性和天然暴晒试验两者可选一种，鼓励进行更长时间的自然气候暴露试验。

③ 试板的原始光泽≤50 单位值时不进行保光率评定。

三、水性涂料

1. 水性涂料涂装体系选择通则（GB/T 18178—2000）

【用途】 本标准适用于钢铁件的涂装。

【定义】

术 语	定 义
1. 水性涂料	完全或主要以水为介质的涂料
2. 涂层体系	涂料经涂覆并固化后形成的多层涂膜
3. 涂装体系	表面预处理、涂料和涂料施工的总称

【表面预处理】 表面预处理主要包括脱脂、除锈和磷化等工序，根据工件表面状态、水性涂料的施工要求和工件的使用环境等因素，可以全部采用或部分采用。

234

项 目	指 标
1. 脱脂	工件脱脂后，表面应无油脂、油污、酸、碱、盐液等，脱脂效果按相关标准规定进行
2. 除锈	工件除锈后，表面应无氧化皮、型砂、锈迹等。可以采用机械除锈，也可以采用化学除锈，或两者组合除锈（如超声波除锈等） （1）机械除锈：机械除锈包括喷射、抛射、火焰、手工工具和动力工具除锈等。机械除锈按 GB/T 8923.1 的规定执行，工件除锈后表面应达到 Sa2 1/2 或 St2 或 CFI，可按具体情况选定 （2）化学除锈：化学除锈通常又称为酸洗。化学除锈及工件除锈后达到的表面状态应符合 JB/T 6978 中相应的规定
3. 磷化	不同水性涂料对磷化工序的要求差别很大，自泳涂料不需要磷化；除非另有规定，其他水性涂料作为底层时建议采用磷化，经磷化后工件表面形成的磷化膜应符合 GB/T 6807 或 GB/T 11376 中相应的规定

【分类】

分 类	型 别
水性涂料分类	（1）Ⅰ型为乳胶涂料
	（2）Ⅱ型为自泳涂料
	（3）Ⅲ型为电泳涂料
	（4）Ⅳ型为Ⅰ型、Ⅱ型和Ⅲ型之外的水性涂料

【技术要求】

（1）一般要求

序号	指 标
1	涂料的颜色、组成、包装、标志等应符合产品标准或相应技术规范的要求
2	涂料应能自干或烘干
3	涂料使用前取样复验，并应符合产品标准或相应技术规范的要求
4	多种涂料配合使用时，供方应进行需方认可的配套试验

（2）技术要求

项 目	指 标			
	Ⅰ型	Ⅱ型	Ⅲ型	Ⅳ型
铅笔硬度	符合产品技术要求	≥2H	阳极电泳涂料：≥H 阴极电泳涂料：≥2H	符合产品技术要求
柔韧性	≤2mm	≤2mm	≤1mm	≤2mm
耐冲击性	≥40cm	≥45cm	≥45cm	≥40cm
附着力/级	≤2	≤1	≤1	≤2
耐水性（甲法）	符合产品技术要求	符合产品技术要求	阳极电泳涂料：符合产品技术要求 阴极电泳涂料：≥1000h	符合产品技术要求

235

（续）

项　目	指　标			
	Ⅰ型	Ⅱ型	Ⅲ型	Ⅳ型
耐盐水性（甲法）	≥24h	—	—	水性醇酸涂料：≥48h 水性环氧涂料：≥120h 水性丙烯酸涂料：≥120h 其他水性涂料：≥48h
耐盐雾性	—	≥240h	聚丁二烯阳极电泳涂料：≥240h 丙烯酸阳极电泳涂料：≥120h 其他阳极电泳涂料：≥24h 厚膜型阴极电泳涂料：≥1000h 其他阴极电泳涂料：≥720h	符合产品技术要求

【涂层体系中涂料的选用】 应按相应的基体表面状况、涂料性能、工件的使用环境和使用目的等选择构成涂层体系的各层相应的涂料。常用水性涂料在涂层体系中的选用见下表。

常用水性涂料在涂层体系中的选用表

	品　种	底层	中间层	面层	底面合一层
Ⅰ型	丙烯酸金属乳胶涂料	Y	Y	Y	Y
	苯丙金属乳胶涂料	Y	Y	Y/N	Y/N
Ⅱ型	偏氯乙烯系自泳涂料	Y	N	N	Y/N
	丙烯酸系自泳涂料	Y	N	N	Y
Ⅲ型	丙烯酸阳极电泳涂料	Y	N	N	Y
	环氧阳极电泳涂料	Y	N	N	Y
	聚丁二烯阳极电泳涂料	Y	N	N	Y/N
	环氧阴极电泳涂料	Y	N	N	Y/N
	丙烯酸阴极电泳涂料	Y	N	N	Y
Ⅳ型	水性醇酸涂料	Y	Y	Y	Y
	水性丙烯酸涂料	Y/N	Y/N	Y	Y
	水性环氧防锈涂料	Y	Y	N	N
	水性聚酯涂料	Y/N	Y	Y/N	Y

注：Y—可以选用，N—不能选用，Y/N—由供需双方协商确定选用或不选用。

【涂料施工】

项　目	指　标
1. 表面预处理	表面预处理按本标准第5章执行
2. 施工条件	水性涂料的施工一般应在清洁、空气流通、光线充足的地方进行，根据各种水性涂料本身的特点选择温度、湿度、调配方法、重涂间隔时间等参数
3. 施工方法	根据水性涂料本身的特点和待涂工件的要求，选择浸涂、刷涂、滚涂、电泳、自泳、喷涂等中的一种或几种组合
4. 固化	应根据各种水性涂料的特性选择固化温度、时间、方法等

【脱脂效果简易判定方法】

名称	操作方法	结果
水浸润法	清洗后的工件浸入自来水中，取出观察表面的水膜是否连续或挂水珠。表面若留有残渣时，应在弱酸中浸洗后，取出观察水膜是否连续或挂水珠。用表面活性剂清洗时，应在自来水中反复浸洗 2~3 次，取出观察水膜是否连续或挂水珠	水膜连续和不挂水珠者为合格，不连续或挂水珠者为不合格
揩试法	清洗后的工件用白布或白纸揩拭，观察白布或白纸上留有的污迹。工件表面的灰垢等较重时，不推荐使用该方法	白布或白纸上不留污迹为合格，留有污迹为不合格

【常用水性涂料品种及用途】

Ⅰ型、Ⅱ型、Ⅲ型和Ⅳ型水性涂料的常用品种及用途分别见以下各表。

（1）Ⅰ型水性涂料常用品种及用途

涂料品种	成膜条件	性能和用途
苯丙金属乳胶涂料	表干：1h；实干：24h；烘干：140~160℃，1h	涂膜耐水洗、耐磨、耐候性好，防锈性能超过醇酸和过氯乙烯防锈涂料。适用于钢铁底材、铝合金及镀锌板等的涂装
丙烯酸金属乳胶涂料	表干：1h；实干：24h；烘干：90~110℃，1h	涂膜防锈性能好，可与过氯乙烯、醇酸、硝基、丙烯酸面漆配套使用。适用于机床、铸件、铁制家具、法兰盘等产品的涂装。对铝合金表面、镀锌薄板表面、有潮气的金属表面涂装效果好
聚氨酯乳胶涂料	表干：1h；实干：24h	涂膜耐久性、耐磨性、防锈性优异，可作为底漆，多用于汽车工业

（2）Ⅱ型水性涂料常用品种及用途

涂料品种	成膜条件	性能和用途
丙稀酸系自泳涂料	烘干：二段烘干，110℃，15min；170℃，20min	涂膜具有优良的耐盐雾、耐酸、耐碱性能，适用于汽车车架及部件、仪器仪表、农机具等的涂装
偏氯乙烯系自泳涂料	烘干：100~110℃，20~30min	涂膜具有比丙烯酸系自泳涂料更优良的耐盐雾性能，附着力略低于丙烯酸系自泳涂料，适用于汽车车架及部件、仪器仪表、农机具等的涂装

（3）Ⅲ型水性涂料常用品种及用途

涂料品种	成膜条件	性能和用途
环氧阳极电泳涂料	电泳电压：60～100V 电泳时间：2～3min 固化温度：150～170℃ 固化时间：20～30min	涂膜具有较好的附着力和物理力学性能。适用于钢铁、铝及合金等的涂装
丙烯酸阳极电泳涂料	电泳电压：130～170V 电泳时间：2～3min 固化温度：170～190℃ 固化时间：20～30min	涂膜防锈性、耐候性、耐光性较好。可用于轻工、家电和铝材等的涂装
聚丁二烯阳极电泳涂料	电泳电压：80～200V 电泳时间：2～3min 固化温度：150～180℃ 固化时间：20～30min	涂膜防锈性能良好，物理力学性能优异，槽液稳定性好。适用于钢板、钢条、金属部件、汽车车身等的涂装
环氧阴极电泳涂料	电泳电压：150～250V 电泳时间：2～3min 固化温度：160～190℃ 固化时间：20～30min	涂膜具有良好的耐水性、耐潮性和优良的物理力学性能。可用于军工、汽车、农机、家电、仪表等行业的金属制品涂装
丙烯酸阴极电泳涂料	电泳电压：120～200V 电泳时间：2～3min 固化温度：170～190℃ 固化时间：20～30min	涂膜耐候性、装饰性优异，清漆涂层光亮平滑，透明清澈。可用作金属精饰件的透明罩光涂层。添加各类彩色颜料，可使涂膜色彩鲜艳

（4）Ⅳ型水性涂料常用品种及用途

涂料品种	成膜条件	性能和用途
水性醇酸涂料	烘干：130～150℃，20min	铅笔硬度：≥HB；冲击强度：50cm；柔韧性：1mm。可用于钢结构件、机械零件、汽车部件等的涂装
水性丙烯酸涂料	烘干：120～160℃，30min	铅笔硬度：≥H；冲击强度：50cm；附着力（划格法）：≤1级；涂膜耐盐雾、耐水性、附着力较好。不仅可作为底层，也可作为底面合一层。可用于汽车、家用电器、仪表、食品罐内壁等的涂装
水性环氧防锈涂料	烘干：80～100℃，30min	铅笔硬度：≥H；冲击强度：50cm；附着力（划格法）：0级；涂膜耐水性、防锈性能好。适用于黑色金属防锈打底

（续）

涂料品种	成膜条件	性能和用途
水性环氧聚酯涂料	烘干：130~140℃，30min	铅笔硬度：≥H；冲击强度：50cm；附着力（划格法）：≤1级；涂膜具有优良的附着力。适用于汽车和农用车框架、底盘和零部件、家用电器和仪器仪表等的涂装
水性聚酯涂料	烘干：二段烘干，80℃，10min；160℃，20min	铅笔硬度：≥2H；冲击强度：50cm；附着力（划格法）：≤1级；涂膜硬而坚韧、丰满光亮，耐污染性好。适用于卷材、汽车车身、轻工产品等的涂装

2. 水性丙烯酸树脂涂料（HG/T 4758—2014）

【用途】 本标准适用于以丙烯酸酯树脂为主要成膜物质的水性单组分或双组分涂料。产品主要用于金属表面的装饰与保护。

本标准不适用于以丙烯酸-聚氨酯树脂为主要成膜物质的水性涂料。

【产品分类】 本标准将水性丙烯酸树脂涂料产品分为以下3个类型：

1）Ⅰ型：烘烤交联固化型涂料。

2）Ⅱ型：常温自干型单组分涂料。Ⅱ型产品又可分为底漆和面漆。

3）Ⅲ型：常温交联固化型双组分涂料。Ⅲ型产品又可分为底漆和面漆。

【要求】

项 目		指 标				
		Ⅰ型	Ⅱ型		Ⅲ型	
			底漆	面漆	底漆	面漆
在容器中状态		搅拌混合后无硬块，呈均匀状态				
贮存稳定性（50℃±2℃，7d）		无异常				
不挥发物含量（%）≥ 清漆 色漆		30 35				
细度①/μm ≤		30	—	40	—	30
干燥时间 表干/h 实干/h		— 商定	2 24			
漆膜外观		正常	—	正常	—	正常
耐冲击性 ≥		40cm				
弯曲试验		2mm				
划格试验 （划格间距1mm） ≤		1级				

（续）

项　目	指　标				
	Ⅰ型	Ⅱ型		Ⅲ型	
		底漆	面漆	底漆	面漆
铅笔硬度（擦伤）　　≥	HB	—	2B	—	B
光泽单位值（60°）	商定	—	商定	—	商定
耐水性	168h 不起泡，不脱落，允许轻微变色	24h 不起泡，不脱落，允许轻微变色		96h 不起泡，不脱落，允许轻微变色	
耐挥发油性（符合 SH 0004—1990 的溶剂油）	6h 不发软，不发黏，不起泡			6h 不发软，不发黏，不起泡	
耐盐水性（3% NaCl 溶液）	—		96h 不起泡，不生锈，允许轻微变色	—	
耐盐雾性	96h 无起泡、生锈、开裂、剥落等现象		—	48h 无起泡、生锈、开裂、剥落等现象	
耐人工气候老化性[2]	清漆、白色漆	粉化/级　≤	500h 不起泡，不开裂，不剥落			
		粉化/级　≤	1			
		变色/级　≤	2			
		失光[3]/级　≤	2			
	其他色漆		500h 不起泡，不开裂，不剥落			
		粉化/级　≤	1			
		变色/级　≤	商定			
		失光[3]/级　≤	2			

①　含效应颜料，珠光粉、铝粉等的产品除外。
②　仅限室外用产品，底漆除外。
③　试板的原始光泽≤30 单位值时不进行失光评定。

3. 水性环氧树脂防腐涂料（HG/T 4759—2014）

【用途】　本标准适用于金属基材用水性环氧树脂防腐涂料，不适用于水性环氧富锌底漆。

【要求】

（1）底漆、中间漆和面漆的要求

项　目	指　标		
	底漆	中间漆	面漆
在容器中状态	正常		
漆膜外观	正常		
不挥发物含量（%）　　≥	40		

（续）

项　目		指　标		
		底漆	中间漆	面漆
干燥时间/h				
表干	≤	4		
实干	≤	24		
弯曲试验	≤	3mm		
耐冲击性	≥	40cm		
划格试验	≤	1 级		
贮存稳定性（50℃±2℃，14d）		正常		
挥发性有机化合物（VOC）含量/（g/L）	≤	200		
闪锈抑制性		正常	—	
耐水性（240h）		不起泡，不剥落，不生锈，不开裂	—	
耐盐雾性（300h）		不起泡，不剥落，不生锈，不开裂	—	

（2）复合涂层的要求

项　目	指　标
耐水性（240h）	不起泡，不剥落，不生锈，不开裂
耐酸性（50g/L H_2SO_4，24h）	无异常
耐碱性（50g/L NaOH，168h）	无异常
耐湿热性（168h）	不起泡，不剥落，不生锈，不开裂
耐盐雾性（300h）	不起泡，不剥落，不生锈，不开裂

4. 水性浸涂漆（HG/T 4760—2014）

【用途】　本标准适用于以浸涂方式进行涂装的水性漆。产品是由水性树脂、颜料、体质颜料、各种助剂和去离子水配制而成，可用于各种交通车辆的车架和底盘、农机具、石油化工设备、仪器仪表、五金构件等金属设施表面的防护涂装。

【产品分类】

本标准将水性浸涂漆分为：

1）Ⅰ型为烘烤交联固化型浸涂装，如树脂采用水性丙烯酸树脂、水性聚酯树脂、水性醇酸树脂等，交联剂采用氨基树脂、封闭异氰酸酯等。

2）Ⅱ型为低温烘烤或高温干型浸涂漆，如树脂采用水性丙烯酸乳液、水性醇酸树脂、水性环氧酯树脂等。

【要求】

项　目		指　标	
		Ⅰ型	Ⅱ型
在容器中状态		搅拌后均匀无硬块	
贮存稳定性（50℃±2℃，7d）		贮存前后细度的变化≤原漆细度+5μm	
耐冻融性①（3次循环）		—	不变质
原漆 pH 值		商定	
原漆不挥发物含量（%）		商定	
细度/μm	≤	50	
干燥时间/min		商定	
漆膜外观		正常	
光泽单位值（60°）		商定	
耐冲击性		50cm	≥40cm
弯曲试验		2mm	
铅笔硬度（擦伤）	≥	HB	2B
划格试验	≤	1级	
耐水性		168h 无异常	48h 无异常
耐盐水性（3% NaCl）			48h 无异常
耐中性盐雾性（试板不划痕）		120h 允许轻微变色，无生锈、起泡、脱落、开裂等现象	—
耐人工气候老化性②		200h 无生锈、起泡、脱落、开裂，变色、失光≤2级，粉化≤1级	

① 限树脂为合成乳液类的Ⅱ型产品。

② 限直接用于户外产品。

5. 水性聚氨酯涂料（HG/T 4761—2014）

【用途】　本标准适用于以水为分散介质，聚氨基甲酸酯树脂为主要成膜物，添加颜填料（清漆不加）和助剂施涂于金属和水泥砂浆、混凝土等一些无机非金属基材表面起装饰和保护作用的常温自干型单、双组分和单组分高温烘烤型水性聚氨酯涂料。

本标准不适用于在木器、塑料、纸张、织物以及皮革基材表面使用的水性聚氨酯涂料。

【产品分类】　本标准根据水性聚氨酯涂料的主要应用领域将其分为金属表面用涂料和无机非金属表面用涂料。其中金属表面用水性聚氨酯涂料根据性能要求的不同分为底漆和面漆。

【要求】

（1）金属表面用涂料产品的要求

项　目			指　标	
			面漆	底漆
在容器中状态			搅拌后均匀无硬块	
细度/μm （含片状颜料、效应颜料的产品除外）		≤	40	50
不挥发物含量（%）			商定	
贮存稳定性（50℃±2℃，7d）			无异常	
干燥时间[①]/h				
表干		≤	2	
实干		≤	24	
烘干			通过	
涂膜外观			正常	
铅笔硬度（擦伤）		≥	B	—
划格试验		≤	1级	
弯曲试验			2mm	
耐冲击性			50cm	
光泽单位值（60°）			商定	—
耐磨性（500g，500r）		≤	0.06g	
耐干热性（70℃±2℃，15min）		≤	2级	
复合涂层	耐水性		48h 无异常	—
	耐酸性[②]（50g/L H_2SO_4）		24h 无异常	
	耐碱性[②]（50g/L NaOH）		24h 无异常	
	耐盐雾性[③]		400h 不起泡， 不脱落，不生锈	
	耐人工气候老化性[④]	白色	500h 不起泡， 不剥落，无裂纹	
		粉化/级 ≤	1	
		变色/级 ≤	2	
		失光[⑤]/级 ≤	2	
		其他色	500h 不起泡， 不剥落，无裂纹	
		粉化/级 ≤	1	
		变色/级 ≤	商定	
		失光[⑤]/级 ≤	商定	

① 自干型产品测试表干干燥时间和实干干燥时间，烘干型产品测试烘干干燥时间。

② 含金属颜料的产品该项目可商定是否需要测试。

③ 限有防腐要求的产品测试该项目。

④ 限室外用产品测试该项目。

⑤ 试板的原始光泽＜20 单位值不进行失光评定。

（2）无机非金属表面用涂料产品的要求

项 目		指 标
在容器中状态		搅拌后均匀无硬块
不挥发物含量（%）		商定
贮存稳定性（50℃±2℃，7d）		无异常
干燥时间[1]/h		
表干	≤	2
实干	≤	24
烘干		商定
涂膜外观		正常
划格试验	≤	1 级
铅笔硬度（擦伤）	≥	B
耐磨性[2]（750g，500r）	≤	0.06g
耐水性		96h 无异常
耐碱性[3]		48h 无异常
涂层耐温变性（3 次循环）		无异常
耐人工气候老化性[4]	白色	800h，不起泡，不剥落，无裂纹
	粉化/级 ≤	1
	变色/级 ≤	2
	失光[5]/级 ≤	2
	其他色	800h，不起泡，不剥落，无裂纹
	粉化/级 ≤	1
	变色/级 ≤	商定
	失光[5]/级 ≤	商定

① 自干型产品测试表干干燥时间和实干干燥时间；烘干型产品测试烘干干燥时间。

② 适用于有耐磨性能要求的产品。

③ 含金属颜料的产品该项目可商定是否需要测试。

④ 限室外用产品测试该项目。

⑤ 试板的原始光泽＜20 单位值不进行失光评定。

6. 水性醇酸树脂涂料（HG/T 4847—2015）

【用途】　本标准适用于以水性醇酸树脂或水性改性醇酸树脂为主要成膜物质且通过氧化干燥成膜的水性醇酸树脂涂料。产品用于金属、木材等其他材质表面的一般性保护。

【要求】

项 目	指 标	
	底漆	面漆
在容器中状态	搅拌混合后无硬块，呈均匀状态	
黏度（KU 值）	商定	
细度[1]/μm	60	30
结皮性（48h）	不结皮	
冻融稳定性（3 次循环）	不变质	
热储存稳定性[（50 ± 2）℃,7d]	通过	
遮盖力[2]/（g/m^2） ≤		
白色	—	200
黑色		45
其他色		商定
不挥发物含量（%） ≥	40	
挥发性有机化合物含量（VOC 含量）/（g/L） ≤	300	
施工性	施工无障碍	
漆膜外观	正常	
闪锈抑制性	正常	
干燥时间/h ≤		
表干	8	
实干	24	
弯曲试验 ≤	3mm	
耐冲击性 ≥	40cm	
划格试验 ≤	1 级	
光泽单位值（60°）	—	商定
硬度（擦伤） ≥	0.2	
耐水性（24h）		无异常
耐盐水性（3% NaCl, 24h）	无异常	
耐人工气候老化性[3]（200h）		不起泡，不开裂，不剥落，不粉化 白色、黑色：变色≤2 级，失光≤3 级 其他色：失光、变色商定

① 含片状颜料和效应颜料，铝粉、云母氧化铁、玻璃鳞片、珠光粉等的产品除外。

② 清漆和含有透明颜料的产品除外。

③ 限于室外用面漆。

第八章 电工用漆

一、绝缘漆

1. 氨基烘干绝缘漆 （HG/T 3371—2012）

【用途】 本标准适用于以氨基树脂和醇酸树脂为主要成膜物制成的氨基烘干绝缘漆，主要用于浸渍亚热带地区电机、电器、变压器线圈绕组作抗潮绝缘。

【要求】

项　　目		指　　标
原漆外观		透明，无机械杂质
黏度/s		商定
酸值（以 KOH 计）/(mg/g)	≤	8
不挥发物含量（%）	≥	45
干燥时间（实干）(105±2)℃/2h		通过
漆膜外观		正常
厚层干燥		通过
吸水率（%）	≤	1
耐热性[(150±2)℃烘 30h 后通过 3mm 弯曲]		不开裂
耐油性（浸入 10# 变压器油中 24h）		通过
击穿强度/(kV/mm)　　　　　　　　常态 　　　　　　　　受潮	≥	90 70
体积电阻系数/(Ω·cm)　　　　　　常态 　　　　　　　　受潮	≥	1×10^{14} 2×10^{12}

2. 醇酸烘干绝缘漆 （HG/T 3372—2012）

【用途】 本标准适用于由醇酸树脂为主要成膜物制成的醇酸烘干绝缘漆，主要用于电机、变压器绕组的浸渍；还可用于做云母带和柔软云母板的黏合剂。

【产品分类】

本标准根据醇酸烘干绝缘漆的主要应用领域将其分为Ⅰ型和Ⅱ型。

Ⅰ型：主要用于电机、变压器绕组的浸渍。

Ⅱ型：主要用作云母带和柔软云母板的黏合剂。

【要求】

项　目		指　标	
		Ⅰ型	Ⅱ型
原漆外观		透明，无机械杂质	
黏度/s		商定	
酸值（以 KOH 计）/（mg/g）	≤	12	
不挥发物含量（%）	≥	45	
干燥时间（实干）		$(105 \pm 2)℃$，2h 通过	$(90 \pm 2)℃$，2h 通过
漆膜外观		正常	—
耐热性		$(105 \pm 2)℃$，48h 通过	$(150 \pm 2)℃$，50h 通过
耐油性（浸入 10 号变压器油中）		$(105 \pm 2)℃$，24h 通过	$(135 \pm 2)℃$，3h 通过
击穿强度/（kV/mm）　　　　≥ 常态 受潮		90 50	70 35

3. 有机硅烘干绝缘漆（HG/T 3375—2003）

【组成】 由聚甲基苯硅氧烷、二甲苯配制而成。该漆为 H 级绝缘材料。

【产品分类】

型别	用　途
Ⅰ型	主要用于浸渍短期在 250～300℃ 工作的电器线圈及长期在 180～200℃ 运行的电机电器线圈
Ⅱ型	主要用于浸渍玻璃丝包线及玻璃布，也可用作半导体管保护层

【技术要求】

项　目	指　标	
	Ⅰ型	Ⅱ型
原漆外观	淡黄色至黄色或红褐色均匀液体，允许有乳白色，无机械杂质	

（续）

项　目		指　标	
		Ⅰ 型	Ⅱ 型
黏度（涂-4）/s		25 ~ 60	25 ~ 75
固体含量（%）	≥	50	55
干燥时间（200℃ ±2℃）/h	≤	2	1.5
耐热性[(200 ±2)℃,200h]		通过试验	
击穿强度/(kV/mm)	≥		
常态[(23 ±2)℃,相对湿度(50 ±5)%]		65	70
热态[(200 ±2)℃]		30	35
受潮[(23 ±2)℃蒸馏水中浸24h 后]		40	45
体积电阻系数/Ω·cm	≥		
常态[(23 ±2)℃,相对湿度(50 ±5)%]		1×10^{14}	1×10^{13}
热态[(200 ±2)℃]		1×10^{11}	
受潮[(23 ±2)℃蒸馏水中浸24h 后]		1×10^{12}	
加热减量[(250 ±2)℃,3h](%)	≤	5	3
厚层干透性		商定	—
胶合强度		商定	—

【施工参考】

序号	说　明
1	Ⅱ型漆可采取刷涂法或浸渍法施工
2	施工时可用二甲苯稀释

二、浸渍漆

1. 电气绝缘用漆　有机硅浸渍漆（JB/T 3078—2015）

【用途】　本标准适用于电气绝缘用 H 级有机硅浸渍漆。

【分类与命名】

H 级有机硅浸渍漆产品分为未改性与改性两类，其型号分别为：

1）有机硅浸渍漆：1053。

2）聚酯改性有机硅浸渍漆：1054。

【要求】

H 级有机硅浸渍漆的要求

序号	性　能	要　求	
		1053	1054
1	外观	漆液应溶解均匀，无胶粒和杂质，允许呈乳白色；干燥后的漆膜应平整、光滑	
2	黏度（涂-4 黏度计，23℃ ±1℃)/s	25 ~ 60	20 ~ 60

（续）

序号	性 能		要 求	
			1053	1054
3	非挥发物含量（135℃±2℃，3h）(%)		50～55	
4	表面干燥性	200℃±2℃，2h	不黏	—
		180℃±2℃，1h	—	不黏
5	厚层固化性		不次于 S1-U1-I4.2 均匀	
6	漆在敞口容器中的稳定性		黏度增长不超过起始值的 4 倍	
7	漆对漆包线的作用		铅笔硬度≥H	
8	弯曲试验（φ3mm 圆柱芯轴）	200℃±2℃，150h	不开裂	—
		200℃±2℃，75h	—	不开裂
9	工频电气强度/（MV/m）	23℃±2℃	≥70	≥90
		200℃±2℃	≥30	≥30
		23℃±2℃，浸水 24h 后	≥60	≥60
10	体积电阻率/Ω·m	23℃±2℃	≥1.0×10^{12}	≥1.0×10^{13}
		200℃±2℃	≥1.0×10^9	≥1.0×10^9
		23℃±2℃，浸水 7d 后	≥1.0×10^6	≥1.0×10^7
11	耐溶剂蒸汽性（苯、丙酮、甲醇、乙烷、二硫化碳）		涂层附着情况无变化，如不剥离，不起泡，不滴流，不发黏（允许轻微发黏），五种溶剂通过其中任意两种	
12	温度指数		≥180	

2. 改性聚酯浸渍漆（JB/T 7094—1993）

【组成】 由改性聚酯树脂与丁醇改性甲酚甲醛树脂溶于二甲苯中调制而成，型号为 1040。

【用途】 浸渍性好，干后耐热、绝缘性好。可适用于电机、电器、变压器线圈的浸渍绝缘涂装。

【技术要求】

项 目	指 标
外观	漆应是均匀透明液体，无机械杂质，干后漆膜应光滑
黏度（涂-4 黏度计，23℃±1℃）/s	35±10

（续）

项　目	指　标
固体含量（105℃±2℃,2h）（%）	46±2
闪点/℃	供需双方商定
厚层固化能力	不差于 S1－U1－I4.2 均匀
漆在敞口容器中的稳定性	黏度增长值不大于标称值的 4 倍
漆对漆包线的作用	铅笔硬度不软于 H
体积电阻率/MΩ·m　　　　　≥	
浸水前,23℃±2℃	$1.0×10^4$
浸水 7d 后	$1.0×10$
电气强度/（MV/m）　　　　　≥	
浸水前,23℃±2℃	70
浸水 24h 后	60
155℃±2℃	30
耐溶剂蒸气性（23℃±2℃,7d 后）	附着情况无变化,不剥落,不起泡,不流挂,不发黏（允许稍有发黏）,至少有 2 种溶剂试验通过
弹性（心轴直径 3mm）	不开裂
温度指数　　　　　　　　　　≥	155

【施工参考】

序号	说　明
1	按产品说明书要求选择涂料稀释剂、涂料黏度、浸渍时间、入出槽速度、滴漆时间等工艺参数进行浸渍施工
2	施工场所要有良好的排风、防火措施

3. 环氧少溶剂浸渍漆（JB/T 7771—1995）

【组成】　由 E 型环氧树脂和植物油酸酐溶解于有机溶剂调制而成,型号为 1034。

【用途】　该漆固体含量高（70% 以上）,黏度小,漆膜平整光滑,附着力好,耐热,耐化学腐蚀,属于 B 级绝缘漆。适用于电器、电机、变压器等线圈绕组的浸渍绝缘涂装。

【技术要求】

项　目	指　标
外观	漆应为透明液体,无机械杂质和不溶解的粒子,固化后漆膜应平整光滑
黏度（涂-4 黏度计,23℃±1℃）/s	20~60

（续）

项　目	指　标
固体含量（145℃ ±2℃ ,2h）（%）　≥	70
闪点/℃	由供需双方商定
厚层固化能力	不次于 S1 – U1 – I4.2 均匀
漆在敞口容器中的稳定性	黏度增长值不大于初始值的 4 倍
漆对漆包线的作用	铅笔硬度不软于 H
弹性	不开裂
体积电阻率/Ω·m　≥	
常态时	1×10^{12}
浸水 7d 后	1×10^{10}
电气强度/（MV/m）　≥	
常态时	80
浸水 24h 后	60
130℃ ±2℃	30
耐溶剂蒸气性（苯、丙酮、甲醇、乙烷、二硫化碳，在23℃ ±2℃下暴露7d 后）	附着情况无变化，不剥落，不起泡，不流挂，不发黏（或稍有发黏），5 种溶剂试验至少有 2 种通过
温度指数　≥	130

【施工参考】

序号	说　明
1	一般用浸渍法施工
2	按产品说明书的要求选择涂料稀释剂，对于涂料黏度、浸渍时间、工件出入槽速度、滴漆时间等，应参照说明书规定的工艺参数进行施工
3	施工场所要有良好的排风和防火措施

4. 环氧酯浸渍漆（JB/T 9557—1999）

【组成】　用亚麻油酸与环氧树脂经酯化聚合后再与丁醇醚化三聚氰胺树脂及有机溶剂等调制而成。

【用途】　具有良好的耐热性和附着力，耐油性和柔软性也较好，并耐腐蚀性气体。适用于湿热带及化工防腐蚀电机绕组和电信器材等的绝缘防护涂装。

【技术要求】

项　　目	指　　标
外观	漆应溶解均匀，不应乳浊和含有杂质，漆膜干后应平滑
黏度（涂-4 黏度计，23℃±2℃）/s	45±6
固体含量（120℃±2℃，2h）（%）	50±2
漆膜干燥时间（120℃±2℃，2h）	不黏
厚层固化能力	不次于 S1－U1－I4.2 均匀①
酸值/（mgKOH/g）　　　　≤	6
漆在敞口容器中的稳定性	黏度增长值不大于起始黏度的 4 倍
漆对漆包线的作用	铅笔硬度不软于 H
弹性（心轴直径 3mm）	漆膜不开裂
工频电气强度/（MV/m）　　　≥	
23℃±2℃	70
130℃±2℃	30
23℃±2℃浸水 24h 后	60
体积电阻率/Ω·m　　　　≥	
23℃±2℃	$1×10^{12}$
130℃±2℃	$1×10^{8}$
23℃±2℃浸水 7d 后	$1×10^{8}$
耐溶剂蒸气性（苯、丙酮、甲醇、乙烷、二硫化碳）	涂层附着无变化，不剥落，不起泡，不滴流，不发黏（仅允许稍有发黏），5 种溶剂试验至少有 2 种通过
温度指数　　　　　　　≥	130

① 表示按 GB/T 1981.2 标准中规定，以 10℃/20min 的速度升温，分别在 90℃和110℃各保持 1h，然后继续升温至 120℃±2℃，并保持 16h。

【施工参考】

序号	说　　明
1	以浸渍法施工
2	可按产品说明书的规定选择涂料稀释剂和涂料黏度、漆液温度、浸渍时间、工件出入槽的速度、滴漆时间、烘干条件等工艺参数施工
3	涂装场所应有良好的通风和防火措施

5. 亚胺环氧浸渍漆（JB/T 7095—1993）

【组成】　由亚胺化合物和环氧化合物经反应溶于有机溶剂甲苯中而成。

【产品分类】

分类方法	分类名称
按黏度范围不同分	（1）低黏度型号为 1041-1
	（2）高黏度型号为 1041-2

【技术要求】

序号	项目		指标	
			1041-1	1041-2
1	外观		漆液均匀，不应乳浊，不含机械杂质，干后漆膜较光滑	
2	黏度（4 号黏度计，23℃±1℃）/s		16±4	35±10
3	固体含量（130℃±2℃，1h）(%)		45±2	
4	干燥时间（135℃±2℃）/min		≤90	
5	厚层固化能力		不差于 S1－U1－I4.2 均匀	
6	闪点/℃		供需双方商定	
7	漆在敞口容器中的稳定性		黏度增长值不超过标称值的 4 倍	
8	漆对漆包线的作用		铅笔硬度不软于 H	
9	粘结强度/N	常态	≥80	
		155℃±2℃	≥8	
10	电气强度/（MV/m）	浸水前，23℃±2℃	≥70	
		155℃±2℃	≥40	
		浸水 24h 后	≥60	
11	体积电阻率/MΩ·m	浸水前，23℃±2℃	$\geq 1.0 \times 10^6$	
		155℃±2℃	$\geq 1.0 \times 10^2$	
		浸水 7h 后	$\geq 1.0 \times 10^2$	
12	耐溶剂蒸气性		附着情况无变化，不剥落，不起泡，不流挂，不发黏（或稍有发黏），五种溶剂试验至少有两种通过	
13	温度指数		≥155	

6. 电气绝缘用漆 第 4 部分：聚酯亚胺浸渍漆（GB/T 1981.4—2009）

【用途】 本部分适用于电气绝缘用 H 级聚酯亚胺浸渍漆。

【型号】 H 级聚酯亚胺浸渍漆的型号为：1056。

【要求】

序号	性　能	要　求
1	外观	漆液应为透明，无机械杂质和不溶解的粒子；漆膜应平整、有光泽
2	黏度（4 号杯，23℃±1℃）/s	70±7
3	非挥发物含量（130℃±2℃，2h）（%）	50±2
4	厚层固化［（120℃±2℃，4h）＋（150℃±2℃，8h）］	不次于 S1-U1-I4.2 均匀
5	漆对漆包线的影响	铅笔硬度不低于 2H
6	体积电阻率/Ω·m 　常态（23℃±2℃） 　浸水（常温，168h）后	$\geqslant 1.0 \times 10^{12}$ $\geqslant 1.0 \times 10^{10}$
7	介质损耗因数（180℃±2℃）	供需双方商定
8	电气强度/(MV/m) 　常态（23℃±2℃） 　热态（180℃±2℃）	$\geqslant 100$ $\geqslant 80$
9	耐变压器油（105℃±2℃，168h）	不变色，不起泡，不发黏
10	粘结强度（螺旋线圈法）/N 23℃±2℃ 180℃±2℃	$\geqslant 120$ $\geqslant 6.0$
11	温度指数	$\geqslant 180$

7. 电气绝缘用漆　第5部分：快固化节能型三聚氰胺醇酸浸渍漆（GB/T 1981.5—2009）

【用途】 本部分适用于 B 级快固化节能型三聚氰胺醇酸浸渍漆。

【型号】 B 级快固化节能型三聚氰胺醇酸浸渍漆的型号为：1038。

【要求】

序号	性　能	要　求
1	外观	漆液应透明，无机械杂质和不溶解的粒子；漆膜应平滑，有光泽，无机械杂质和颗粒等

（续）

序号	性　能	要　求
2	闪点/℃	≥21
3	黏度（4 号杯，23℃±1℃）/s	30~50
4	酸值/（mgKOH/g）	≤10
5	非挥发物含量（105℃±2℃，2h）（%）	40±2
6	漆在敞口容器中的稳定性（50℃±2℃，96h）	黏度增长不超过起始值的 4 倍
7	厚层固化	不次于 S1-U1-I4.2 均匀
8	漆对漆包线的影响	铅笔硬度不低于 H
9	弯曲试验（φ3mm 圆柱芯轴）	漆膜不开裂
10	表面干燥性（105℃±2℃）/h	≤1
11	体积电阻率/Ω·m 常态（23℃±2℃） 浸水（常温，168h）后	≥1.0×10^{12} ≥1.0×10^{8}
12	电气强度/（MV/m） 常态（23℃±2℃） 热态（130℃±2℃）	≥80 ≥40
13	耐溶剂蒸气性 （二甲苯、丙酮、甲醇、正己烷、二硫化碳）	附着情况无变化，不剥落，不起泡，不流挂，不发黏（仅允许稍有发黏），五种溶剂试验至少有两种通过
14	温度指数	≥130

8. 电气绝缘用漆　第 6 部分：环保型水性浸渍漆（GB/T 1981.6—2014）

【用途】　本部分适用于环保型水溶浸渍漆和水乳浸渍漆。

【要求】

序号	性　能	要　求	
		水溶浸渍漆	水乳浸渍漆
1	外观	浅棕黄色均匀液体，无机械杂质和不溶解的颗粒	乳白色均匀液体，无机械杂质和不溶解的颗粒
2	闪点/℃	≥93	≥100

序号	性 能		要 求	
			水溶浸渍漆	水乳浸渍漆
3	黏度（涂-4黏度计，23℃±1℃）[①]/s		40~110	20~80
4	pH 值		6.5~9.0	6.5~9.0
5	非挥发物含量（130℃±2℃，1h）[①]（%）		30±3	50±5
6	挥发性有机物含量（%）		≤15	≤5
7	漆在敞口容器中的稳定性（50℃±2℃，96h）		不分层，黏度增长不大于起始值的1倍	不分层，黏度增长不大于起始值的1倍
8	表面干燥性/h	130℃±2℃	≤1	—
		150℃±2℃	—	≤2
9	漆对漆包线的作用		铅笔硬度不低于2H	铅笔硬度不低于2H
10	漆和铜的反应		铜不变色	铜不变色
11	体积电阻率/Ω·m 常态（23℃±2℃） 浸水（23℃±2℃，168h）后		$\geqslant 1.0 \times 10^{10}$ $\geqslant 1.0 \times 10^{8}$	$\geqslant 1.0 \times 10^{11}$ $\geqslant 1.0 \times 10^{9}$
12	电气强度/（MV/m） 常态（23℃±2℃） 浸水（23℃±2℃，24h）后		$\geqslant 70$ $\geqslant 30$	$\geqslant 70$ $\geqslant 30$
13	耐变压器油（105℃±2℃，168h）		不变色，不起泡，不发黏	不变色，不起泡，不发黏
14	粘结强度（螺旋线圈法，23℃±2℃）/N		$\geqslant 60$	$\geqslant 80$
15	温度指数		$\geqslant 130$	$\geqslant 130$

① 在确保表中其余性能的情况下，黏度和非挥发物含量允许供需双方另行商定。

三、覆盖漆

1. 醇酸晾干覆盖漆（JB/T 875—1999）

【组成】 由植物油改性醇酸树脂溶解于200号石油溶剂和二甲苯等溶剂中调制而成。

【用途】 漆膜可自干，绝缘性好，并具有耐油、耐水、耐候性能。可适用于电机设备和零件的表面涂装。

【技术要求】

项　　目	指　　标
外观	漆应溶解均匀，不应含有杂质和不溶解的粒子，漆膜干后应光滑
黏度（涂-4 黏度计，23℃±2℃）/s　　≥	80
酸值/（mgKOH/g）　　≤	18
固体含量（105℃±2℃，2h）（%）	50±3
漆膜干燥时间（23℃±2℃，20h）	不黏（表面允许稍有黏性）
弹性（芯轴直径 3mm，150℃±2℃，6h）	不开裂
耐绝缘液体能力（105℃±2℃变压器油中，24h）	漆膜不溶解，不起泡，不起皱，不松胀
工频电气强度/（MV/m）　　≥	
23℃±2℃	70
90℃±2℃	45
23℃±2℃，浸水 24h 后	30

【施工参考】

序号	说　　明
1	以喷涂、刷涂施工为主
2	可按产品说明书规定的稀释剂和配套涂料进行施工

2. 电气绝缘用醇酸瓷漆（JB/T 9555—1999）

【组成】　由醇酸树脂、颜料、干燥剂、溶剂等调制而成。其型号有：1320 醇酸灰瓷漆、1321 醇酸晾干灰瓷漆、1322 醇酸晾干红瓷漆。

【用途】　漆膜平整光滑，具有良好的绝缘性。1320 适用于电机、电器线圈的覆盖。1321 适用于电机定子和电器线圈的覆盖及各种零件的表面装修。1322 适用于电机定子和电器线圈的覆盖及各种零件的表面修饰。

【技术要求】

项　　目	指　　标		
	1320	1321	1322
漆膜外观	漆膜应平整、光滑、有光泽		
漆膜颜色	B03,B04,B05[①]		R01[①]
黏度（涂-4 黏度计,23℃±2℃）/s　　≥	30		
固体含量（105℃±2℃,2h）（%）	65±5		
细度/μm　　≤	20		25
漆膜干燥时间			
23℃±2℃,24h	—	不黏	
105℃±2℃,3h	不黏	—	

（续）

项　目		指　标		
		1320	1321	1322
遮盖力/（g/m²）	≤	140	125	80
漆膜硬度	≥	0.55	0.45	0.45
弹性（心轴直径3mm，150℃±2℃）				
10h		不开裂	—	—
1h		—	不开裂	—
5h		—	—	不开裂
工频电气强度/（MV/m）	≥			
23℃±2℃		30	30	30
浸水24h后		10	10	7
体积电阻率/Ω·m	≥			
23℃±2℃		1.0×10^{11}	1.0×10^{10}	1.0×10^{10}
浸水24h后		1.0×10^{8}	1.0×10^{8}	1.0×10^{8}
耐电弧性/s	≥		120	100
耐绝缘液体能力（105℃±2℃，变压器油中24h）		漆膜不溶解、起泡、起皱、松胀		

① 表示用目视法测定，应符合 GB/T 3181 标准中的有关规定。

【施工参考】

序号	说　明
1	以刷涂、喷涂为主
2	可按产品说明书要求选用稀释剂调节施工黏度
3	按说明书要求进行漆膜的烘干

四、漆包线漆

1. 漆包绕组线绝缘漆　第1部分：一般规定（JB/T 7599.1—2013）

【用途】　本部分适用于漆包铜（铝）绕组线绝缘漆（简称漆包线漆）。

【术语和定义】

术　语	定　义
1. 耐热等级	用温度指数和热冲击温度来表示的绕组线的热性能
2. 型式试验（T）	按一般商业原则，对本标准规定的一种型号产品在供货前进行试验，以证明该产品具有良好的性能，能满足规定的使用要求。型式试验的本质是一旦进行这些试验后，不必重复进行，如改变漆的材料或配方及工艺会影响漆的性能时，则必须重复进行。如在产品标准中另有规定时，如定期进行等，也应按规定重复进行

（续）

术　语	定　义
3. 抽样试验（S）	在同一制造批中抽取一定数量的漆样上进行的试验，以证明产品符合设计规范
4. 例行试验（R）	制造厂对全部产品进行的试验

【代号及产品表示方法】

（1）代号

1）系列代号：

2）绝缘漆耐热等级代号：

3）品种代号：

（2）产品表示方法

1）除自粘漆产品外，产品用代号表示如下：

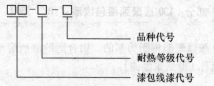

品种代号
耐热等级代号
漆包线漆代号

2）自粘漆产品代号表示如下：

聚乙烯醇缩丁醛自粘漆包线漆：17N1；

聚酰胺自粘漆包线漆：17N2；

芳族聚酰胺自粘漆包线漆：17N3；

环氧自粘漆包线漆：17N4。

3）产品标记由产品代号、标称固体含量和标准编号组成，示例如下：

示例1：180级聚酯亚胺漆，标称固体含量为31%，表示为：1753-31 JB/T 7599.6—2013。

示例2：240级芳族聚酰亚胺漆，标称固体含量为16%，表示为：1786-16JB/T 7599.8—2013。

示例3：聚乙烯醇缩丁醛自粘漆，标称固体含量为12%，表示为：17N1-12 JB/T 7599.11—2013。

2. 漆包绕组线绝缘漆 第2部分：120级缩醛漆包线漆（JB/T 7599.2—2013）

【用途】 本部分适用于120级以聚乙烯醇缩醛树脂为基的、用合适的溶剂溶解稀释制成的缩醛漆包线漆（以下简称120级缩醛漆）。

【使用特性和代号】

项 目	指 标
使用特性	1）120级缩醛漆的耐热等级为120级 2）涂制的漆包线具有较好的耐变压器油的性能
代号	120级缩醛漆的代号为1721

【技术要求】

120级缩醛漆标称 固体含量（%）	120级缩醛漆黏度值	
	4号杯式黏度计/s	旋转式黏度计/(mPa·s)
10	40~100	—
15	—	800~2000
20	—	2000~6500
26	—	5500~11000
其他范围的固体含量由 供需双方协商确定	其他范围的黏度由供需双方协商确定	

注：1. 120级缩醛漆除满足本部分的要求外，还应满足JB/T 7599.1—2013的规定。

2. 如果JB/T 7599.1—2013与本部分有矛盾，以本部分为准。

3. 漆包绕组线绝缘漆 第 3 部分：130 级聚酯漆包线漆（JB/T 7599. 3—2013）

【用途】 本部分适用于 130 级以聚酯树脂为基的、用合适的溶剂溶解稀释制成的聚酯漆包线漆（以下简称 130 级聚酯漆）。

【使用特性和代号】

项　　目	指　　标
使用特性	1）130 级聚酯漆的耐热等级为 130 级 2）涂制的漆包线具有较好的附着性能
代号	130 级聚酯漆的代号为 1730

【技术要求】

聚酯漆标称固体含量（%）	130 级聚酯漆黏度值	
	4 号杯式黏度计/s	旋转式黏度计/(mPa·s)
22	15 ~ 25	—
26	20 ~ 30	—
31	30 ~ 100	—
35	50 ~ 110	—
40		1300 ~ 2200
其他范围的固体含量由 供需双方协商确定	其他范围的黏度由供需双方协商确定	

注：1. 130 级聚酯漆除满足本部分的要求外，还应满足 JB/T 7599. 1—2013 的规定。
　　2. 如果 JB/T 7599. 1—2013 与本部分有矛盾，以本部分为准。

4. 漆包绕组线绝缘漆 第 4 部分：130 级聚氨酯漆包线漆（JB/T 7599. 4—2013）

【用途】 本部分适用于 130 级以多异氰酸酯系的聚氨酯树脂为基的，用合适的溶剂溶解稀释制成的聚氨酯漆包线漆（以下简称 130 级聚氨酯漆）。

【使用特性和代号】

项目	指　　标
使用特性	1）130 级聚氨酯漆的耐热等级为 130 级 2）涂制的漆包线具有直焊性能及在高频下低 $\tan\delta$ 的特性
代号	130 级聚氨酯的代号为 1732

【技术要求】

130 级聚氨酯漆标称固体含量（%）	130 级聚氨酯漆黏度值	
	4 号杯式黏度计/s	旋转式黏度计/(mPa·s)
22	14～20	—
26	15～25	—
31	18～35	—
35	25～45	—
40	40～110	—
其他范围的固体含量由供需双方协商确定	其他范围的黏度由供需双方协商确定	

注：1. 130 级聚氨酯漆除满足本部分的要求外，还应满足 JB/T 7599.1—2013 的规定。

　　2. 如果 JB/T 7599.1—2013 与本部分有矛盾，以本部分为准。

5. 漆包绕组线绝缘漆　第 5 部分：155 级聚酯漆包线漆（JB/T 7599.5—2013）

【用途】　本部分适用于以改性聚酯树脂为基的、用合适的溶剂溶解稀释制成的 155 级聚酯漆包线漆（以下简称 155 级聚酯漆）。

【使用特性和代号】

项目	指标
使用特性	1）155 级聚酯漆的耐热等级为 155 级 2）涂制的漆包线具有较高的热冲击性能
代号	155 级聚酯漆的代号为 1740

【技术要求】

155 级聚酯漆标称固体含量（%）	155 级聚酯漆黏度值	
	4 号杯式黏度计/s	旋转式黏度计/(mPa·s)
22	15～30	—
26	15～30	—
31	25～50	—
35	45～90	—
40	40～110	800～1600
其他范围的固体含量由供需双方协商确定	其他范围的黏度由供需双方协商确定	

注：1. 155 级聚酯漆除满足本部分的要求外，还应满足 JB/T 7599.1—2013 的规定。

　　2. 如果 JB/T 7599.1—2013 与本部分有矛盾，以本部分为准。

6. 漆包绕组线绝缘漆 第 6 部分：180 级聚酯亚胺漆包线漆（JB/T 7599.6—2013）

【用途】 本部分适用于 180 级以聚酯亚胺树脂为基的、用合适的溶剂溶解稀释制成的聚酯亚胺漆包线漆（以下简称 180 级聚酯亚胺漆）。

【使用特性和代号】

项目	指　　标
使用特性	1）180 级聚酯亚胺漆的耐热等级为 180 级 2）涂制的漆包线具有高热冲击性能
代号	180 级聚酯亚胺漆的代号为 1753

【技术要求】

180 级聚酯亚胺漆 标称固体含量(%)	180 级聚酯亚胺漆黏度值	
	4 号杯式黏度计/s	旋转式黏度计/(mPa·s)
22	15 ~ 25	—
25	20 ~ 30	—
30	25 ~ 40	—
35	45 ~ 90	—
40		800 ~ 2000
其他范围的固体含量由 供需双方协商确定	其他范围的黏度由供需双方协商确定	

注：1. 180 级聚酯亚胺漆除满足本部分的要求外，还应满足 JB/T 7599.1—2013 的规定。

　　2. 如果 JB/T 7599.1—2013 与本部分有矛盾，以本部分为准。

7. 漆包绕组线绝缘漆 第 7 部分：200 级聚酰胺酰亚胺漆包线漆（JB/T 7599.7—2013）

【用途】 本部分适用于 200 级以异氰酸酯法合成的聚酰胺酰亚胺树脂为基的、用合适的溶剂溶解稀释制成的聚酰胺酰亚胺漆包线漆（以下简称 200 级聚酰胺酰亚胺漆）。

【使用特性和代号】

项目	指　　标
使用特性	1）200 级聚酰胺酰亚胺漆的耐热等级为 200 级 2）涂制的漆包线具有较好的耐冷冻剂性能及耐溶剂性能，常用于复合漆包线漆的外涂层
代号	200 级聚酰胺酰亚胺漆的代号为 1764

【技术要求】

200 级聚酰胺酰亚胺漆	200 级聚酰胺酰亚胺漆黏度值	
标称固体含量(%)	4 号杯式黏度计/s	旋转式黏度计/(mPa·s)
20	15 ~ 30	—
25	20 ~ 40	—
	—	700 ~ 1200
30	50 ~ 90	—
40	—	1500 ~ 2800
其他范围的固体含量由供需双方协商确定	其他范围的黏度由供需双方协商确定	

注：1. 200 级聚酰胺酰亚胺漆除满足本部分的要求外，还应满足 JB/T 7599.1—2013 的规定。

2. 如果 JB/T 7599.1—2013 与本部分有矛盾，以本部分为准。

8. 漆包绕组线绝缘漆 第 8 部分：240 级芳族聚酰亚胺漆包线漆（JB/T 7599.8—2013）

【用途】 本部分适用于以均苯四酸二酐和二氨基二苯醚为主合成的芳族聚酰亚胺树脂为基的、用合适的溶剂溶解稀释的 240 级芳族聚酰亚胺漆包线漆（以下简称 240 级芳族聚酰亚胺漆）。

【使用特性和代号】

项目	指标
使用特性	1）240 级芳族聚酰亚胺漆的耐热等级为 240 级 2）涂制的漆包线具有优良的耐热性能和耐溶剂性能
代号	240 级芳族聚酰亚胺漆的代号为 1786

【技术要求】

240 级芳族聚酰亚胺漆	240 级芳族聚酰亚胺漆黏度值	
标称固体含量(%)	4 号杯式黏度计/s	旋转式黏度计/(mPa·s)
15	—	1100 ~ 3500
20	—	2500 ~ 4500
27	—	6000 ~ 8000
其他范围的固体含量由供需双方协商确定	其他范围的黏度由供需双方协商确定	

注：1. 240 级芳族聚酰亚胺漆除满足本部分的要求外，还应满足 JB/T 7599.1—2013 的规定。

2. 如果 JB/T 7599.1—2013 与本部分有矛盾，以本部分为准。

9. 耐电晕漆包线用漆（GB/T 24122—2009）

【用途】 本标准适用于以耐高温聚酯亚胺树脂为基材、以纳米材料为改性剂而制得的耐电晕漆包线用漆。

耐电晕漆包线用漆涂制的绕组线具有优良的耐高频脉冲电压特性、耐热性、电绝缘性、附着性、耐磨性和热冲击性，用于制造具有耐电晕要求的变频电机专用绕组线。

【型号】 耐电晕漆包线漆的型号为：D085。

【要求】

（1）耐电晕漆包线漆漆液的性能要求

序号	性　能	要　求
1	外观	漆液均匀，无机械杂质和颗粒
2	固体含量（%）	38±3
3	黏度/s	300~700
4	纳米材料含量（%）	≥6.0

（2）耐电晕漆包线漆中限用物质的要求

序号	限 用 物 质	要　求
1	镉(Cd)/(mg/kg)	≤100
2	铅(Pb)/(mg/kg)	≤1000
3	汞(Hg)/(mg/kg)	≤1000
4	六价铬(Cr^{+6})	≤1000
5	多溴联苯(PBBs)/(mg/kg)	≤1000
6	多溴二苯醚(PBDEs)/(mg/kg)	≤1000

（3）耐电晕漆包线漆涂制的绕组线性能要求

序号	性　能		要　求
1	外观		漆包圆线表面光洁，色泽均匀，无影响性能的缺陷
2	圆棒卷绕		漆膜不开裂（1d）
3	拉伸		伸长32%后漆膜不开裂
4	急拉断		漆膜不开裂，不失去附着性
5	刮漆	平均值	不低于9.5N
		最小值	不低于8.1N
6	耐溶剂		在溶剂中浸泡后漆膜的硬度应不小于H
7	耐冷冻剂		萃取物≤0.6%
8	击穿电压	(23±2)℃	5个线样中至少4个不低于4900V
		(180±2)℃	不低于3700V
9	漆膜连续性		每30m长度内缺陷数不超过5个
10	耐电晕性		抗高频脉冲电压的能力在规定参数测试条件下寿命应不小于50h
11	热冲击（220℃，30min）		漆膜不开裂（2d）
12	软化击穿		在320℃温度下2min内应不击穿
13	温度指数（RTI）		≥180

五、其他电工用漆

1. 油性硅钢片漆 （JB/T 904—1999）

【组成】 由干性植物油和松脂酸盐熬制，溶解于 200 号油漆溶剂油或松节油中调制而成。

【用途】 烘烤干燥后的漆膜耐油、耐水、绝缘性好。可适用于电机、变压器等设备中硅钢片的绝缘保护涂装。

【技术要求】

项　　目	指　　标
外观	漆应溶解均匀，不应乳浊，不应含有杂质，漆膜干后应光滑
黏度（涂-4 黏度计，23℃ ±2℃）/s　≥	70
固体含量（105℃ ±2℃，2h）（%）	60 ±3
漆膜干燥时间（210℃ ±2℃，12min）	不黏
耐绝缘液体能力（105℃ ±2℃变压器油中，24h）	漆膜不起泡、起皱、碎裂或剥落，不因漆膜变软或碎裂而使脱脂棉沾污
体积电阻率（23℃ ±2℃）/Ω·m　≥	1.0×10^{11}

【施工参考】

序号	说　　明
1	以刷涂、喷涂施工为主
2	可按产品说明书规定的稀释剂调节施工黏度
3	按说明书要求的干燥条件进行漆膜的干燥

2. X、γ 辐射屏蔽涂料 （GB/T 24100—2009）

【用途】 本标准适用于粉状、膏状、砂浆状 X、γ 辐射屏蔽涂料，采用抹涂、刮涂的施工方法。

【术语和定义】

术　　语	定　　义
1. 电离辐射	在辐射防护领域，指能在生物物质中产生离子对的辐射
2. 铅当量	在相同照射条件下，具有与被测防护材料等同屏蔽能力的铅层厚度，单位以 mm Pb 表示
3. 体积密度	在规定条件下，材料单位体积（包括所有孔隙在内）的质量

（续）

术　语	定　义
4. 挥发性有机化合物 VOC	在 101.3kPa 标准压力下，任何初沸点低于或等于 250℃的有机化合物
5. 挥发性有机化合物含量	按规定的测试方法测试产品所得到的挥发性有机化合物的含量

【技术要求】

（1）产品外观

无潮湿，无结块，无杂质。

（2）产品铅当量、物理力学性能的要求

项　目		要　求
铅当量/(mm Pb/10mm 涂层)	≥	0.9
体积密度/(kg/m³)	≥	2850
抗压强度/MPa	≥	20.0
抗折强度/MPa	≥	3.0
抗拉强度/MPa	≥	2.0
粘接强度(混凝土)/MPa	≥	0.20

（3）产品中有害物质含量的要求

项　目		要　求
挥发性有机化合物(VOC)/(g/L)	≤	120
苯、甲苯、乙苯、二甲苯总和/(mg/kg)	≤	300
游离甲醛/(mg/kg)	≤	100
可溶性重金属/(mg/kg) ≤	铅 Pb	90
	镉 Cd	75
	铬 Cr	60
	汞 Hg	60

3. 负离子功能涂料（HG/T 4109—2009）

【用途】　本标准适用于能够诱生空气负离子功能的建筑室内装饰装修用涂料。

【术语和定义】

术语	定　义
1. 空气负离子	空气负离子是 O_2^-（H_2O）$_n$ 或 OH^-（H_2O）$_n$ 或 CO_4^{2-}（H_2O）$_n$（$n = 8 \sim 10$）

（续）

术语	定义
2. 负离子功能涂料	在正常使用条件下，能够持续诱生空气负离子的涂料
3. 空气负离子诱生量	单位时间单位面积涂料涂层自身诱生的空气负离子的数量，单位为个/（s·cm^2）

【要求】

项目	指标
1. 一般要求	负离子功能涂料的常规性能应符合相应类别涂料产品的国家标准或行业标准的规定
2. 技术要求	（1）空气负离子诱生量：空气负离子诱生量应不低于 350 个/（s·cm^2） （2）放射性限量：放射性限量应符合 GB 6566 A 类装修材料的规定

4. 表面喷涂用特种导电涂料（GB/T 26004—2010）

【用途】 本标准适用于通信、计算机、电子、电气、航空、航海、军工等行业用导电胶、电磁屏蔽材料、电子加热元件、电极材料、印刷电路板材料、微动涂层开关等用的表面喷涂特种导电涂料。

【定义】

术语	定义
表面喷涂用特种导电涂料	由高导电金属粉末（如 Ag、Ag/Cu、Ag/Ni、Cu、Ni）和聚氨酯类、环氧树脂类、丙烯酸树脂类、酚醛树脂类等五类物质组成的满足表面喷涂的浆状物质

【产品分类】

1）产品按主成分不同分为：银导电涂料、银铜导电涂料、银镍导电涂料、铜导电涂料、镍导电涂料。

2）产品的牌号表示方法由以下 5 部分组成：

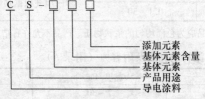

① 用大写的英文字母 C 表示导电涂料。

② 用大写的英文字母 S 表示表面喷涂。

示例 1：CS-Ag90Cu 表示含 90% 银、添加元素为铜的表面喷涂用特种银铜导电涂料。

示例 2：CS-Ag99.99 表示银纯度为 99.99% 的表面喷涂用特种导电涂料。

【化学成分】

牌号	化学成分（质量分数）（%）							
	主要成分			杂质元素 ≤				
	Ag	Cu	Ni	Pb	Sb	Bi	Fe	总量
CS-Ag99.99	≥99.99	—	—	0.002	0.002	0.002	0.002	0.01
CS-Ag90Cu	90 ± 0.5	10 ± 0.5	—	0.004	0.004	0.004	0.004	0.3
CS-Ag80Cu	80 ± 0.5	20 ± 0.5	—	0.004	0.004	0.004	0.004	0.3
CS-Ag70Cu	70 ± 0.5	30 ± 0.5	—	0.005	0.005	0.005	0.005	0.3
CS-Ag90Ni	90 ± 0.5	—	10 ± 0.5	0.004	0.004	0.004	0.004	0.3
CS-Ag80Ni	80 ± 0.5	—	20 ± 0.5	0.004	0.004	0.004	0.004	0.3
CS-Ag70Ni	70 ± 0.5	—	30 ± 0.3	0.005	0.005	0.005	0.005	0.3
CS-Cu99.95	—	≥99.95	—	0.004	0.004	0.004	0.004	0.05
CS-Ni99.95	—	—	≥99.95	0.004	0.004	0.004	0.004	0.05

注：化学成分若需方有特殊要求可在订货合同中注明。

【性能】

（1）产品的粒度范围和粉末含量

牌号	粒度范围/μm	粉末含量（%）
CS-Ag99.99	0.1 ~ 20	30 ~ 50（根据具体用户要求来定）
CS-Ag90Cu	0.1 ~ 30	40 ~ 70（根据具体用户要求来定）
CS-Ag80Cu	0.1 ~ 30	
CS-Ag70Cu	0.1 ~ 30	
CS-Ag90Ni	0.1 ~ 30	
CS-Ag80Ni	0.1 ~ 30	
CS-Ag70Ni	0.1 ~ 30	
CS-Cu99.95	0.1 ~ 30	50 ~ 70（根据具体用户要求来定）
CS-Ni99.95	0.1 ~ 30	

注：外观质量产品应为色泽均匀的浆状物质。产品不允许有结块物质出现。

（2）常用导电涂料的黏度及附着力（附录 A）

牌号	黏度/Pa·s	附着力
CS-Ag99.99	7 ~ 30	不脱膜
CS-Ag90Cu	15 ~ 60	不脱膜
CS-Ag80Cu	15 ~ 60	不脱膜

（续）

牌号	黏度/Pa·s	附着力
CS-Ag70Cu	15~60	不脱膜
CS-Ag90Ni	15~60	不脱膜
CS-Ag80Ni	15~60	不脱膜
CS-Ag70Ni	15~60	不脱膜
CS-Cu99.95	15~60	不脱膜
CS-Ni99.95	15~60	不脱膜

5. 电缆防火涂料（GB 28374—2012）

【用途】 本标准适用于各类电缆防火涂料。

【术语和定义】

术语	定义
电缆防火涂料	涂覆于电缆（如以橡胶、聚乙烯、聚氯乙烯、交联聚乙烯等材料作为导体绝缘和护套的电缆）表面，具有防火阻燃保护及一定装饰作用的防火涂料

【一般要求】

序号	指标
1	电缆防火涂料的颜色执行 GB/T 3181 的规定，也可按用户要求协商确定
2	电缆防火涂料可采用刷涂或喷涂方法施工。在通常自然环境条件下干燥、固化成膜后，涂层表面应无明显凹凸。涂层实干后，应无刺激性气味

【技术要求】

序号	项目		指标	缺陷类别
1	在容器中的状态		无结块，搅拌后呈均匀状态	C
2	细度/μm		≤90	C
3	黏度/s		≥70	C
4	干燥时间	表干/h	≤5	C
		实干/h	≤24	
5	耐油性		浸泡 7d，涂层无起皱，无剥落，无起泡	B
6	耐盐水性		浸泡 7d，涂层无起皱，无剥落，无起泡	B
7	耐湿热性		经过 7d 试验，涂层无开裂，无剥落，无起泡	B
8	耐冻融循环/次		经 15 次循环，涂层无起皱，无剥落，无起泡	B
9	抗弯性		涂层无起层，无脱落，无剥落	A
10	阻燃性		炭化高度≤2.50m	A

注：A 为致命缺陷，B 为严重缺陷，C 为轻缺陷。

6. 石油及石油产品储运设备用导静电涂料（HG/T 4569—2013）

【用途】 本标准适用于由树脂、颜填料、助剂等制成的本征型和添加型导静电涂料。产品主要用于钢质石油储运罐、油舱、输油管线等内壁的涂装，起导静电和防腐蚀作用。

【产品分类】 本标准根据产品的涂装体系不同将该涂料分为 I 型和 II 型。I 型为底面配套的产品，分为底漆和面漆；II 型为底面合一的产品。

【要求】

项目		指标		
		I 型		II 型
		底漆	面漆	
容器中状态		搅拌混合后无硬块，呈均匀状态		
施工性		施涂无障碍		
不挥发物含量（%）	≥	60		
干燥时间/h 表干 实干	≤	4 24		
涂膜外观		正常		
耐冲击性		50cm		
弯曲试验		2mm		
划格试验	≤	1 级	—	1 级
表面电阻率/Ω		$10^5 \sim 10^{11}$		
附着力（拉开法）/MPa	≥	—	5	
耐热性[（120±2）℃，24h]		—	不起泡，不开裂，不脱落	
耐酸性（720h）		—	无异常	
耐碱性（720h）		—	无异常	
耐油性（720h）		—	无异常	
耐油水性（500h）		—	无异常	
耐湿热性（1000h）		—	1 级	
耐盐雾性（1000h）		—	1 级	

7. 电力变压器用防腐涂料（HG/T 4770—2014）

【用途】 本标准适用于电力变压器内、外壁和散热器用防腐涂料。本标准不适用于电力变压器用电泳涂料、冷喷锌等涂料品种。

【产品分类】 产品分为电力变压器内壁用涂料、电力变压器外壁用涂料和散热器用涂料。

外壁用涂料分为底漆、中间漆、面漆；散热器用涂料分为底漆、面漆；外壁用涂料和散热器用涂料均按涂料性能分为 I 类、II 类、III 类。

【要求】

（1）电力变压器内壁用涂料的技术要求

项目		指标
在容器中状态		搅拌后均匀无硬块
不挥发物含量（105℃±2℃，3h）（%）≥		60
细度/μm ≤		40
干燥时间/h ≤	表干	4
	实干	24
涂膜外观		正常
耐冲击性 ≥		40cm
弯曲试验		2mm
划格试验 ≤		1级
耐油性（10#变压器油，110℃±2℃）		168h 不起泡，不脱落，不开裂，允许变色
体积电阻系数（常态）/Ω·cm ≥		10^{13}
击穿强度（常态）/(kV/mm) ≥		25
耐盐雾性（300h）		划线处单向锈蚀不超过2.0mm，未划线处不起泡，不生锈，不脱落

（2）电力变压器外壁和散热器用底漆、电力变压器外壁用中间漆的技术要求

项目		指标	
		底漆	中间漆
在容器中状态		搅拌后均匀无硬块	
干燥时间/h ≤	表干	4	
	实干	24	
涂膜外观		正常	
耐冲击性 ≥		40cm	
弯曲试验		2mm	
划格试验 ≤		1级	
耐盐雾性	Ⅰ类	240h 划线处单向锈蚀不超过2.0mm，未划线处不起泡，不生锈，不脱落	—
	Ⅱ类	168h 划线处单向锈蚀不超过2.0mm，未划线处不起泡，不生锈，不脱落	—
	Ⅲ类		

（3）电力变压器外壁和散热器用面漆的技术要求

项目		指　标
在容器中状态		搅拌后均匀无硬块
不挥发物含量（105℃±2℃，3h）（%）　≥		50
细度/μm　　　　　　　　　　　≤		30
干燥时间/h　≤	表干	4
	实干	24
漆膜外观		正常
光泽单位值（60°）		商定
铅笔硬度（擦伤）　≥	Ⅰ类	H
	Ⅱ类	HB
	Ⅲ类	—
耐冲击性		50cm
弯曲试验		2mm
复合涂层	附着力（拉开法）/MPa　≥	Ⅰ类	5
		Ⅱ类	3
		Ⅲ类	—
	耐水性	168h 无异常
	耐油性（10#变压器油，80℃±2℃）	24h 无异常
	耐酸性（50g/L H₂SO₄）	Ⅰ类	168h 无异常
		Ⅱ类	168h 无异常
		Ⅲ类	
	耐盐雾性	Ⅰ类	1000h 划线处单向锈蚀不超过 2.0mm，未划线处不起泡，不生锈，不脱落
		Ⅱ类	600h 划线处单向锈蚀不超过 2.0mm，未划线处不起泡，不生锈，不脱落
		Ⅲ类	300h 划线处单向锈蚀不超过 2.0mm，未划线处不起泡，不生锈，不脱落
	耐人工气候老化性①	Ⅰ类	1000h 不起泡、不生锈、不开裂、不脱落，变色≤2 级、失光≤2 级、粉化≤1 级
		Ⅱ类	600h 不起泡，不生锈，不开裂，不脱落，变色≤2 级、失光≤2 级，粉化≤1 级
		Ⅲ类	200h 不起泡，不生锈，不开裂，不脱落，变色≤2 级、失光≤2 级，粉化≤1 级

① 试板的原始光泽≤30 单位值时不进行失光评定。

8. 紫外光固化光纤涂料（SJ/T 11475—2014）

【用途】 本标准不适用于单涂层、有色涂层和特种光纤涂层。

【分类】 通信用双涂层石英玻璃光纤 UV 固化光纤涂料（以下简称光纤涂料）按用途分为内层光纤涂料和外层光纤涂料。内层光纤涂料又分为单模光纤用内层光纤涂料和多模光纤用内层光纤涂料。

【要求】

光纤涂料的特性

序号	特性	要求		
		内层涂料		外层涂料
		单模光纤	多模光纤	
固化前				
1	外观	透明，无色差，无杂质，无凝固	透明，无色差，无杂质，无凝固	透明，无色差，无杂质，无凝固
2	黏度（25℃）/mPa·s	3000~8500	3000~8500	3000~10000
3	密度（23℃）/(g/cm³)	1.00~1.20	0.95~1.20	1.00~1.20
4	折射率，n_D^{23}	1.46~1.55	1.46~1.55	1.46~1.55
5	表面张力（23℃）/(mV/m)	≤50	≤50	≤50
固化后				
6	玻璃化转变温度/℃	≤-20	≤-30	≥50
7	特定模量（2.5%应变）/MPa	0.5~2.5	0.5~2.5	≥500
8	断裂伸长率（%）	≥70	≥70	≥5
9	抗张强度/MPa	0.5~2.0	0.5~2.0	≥20
10	固化速率（达到95%最大模量时的辐射剂量）/(J/cm²)	≤0.6	≤1.0	≤0.4
11	水萃取率（150μm 薄膜）（%）	≤4	≤4	≤4
12	最大吸水率（150μm 薄膜）（%）	≤4	≤4	≤4
13	折射率，n_D^{23}	1.47~1.55	1.47~1.55	1.47~1.57
14	析氢（24h，80℃，惰性气体保护）/(μl/g)	≤1	≤1	≤1
15	固化收缩率（%）	≤8	≤8	≤8
16	线胀系数/(10⁶℃⁻¹) 玻璃态 高弹态	≤300 ≤800	≤300 ≤800	≤100 ≤800

（续）

序号	特性	要求		外层涂料
		内层涂料		
		单模光纤	多模光纤	
固化前				
17	剥离强度（涂料/玻璃，180°拉伸）/ （ N × 10² ） 　50% R. H. 　95% R. H.	 10 ~ 150 10 ~ 150	 10 ~ 150 10 ~ 150	—
18	摩擦系数（不锈钢对薄膜-动态摩擦系数）	—	—	≤1. 0
19	热重变化（老化56d）（%） 　85℃ 　85℃，85% R. H.	 ≤8 ≤8	 ≤8 ≤8	 ≤8 ≤8

注：固化后是指一定涂膜厚度的液体涂料在紫外光下曝光到模量达到最大模量的
95%时得到的固化膜。除非特别注明，涂层的厚度为150μm ± 10μm。

第九章　涂料辅助材料

一、催干剂及稀释剂

1. 涂料用催干剂（HG/T 2276—1996）

【组成】　由液体羧酸（2-乙基己酸、环烷酸及环烷酸与脂肪酸的混合物）与钴盐、铅盐、锰盐、锌盐、钙盐反应制得。产品分环烷酸（及环烷酸与脂肪酸混合物）系和2-乙基己酸系两大系列。

【用途】　因产品不同，外观可呈紫红色黏稠液体或浅黄、棕黄、红棕色的均匀液体。该催干剂能对干性油的氧化聚合反应起促进作用而加速漆膜的干燥。在涂装中用于氧化聚合型涂料的清漆、磁漆、底漆的催干。

【技术要求】

（1）环烷酸（及环烷酸与脂肪酸混合物）系的技术要求

项　　目	指　　标				
	钴	铅	锰	锌	钙
外观	紫红色黏稠均匀液体	棕黄色均匀透明液体	红棕色均匀透明液体	棕黄色均匀透明液体	深黄色均匀透明液体
颜色/号　≤	—	—	—	—	—
细度[1]/μm　≤	15	15	15	15	15
金属含量[2]（%）	8±0.2　4±0.2	10±0.2	2±0.1	4±0.2	2±0.1
溶剂中溶解性	全溶	全溶	全溶	全溶	全溶
溶液稳定性	无析出物	透明无析出物	透明无析出物	透明无析出物	透明无析出物
闪点/℃　≥	30	30	30	30	30
催干性能（表干时间）/h　≤	3	—	—	—	—

① 表示悬浮颗粒大小。

② 表示允许供需双方另行商定。

（2）2-乙基己酸系的技术要求

项　　目	指　　标				
	钴	铅	锰	锌	钙
外观	红紫色黏稠均匀液体	浅黄色均匀透明液体	红棕色均匀透明液体	浅黄色均匀透明液体	浅黄色均匀透明液体

（续）

项目	指标				
	钴	铅	锰	锌	钙
颜色/号 ≤	—	5	—	4	5
细度①/μm ≤	15		15	15	15	15
金属含量②（%）	10 ± 0.2	8 ± 0.2	10 ± 0.2	2 ± 0.1	3 ± 0.1	2 ± 0.1
溶剂中溶解性	全溶		全溶	全溶	全溶	全溶
溶液稳定性	无析出物		透明无析出物	透明无析出物	透明无析出物	透明无析出物
闪点/℃ ≥	30		30	30	30	30
催干性能（表干时间）/h ≤	3		—	—	—	—

① 表示悬浮颗粒大小。

② 表示允许供需双方另行商定。

【施工参考】

序号	说　明
1	按产品说明书的要求使用，一般用量为涂料重量的 1.5%～3.0%
2	应在涂料使用前 1～2h 加入，并要充分搅拌均匀

2. 涂料用稀土催干剂（HG/T 2247—2012）

【用途】　本标准适用于由羧酸与氯化稀土配合而成的涂料用稀土催干剂。该催干剂用于氧化聚合而成膜的清漆、色漆、底漆等溶剂型涂料。它可以代替钴以外的其他金属元素的传统催干剂。

【产品分类】　涂料用稀土催干剂根据其在涂料中的使用情况分为环烷酸稀土和异辛酸稀土两大类。

【要求】

项目		指标	
		环烷酸稀土	异辛酸稀土
外观		透明液体，无机械杂质	
颜色/号 ≤		14	8
细度/μm ≤		15	
总稀土含量	总稀土氧化物/(g/100mL)	4.0±0.2	
	总稀土金属离子(%)	4.0±0.2	
混溶性		全溶	
催干性能		通过	
总铅含量/(mg/kg) ≤		500	

3. 涂料用增稠流变剂 膨润土（HG/T 2248—2012）

【用途】 本标准适用于经纯化、改性的涂料用增稠流变剂 膨润土。该产品应用于改善涂料体系的增稠、流变性能。

【术语和定义】

术　语	定　　义
1. 表观黏度	非牛顿流体在剪切流动的过程中某一剪切力下剪切应力（σ）与剪切速率（γ）的比值
2. 剪切稀释指数	非牛顿流体黏度随剪切力增加而降低，低转速下的表观黏度与高10倍转速下的表观黏度的比值为剪切稀释指数
3. 保水性	在一定真空条件下，膨润土保持湿砂浆中的水分的能力

【分类】

项　目	说　　明
1. 膨润土分类	膨润土按用途分为三种类型，分别为溶剂型涂料用膨润土、水性涂料用膨润土和干混砂浆用膨润土
2. 产品规格	溶剂型涂料用膨润土按插层表面活性剂亲水亲油性的不同分为低极性、中极性和高极性三种规格；水性涂料用膨润土和干混砂浆用膨润土分别按照胶体剪切稀释指数的不同分为增稠型和流变型两种规格
3. 产品等级	各个规格产品分成一等品和合格品两个等级

【要求】

（1）溶剂型涂料用膨润土的要求

项目	低极性		中极性		高极性	
	一等品	合格品	一等品	合格品	一等品	合格品
表观黏度/Pa·s　≥	2.5	1.0	3.0	1.0	2.5	1.0
通过率（75μm，干筛）质量分数（%）　≥	95					
105℃挥发物质量分数（%）　≤	3.5					

（2）水性涂料用膨润土的要求

项目	增稠型		流变型	
	一等品	合格品	一等品	合格品
表观黏度/Pa·s　≥	1.5	0.5	3.0	2.0
剪切稀释指数　≥	3		8	4
胶体率（%）　≥	98			
分散体粒度（D_{99}）/μm　≤	45		25	
通过率（75μm，干筛）质量分数（%）　≥	95			
105℃挥发物质量分数（%）　≤	10			

(3) 干混砂浆用膨润土的要求

试验项目		增稠型		流变型	
		一等品	合格品	一等品	合格品
表观黏度/Pa·s	≥	2	1.5	3	1.5
剪切稀释指数	≥	3		6	4
保水性（%）	≥	92	80	86	80
105℃挥发物质量分数（%）	≤	10			

4. 硝基漆稀释剂（HG/T 3378—2003）

【用途】 本标准适用于由酯、醇、酮、芳烃类等混合溶剂配制而成的稀释剂。

【产品分类】 产品分Ⅰ型和Ⅱ型硝基漆稀释剂。

序号	类型与用途
1	Ⅰ型的酯、酮溶剂比例较高，溶解性能较好，可用作硝基清漆、磁漆、底漆的稀释剂
2	Ⅱ型的酯、酮溶剂比例较低，溶解性能稍差，可用作要求不高的硝基漆及底漆的稀释剂，或作为洗涤硝基漆施工工具及用品等

【技术要求】

项　　目		指　　标	
		Ⅰ型	Ⅱ型
颜色（铁钴比色计）/号		1	1
外观和透明度		清彻透明，无机械杂质	
酸值（以 KOH 计）/(mg/g)	≤	0.15	0.20
水分		不浑浊，不分层	
胶凝数/mL	≥	20	18
白化性		漆膜不发白及没有无光斑点	—

5. 过氯乙烯漆稀释剂（HG/T 3379—2003）

【用途】 本标准适用于由酯、酮和芳烃类等溶剂调制而成的稀释剂。该稀释剂有较好的稀释能力和适当的挥发速度，主要用于稀释各种过氯乙烯清漆、磁漆、底漆及腻子等。

【技术要求】

项　　目	指　　标
颜色（铁钴比色计）/号	1
外观和透明度	清彻透明，无机械杂质

（续）

项　目		指　标
酸值（以 KOH 计）/（mg/g）	≤	0.15
水分		不浑浊，不分层
胶凝数/mL	≥	30
白化性		漆膜不发白及没有无光斑点

6. 氨基漆稀释剂（HG/T 3380—2003）

【用途】　本标准适用于由二甲苯、丁醇混合而成的稀释剂。该稀释剂具有良好的溶解性，主要用于稀释氨基烘漆及氨基锤纹漆等。

【技术要求】

项　目	指　标
外观	清彻透明，无机械杂质
颜色（铁钴比色计）/号	1
溶解性	完全溶解
水分	不浑浊，不分层

二、脱漆剂及防潮剂

1. 脱漆剂（HG/T 3381—2003）

【用途】　本标准适用于由酮类、醇类、酯类、芳烃类等溶剂（或再加入适量石蜡）配制而成的脱漆剂。

【产品分类】　产品分 I 型和 II 型两类脱漆剂。

序号	类型与用途
1	I 型脱漆剂含有石蜡，主要用于清除油基漆的旧漆膜
2	II 型脱漆剂不含石蜡，主要用于清除油基、醋酸及硝基漆的旧漆膜

【技术要求】

项　目	指　标	
	I 型	II 型
外观和透明度	乳白色糊状物，36℃时为均匀透明的液体	均匀透明液体
酸值（以 KOH 计）/（mg/g）　≤	—	0.08
脱漆效率[①]（%）　≥	85	90
对金属的腐蚀作用	无任何腐蚀现象	无任何腐蚀现象

①　I 型：涂脱漆剂 30min 后测试；II 型：涂脱漆剂 5min 后测试。

2. 过氯乙烯漆防潮剂（HG/T 3384—2003）

【用途】 本标准适用于由沸点较高的酯、酮类溶剂混合而成的过氯乙烯漆防潮剂。该防潮剂具有较高的稀释能力，与过氯乙烯漆稀释剂配合使用时，在相对湿度较大的气候条件下施工可防止过氯乙烯漆漆膜发白。

【技术要求】

项　　目		指　　标
颜色（铁钴比色计）/号		1
外观和透明度		清彻透明，无机械杂质
水分		不浑浊，不分层
挥发性	≤	14 倍
胶凝数/mL	≥	50
白化性		漆膜不呈白雾及无光斑点

3. 硝基涂料防潮剂（GB/T 25272—2010）

【用途】 本标准适用于由沸点较高、挥发速度较慢的酯类、醇类、酮类等有机溶剂混合而成的硝基涂料防潮剂。该防潮剂与硝基涂料稀释剂配合使用时可在湿度大的环境下施工，以防止硝基涂料发白。

【要求】

项　　目		要　　求
颜色（铁钴比色计）/号		≤1
外观		清澈透明，无机械杂质
酸值（以 KOH 计）/（mg/g）	≤	0.1
水分		不浑浊，不分层
挥发性		商定
胶凝数/mL	≥	60
白化性		漆膜不发白及没有无光斑点

第十章　颜　料

一、无机颜料

1. 二氧化钛颜料（GB/T 1706—2006）

【用途】　该产品主要用于涂料、橡胶、塑料、油墨及造纸等行业。

【型号和品种】

分　类	说　明
1. 型号	A 型：锐钛型 R 型：金红石型
2. 品种	A 型：A1、A2 R 型：R1、R2、R3

注：1. 二氧化钛颜料：由 X-射线法测定的晶体结构主要为锐钛型或金红石型的二氧化钛（TiO_2）组成的颜料。

2. 外观：应为软质干燥粉末或在不加研磨的情况下用调刀易于碾碎。

【技术要求】

（1）基本要求

表 1

特　性		要　求				
		A 型		R 型		
		A1	A2	R1	R2	R3
TiO_2（质量分数）（%）	≥	98	92	97	90	80
105℃挥发物（质量分数）（%）	≤	0.5	0.8	0.5	商定	
水溶物（质量分数）（%）	≤	0.6	0.5	0.6	0.5	0.7
筛余物（45μm）（质量分数）（%）	≤	0.1	0.1	0.1	0.1	0.1

（2）条件要求

表 2

特　性		要　求				
		A 型		R 型		
		A1	A2	R1	R2	R3
颜色[①]		与商定的参比样 相近（见 5.2.2）				
散射力[①]		商定				
在（23±2）℃和相对湿度（50±5）%下预处理 24h 后 105℃挥发物的质量分数（%）	≤	0.5	0.8	0.5	1.5	2.5

（续）

特　性	要　求				
	A 型		R 型		
	A1	A2	R1	R2	R3
水悬浮液 pH 值	商定				
吸油量	商定				
水萃取液电阻率	—	商定	—	商定	

注：1. 表 2 中预处理后 105℃挥发物为商定项目，只有当有关方面明确规定或有合同约定时才进行。

　　2. 表 2 中所指商定的参比样应符合表 1 中的要求。

　　3. 条件要求将由有关双方规定。

① 测定时所用的参比样为有关双方商定的样品。

2. 铬酸铅颜料和钼铬酸铅颜料（GB/T 3184—2008）

【组成】　在本标准中，铬酸铅颜料和钼铬酸铅颜料分为下列两种类型：

标准型（1 型）：由铬酸铅或碱式铬酸铅组成的黄到红色的颜料，可能含有硫酸铅、钼酸铅或不溶于水的铅共沉淀化合物。其中应无有机着色物和体质颜料。仅在需要控制颜料晶体结构时，可含铝和硅共沉淀化合物等。

稳定型（2 型）：由铬酸铅或碱式铬酸铅组成的黄到红色的颜料，可能含有硫酸铅、钼酸铅或不溶于水的铅共沉淀化合物。其中应无有机着色物和体质颜料。此类颜料应含有为了改进颜料性能的物质。如果规定了 2 型，购方可以要求供方阐明由添加物而改善性能的特点，并说明最低的总铅含量。

【用途】　该产品主要用于涂料、塑料、橡胶和油墨等行业。

【技术要求】

（1）铬酸铅颜料和钼铬酸铅颜料的化学成分

颜料类型	颜料的色调	颜色索引号	化学成分
铬酸铅	浅黄和柠檬黄	颜料黄 No. 34，第 2 部分，Ref. 77603	硫代铬酸铅
	黄	颜料黄 No. 34，第 2 部分，Ref. 77600	铬酸铅
	橙黄	颜料黄 No. 21，第 2 部分，Ref. 77601	碱式铬酸铅
钼铬酸铅	橙色到红色	颜料红 No. 104，第 2 部分，Ref. 77605	硫代钼铬酸铅

（2）基本要求

特　性	要　求	试验方法
105℃挥发物（质量分数）（%） 柠檬黄、浅黄和钼铬红 其他	≤2 ≤1	GB/T 5211.3—1985
水溶物(冷萃取法)（质量分数)(%)	≤1	GB/T 5211.1—2003，取20g试样
水萃取液的酸碱度/mL	≤20	GB/T 5211.13—1986，取20g试样
水悬浮液的 pH 值	4~8	GB/T 1717—1986
筛余物（45μm）（质量分数）（%）	≤0.3	GB/T 5211.18

（3）条件要求

特　性	要　求	试验方法
颜色[①]		GB/T 1864（目视法）或 GB/T 5211.20—1999（仪器法）
冲淡色	商定	GB/T 5211.19—1988
相对着色力[①]		GB/T 5211.19—1988（目视法）或 GB/T 13451.2—1992（仪器法）
易分散程度	不差于商定参照颜料（见4.2）	GB/T 9287—1988，在2.5min，5min，此后每隔5min测量研磨细度
耐光性	不差于商定参照颜料（见4.2）	GB/T 1710
吸油量	与商定值之差不大于15%	GB/T 5211.15
总铅含量（以 Pb 计）（质量分数）（%）	与商定值之差不大于3%	见第6章
在 0.07mol/L HCl 中可溶性铅含量（质量分数）（%）	如需要，由有关双方商定	见第7章

注：列于表中的参照颜料和条件要求应通过有关双方的协商来确定。

① 仪器法和目视法可选择使用，仲裁时选用仪器法。

3. 氧化锌（间接法）（GB/T 3185—2016）

【用途】　本标准适用于间接法制得的氧化锌。

【要求】

项目	指标		
	Ⅰ型	Ⅱ型	Ⅲ型
外观	白色粉末		
氧化锌含量（以干品计）（质量分数，%）　　　　　≥	99.70	99.70	99.50
金属物含量（以 Zn 计）（质量分数，%）　　　　　≤	无	无	0.008
盐酸不溶物（质量分数，%）　≤	0.006	0.008	0.03
灼烧损失（质量分数，%）　≤	0.20	0.20	0.25
筛余物（45μm 试验筛）（质量分数，%）　　　　　≤	0.10	0.15	0.20
水溶物（质量分数，%）　≤	0.10	0.10	0.15
105℃挥发物（质量分数，%）　≤	0.3	0.4	0.5
铅（Pb）含量（质量分数，%）　≤	0.0080	0.05	0.10
铜（Cu）含量（质量分数，%）　≤	0.0002	0.0004	0.0007
锰（Mn）含量（质量分数，%）　≤	0.0001	0.0001	0.0003
镉（Cd）含量（质量分数，%）　≤	0.0020	0.0050	0.010
铁（Fe）含量（质量分数，%）　≤	0.0050	0.010	—
比表面积/（m²/g）	商定		—
吸油量[①]/（g/100g）	商定		
颜色[①]	商定		
消色力[①]	商定		

① 仅限作颜料用途的氧化锌（间接法）产品。

4. 氧化铁颜料（GB/T 1863—2008）

【用途】 本标准适用于一般用途的氧化铁颜料。该颜料主要应用于涂料、建筑、造纸、橡胶和塑料等工业领域。这些颜料以下列颜色索引号标识：红 101 和红 102、黄 42 和黄 43、棕 6 和棕 7 以及黑 11，也包括快速分散颜料。未包括云母氧化铁颜料、透明氧化铁颜料、粒状氧化铁灰和除颜色索引号为黑 11 的颜料外的磁性氧化铁颜料。

本标准所包含的氧化铁颜料主要由氧化铁和水合氧化铁组成。其颜色通常有红、黄、棕或黑色。

【分类】

(1) 总则

在本标准中，氧化铁颜料按以下原则分类：

——按颜色分为红色、黄色、棕色、黑色四类；

——按铁含量（以 Fe_2O_3 表示）分为 A、B、C、D 四个类型；

——按水溶物含量和水溶性氯化物及硫酸盐总含量（以 Cl^- 及 SO_4^{2-} 表

示）分为 I 、 II 、 III 三个类型；

——按筛余物分为 1 、 2 、 3 三个类型；

——按来源分为 a 、 b 、 c 、 d 四类；

——按 105℃ 挥发物分为 V1 、 V2 、 V3 三个类型。

（2）分类方法

1）按颜色分类：按照其颜色，氧化铁颜料可分为红色、黄色、棕色和黑色四类。

2）按铁含量分类：

分类		最低铁含量（以 Fe_2O_3 表示的质量分数）（%）	颜色索引号
红	A	95	颜料红 101 77491
	B	70	颜料红 102 77491
	C	50	
	D	10	
黄	A	83	颜料黄 42 77492
	B	70	颜料黄 43 77492
	C	50	
	D	10	
棕	A	87	颜料棕 6 77491, 77492 或 77499
	B	70	颜料棕 7 77491, 77492 和/或 77499
	C	30	
黑	A	95	颜料黑 11 77499
	B	70	

3）按水溶物和水溶性氯化物及硫酸盐（以 Cl^- 及 SO_4^{2-} 表示）分类：

特性	I 型		II 型		III 型
	红和棕[①]	黄和黑	红和棕	黄和黑	所有颜料
水溶物的质量分数（在 105℃ 干燥后测定）（%）	≤0.3	≤0.5	>0.3, ≤1	>0.5, ≤1	>1, ≤5
水溶性氯化物和硫酸盐总质量分数（以 Cl^- 及 SO_4^{2-} 表示）（%）	≤0.1	—	—	—	—

①　适用于制造防腐涂料。

4）按筛余物分类：

特性	1 型	2 型	3 型
	红、黄、棕和黑		
筛余物（45μm）的质量分数（%）	≤0.01	>0.01，≤0.1	>0.1，≤1

5）按 105℃挥发物分类：

特性	V1 型	V2 型	V3 型	
	所有颜料	红	红	黄、棕和黑
105℃挥发物的质量分数（%）	≤1	>1，≤1.5	>1.5，≤2.5	>1，≤2.5

6）按来源分类：

分类	来源
a	合成颜料，无填料
b	天然颜料，无填料
c	未加填料的天然和合成颜料的混合物
d	颜料和填料的混合物

注：对于 a、b 和 c 类，其产品中钙含量（以 CaO 表示）的最大值列于基本要求的表中。

【命名】

氧化铁颜料按下列方法命名：

1）注明颜色，也可以包括以下内容：

——通用名称，尤其是天然颜料（赭石、棕土、黄土颜料等）；

——注明处理方式（例如煅烧、洗涤）。

2）注明本标准编号，即 GB/T 1863。

3）注明按铁含量分类所属类型。

4）注明按水溶物含量和水溶性氯化物及硫酸盐总含量分类所属类型。

5）注明按筛余物分类所属类型。

6）注明按 105℃挥发物分类所属类型。

7）注明按来源分类所属类型。

举例：

氧化铁红　GB/T 1863-A-Ⅰ-2-V1-a

氧化铁黄（洗涤赭石）　GB/T 1863-D-Ⅱ-3-V3-b

【要求】

（1）基本要求

特性	按颜色、铁含量划分的要求											
	红				黄				棕			黑
	A	B	C	D	A	B	C	D	A	B	C	A	B
总铁量的质量分数（以 Fe_2O_3 表示，在105℃干燥后测定）（%） ≥	95	70	50	10	83	70	50	10	87	70	30	95	70
105℃挥发物的质量分数（%） V1型	≤1												
V2型	>1，≤1.5				—				—			—	
V3型	>1.5，≤2.5				>1，≤2.5								
水溶物的质量分数（热萃取法）（%） Ⅰ型	≤0.3				≤0.5				≤0.3			≤0.5	
Ⅱ型	>0.3，≤1				>0.5，≤1				>0.3，≤1			>0.5，≤1	
Ⅲ型	>1，≤5												
水溶性氯化物和硫酸盐的质量分数（以 Cl^- 和 SO_4^{2-} 表示）（%） Ⅰ型	≤0.1				—				≤0.1			—	
筛余物（45μm）的质量分数（%） 1型	≤0.01												
2型	>0.01，≤0.1												
3型	>0.1，≤1												
水萃取液酸碱度/mL	≤20												
铬酸铅的试验	不存在												
总钙量的质量分数（以 CaO 表示，在105℃干燥后测定）（%） a类	≤0.3												
b和c类	≤5												
d类	(2)												
有机着色物的试验	不存在												

（2）条件要求

特性		要求
水悬浮液 pH 值		商定
吸油量		商定
总钙量的质量分数（以 CaO 表示）（%）	a类	(1)
	b和c类	
	d类	商定
颜色		
相对着色力		商定

注：条件要求将由有关双方商定。

5. 氧化铁黄颜料（HG/T 2249—1991）

【组成】 由亚铁盐经氧化而制得，如在废铁内加硫酸亚铁溶液，就可不断地循环制得氧化铁黄。

【用途】 为氧化铁水化合物，颜色则因生产方法不同而变化，可以从奶油色、象牙色直至淡棕色。遮盖力为黄色颜料之冠，着色力好，耐光性极佳，耐碱，但不耐酸，不耐高温，150℃就转变成氧化铁红。用于油墨、橡胶、塑料、涂料、建筑等行业。

【技术要求】

项　　目		指　　标	
		一级品	合格品
铁含量［以 Fe_2O_3（105℃烘干）表示］（%）	≥	86	80
105℃挥发物（%）	≤	1.0	1.5
水溶物（%）	≤	0.5	1
筛余物（45μm筛孔）（%）	≤	0.4	1
水萃取液酸碱度/mL	≤	20	60
水悬浮液 pH 值		3.5～7	3～7
吸油量/（g/100g）		25～35	25～35
铬酸铅		阴性	阴性
总钙量（以 CaO 表示）（%）	≤	0.3	0.3
颜色[1][2]（与标准样比）		近似至微	稍
相对着色力[1]（与标准样比）（%）	≥	100	90
有机着色物的存在		阴性	阴性

① 表示"颜色"和"相对着色力"的标准样品提供单位为湖南省坪塘氧化铁颜料厂。

② 表示在色相相同时，试样比标准样品鲜艳，色差为"稍"级，可作为一级品。

【施工参考】　在涂料生产中可配合树脂、油料、助剂、溶剂等制造色漆。

6. 氧化铁黑颜料（HG/T 2250—1991）

【组成】　可由三价铁与二价铁相互作用制得。

【用途】　为氧化铁和氧化亚铁的加成物，氧化亚铁的含量在18%～26%之间。产品为黑色粉末，呈饱和的蓝光黑色。具有磁性，遮盖力强，着色力大，但不及炭黑。耐光，耐碱，耐候，溶于酸，在大气中可因氧化而逐渐转变成铁红。用于油墨、涂料的制造，高纯度铁黑也可用作磁性材料。

【技术要求】

项　　目		指　　标	
		一级品	合格品
铁含量［以 Fe_3O_4（105℃烘干）表示］（%）	≥	95	90
105℃挥发物（%）	≤	1.0	2
水溶物（%）	≤	0.5	1
筛余物（45μm筛孔）（%）	≤	0.4	1
水萃取液酸碱度/mL	≤	20	20

（续）

项　目		指　标	
		一级品	合格品
水悬浮液 pH 值		5～8	5～8
吸油量/（g/100g）		15～25	15～25
总钙量（以 CaO 表示）（%）	≤	0.3	0.3
颜色[①②]（与标准样比）		近似至微	稍
相对着色力[①]（与标准样比）（%）	≥	100	90
有机着色物的存在		阴性	阴性

①　表示"颜色"和"相对着色力"的标准样品提供单位为十堰市氧化铁黄颜料厂。

②　表示在色相相同时，试样比标准样品鲜艳，色差为"稍"级，可作为一级品。

【施工参考】　在涂料生产中可配合树脂、油料、助剂、溶剂等用于色漆的制造。

7. 铁蓝颜料（HG/T 3001—1999）

【组成】　可由亚铁氰化钾（钠）和亚铁盐反应后经氧化处理制得铁蓝。主要成分为铁氰化铁 $Fe_4[Fe(CN)_6]_3 \cdot xH_2O$。在生产中为改进颜料性能也可加入适当的助剂。工业生产中有 LA09-01、LA09-02、LA09-03 三类。

【用途】　深蓝色颜料，其成分可因不同种类而稍有差别，相对密度在 1.83～1.90 之间。颜色变动于带铜色闪光的暗蓝到亮蓝色之间。着色力强，遮盖力好，耐光性强，耐弱酸，但不耐碱，质硬不易研磨，不溶于水、乙醇、乙醚，受强热则分解或燃烧放出氢氰酸等。用于涂料、油墨、蜡笔、复写纸等。

【技术要求】

项　目		指　标
颜色		接近商定样品
冲淡后颜色		接近商定样品
相对着色力		接近商定样品
60℃挥发物（质量分数）（%）	≤	2～6
水溶物[①]（质量分数）（%）	≤	1
吸油量	≤	商定值的110%
水萃取液酸度/mL		20
易分散程度[②]/μm	≤	20

①　表示 ISO2495：1995E 中水溶物要求为不超过 2.0%。

②　表示 ISO2495：1995E 中规定与商定样品比较，无具体指标。

【施工参考】　在涂料工业中主要配合树脂、油料、助剂和溶剂等作颜料，用于色漆的制造。

8. 云母氧化铁颜料（HG/T 3006—2012）

【用途】　本标准适用于合成的和天然的云母氧化铁颜料。该产品呈干粉状，主要用于钢构件防护涂料。本标准不包括薄片状粒子含量低于30%的颜料。

【术语和定义】

术语	定义
1. 云母氧化铁颜料	一种精选的无机矿物（也称为镜铁矿），或者是主要由氧化铁（Ⅲ）构成的合成产品。它是一种由一定量薄片状粒子构成的带金属光泽的灰色颜料
2. 薄片状粒子	通过透射光（也就是检验时光源在样品的背面）在光学显微镜下观察时能清晰地呈现红色半透明状

【分类】

项目	说明
级别	在本标准中，云母氧化铁颜料薄片状粒子含量分为A、B和C三个级别（见表1）
型号	在本标准中，云母氧化铁颜料筛余物可分为1型、2型、3型共三个类型（见表2）

【要求】

（1）薄片状粒子的分类

表1

级	薄片状粒子的含量（%）
A	>65
B	50～65
C	≥30，<50

（2）基本要求

表2

特性	要求			试验方法
	1型	2型	3型	
铁的质量分数（以 Fe_2O_3 表示）（在105℃干燥后测定）（%）	≥85			GB/T 1863—2008 中8.1.2[①]
105℃挥发物的质量分数（%）	≤0.5			GB/T 5211.3
水溶物的质量分数（热萃取法）（%）	≤0.5			GB/T 5211.2 称取试样10g
筛余物的质量分数（%）	63μm	≤5	>5，≤15	>15，≤35	HG/T 3852—2006 甲法
	105μm	≤0.1			

① 建议使用60mL质量分数为37%、密度约为1.19g/mL的盐酸和0.5g氯酸钾来促进试样的溶解。

（3）条件要求

特性	要求	试验方法
水悬浮液的 pH 值	与商定参照颜料 pH 值相差不大于 1	GB/T 1717
吸油量/(g/100g)	与商定参照颜料相差不大于 ±15%	GB/T 5211.15
总钙量的质量分数（以 CaO 表示）（%）	由有关双方商定	GB/T 1863—2008 中 8.8

注：1. 表中所列的参照颜料和条件要求应由有关双方商定。

2. 表中所提及的参照颜料应符合表 1（A 级、B 级或 C 级）和表 2（1 型、2 型或 3 型）的要求。

9. 镉红颜料（HG/T 2351—1992）

【组成】 可由硫酸镉溶液与硫化钡在硒存在下共沉淀制得。按其用途可分：Ⅰ 型，浓缩品种；Ⅱ 型，淡质品种；Ⅲ 型，纯粹品种。主要成分为硫化镉、硒化镉及硫酸钡。

【用途】 该颜料可因硒含量不同而呈橙红色、纯红色、暗红色、硒含量再增高可转成紫酱色。其具有良好的耐光、耐热、耐碱性、着色力、遮盖力均好，但耐酸性较差，成本高。可用于涂料、塑料、橡胶、搪瓷、玻璃等行业。

【技术要求】

项 目		Ⅰ型			Ⅱ型			Ⅲ型		
		优等品	一等品	合格品	优等品	一等品	合格品	优等品	一等品	合格品
总量［镉（Cd）＋锌（Zn）＋硒（Se）＋硫（S）］（%） ≥			70			30		98	95	90
0.07mol/L 盐酸中的可溶物(%) ≤	锑（Sb）	0.05	0.1	0.1	0.05	0.1	0.1	0.05	0.1	0.1
	砷（As）		0.01			0.01			0.01	
	钡（Ba）	0.01	0.05	0.1	0.01	0.05	0.1	0.01	0.05	0.1
	镉（Cd）	0.1	0.3	0.8	0.1	0.3	0.8	0.1	0.3	0.8
	铬（Cr）		0.1			0.1			0.1	
	铅（Pb）	0.01	0.02	0.02	0.01	0.02	0.02	0.01	0.02	0.02
	硒（Se）		0.01			0.01			0.01	
105℃挥发物（%） ≤			0.5			0.5			0.5	
水溶物（冷萃取法）（%） ≤			0.3			0.3			0.3	
水悬浮液 pH 值			5～8			5～8			5～8	
筛余物（45μm）（%） ≤		0.1	0.3	0.5	0.1	0.3	0.5	0.1	0.3	0.5
颜色（与标准样比）		近似	微	稍	近似	微	稍	近似	微	稍

（续）

项　目	指　标								
	Ⅰ型			Ⅱ型			Ⅲ型		
	优等品	一等品	合格品	优等品	一等品	合格品	优等品	一等品	合格品
相对着色力（与标准样比）（%） ≥	100	95	90	100	95	90	100	95	90
易分散程度/（μm/30min） ≤	20			20			20		
吸油量/（g/100g）	10～15			8～14			15～20		
热稳定性（与标准样比）	颜色不应有较大的变化			颜色不应有较大的变化			颜色不应有较大的变化		

注：1. 在0.07mol/L盐酸中的"可溶性"金属的限值，在某些情况下可增添锌的限值，详见本标准5.2.9中规定的测定"可溶性"锌含量的试验方法（此处省略）。若用户需要增添汞的限值，其试验方法可采用GB/T 9758.7所规定的方法，或由有关双方商定。

2. 如果用户需要测定颜料本身的砷或铅的含量，即可取代盐酸可溶物中砷或铅的测定，测定方法应由有关双方商定。

3. 若用户对颜色、相对着色力、易分散程度、吸油量、热稳定性等技术指标有特殊要求，可另行商定，但应按本标准规定的试验方法进行检验。

4. "颜色"和"相对着色力"的标准样：Ⅰ型，湘潭市化工研究设计院；Ⅱ型，湘潭市染料化工总厂；Ⅲ型，湘潭市化工研究设计院、上海玻搪化工厂。

【施工参考】　在涂料生产中可配合树脂、助剂、溶剂等用于耐高温漆、耐光漆及要求特别色光油漆的制造。

10. 黄丹［HG/T 3002—1983（1997）］

【组成】　可由金属铅在高温下氧化制得，主要成分为一氧化铅（PbO）。

【用途】　黄丹俗称铅黄、黄铅丹、密陀僧、透金生粉，为浅黄色或土黄色粉末，相对密度为9.53。可溶于硝酸、液碱，不溶于水和乙醇，有毒。可用作颜料、催干剂、塑料增塑剂等，用于涂料、玻璃、陶瓷及蓄电池等行业。

【技术要求】

项　目	指　标		
	其他工业用		玻璃工业用
	一级	二级	
氧化铅（%） ≥	99.3	99	99
金属铅（%） ≤	0.1	0.2	0.2
过氧化铅（%） ≤	0.05	0.1	0.1
硝酸不溶物（%） ≤	0.1	0.2	0.2
水分（%） ≤	0.2	0.2	0.2
三氧化二铁（%） ≤			0.005
氧化铜（%） ≤			0.002
筛余物（180目）（%） ≤	0.2	0.5	0.5

【施工参考】 在涂料工业中，黄丹主要通过熔融法、沉淀法使其与环烷酸等制成有机酸金属皂作为催干剂使用，也可直接用于桐油的熬炼。

11. 云母珠光颜料（HG/T 3744—2004）

【用途】 本标准适用于以云母为基材，在其表面包覆二氧化钛、氧化铁等金属氧化物而成的珠光颜料。该产品主要适用于涂料、油墨、塑料、皮革和化妆品等行业。

【技术要求】

项　目		指　标			
		银白系列	彩虹系列	氧化铁金属系列	铁-钛复相金属系列
外观		珍珠白色粉末	灰相白色粉末	古铜~紫红色粉末	金黄~棕黄色粉末
亮度（与参比样①比）		近似~优于			
颜色②（与参比样①比）	A 法——目视法	近似~微			
	B 法——仪器法	$\Delta E^* \leqslant 1.0$	$\Delta E^* \leqslant 1.5$		
粒度分布③（与参比样①比）		基本一致			
杂质含量（质量分数）（%）　≤		0.10			
105℃挥发物（质量分数）（%）　≤		0.5			
吸油量		商定			
水悬浮液电导率		商定			
水悬浮液 pH 值		商定			

① 参比样为有关双方商定的样品。

② 可选用 A 法——目视法或 B 法——仪器法。

③ 可选用 A 法——显微镜法或 B 法——粒度分布仪，仲裁时选用 B 法。

12. 金属氧化物混相颜料（HG/T 4749—2014）

【用途】 本标准适用于金属氧化物混相颜料。产品主要应用于涂料、塑料、陶瓷、玻璃和搪瓷等领域。

【术语和定义】

术语	定义
金属氧化物混相颜料	以各种金属氧化物或金属盐类化合物为主要原材料，经化学合成的干粉状无机着色颜料

【产品分类】 本标准中金属氧化物混相颜料产品按组成分为 5 类，对应的颜料索引号（C.I. 号）列于表中。

产品名称	颜料索引号
钛铬棕	颜料棕 24 77310
钛镍黄	颜料黄 53 77788
钴绿	颜料绿 50 77377
钴蓝	颜料蓝 28 77346
铜铬黑	颜料黑 28 77428

【要求】

项目		指标				
		钛铬棕	钛镍黄	钴绿	钴蓝	铜铬黑
外观		红光黄色 粉末	绿光黄 色粉末	绿色 粉末	蓝色 粉末	黑色 粉末
颜料		商定				
相对着色力		商定				
105℃挥发物质量分数(%)		≤0.3				
水溶物质量分数(%)		≤0.4				
筛余物质量分数(45μm 筛孔) (%)		≤0.1				
吸油量/(g/100g)		≥10,≤25			≥25, ≤40	≥10, ≤25
水悬浮液 pH 值		≥6,≤9				
耐化学品	耐酸性	5 级				≥4~5 级
	耐碱性	5 级				≥4~5 级
耐热性		≥800℃			≥1000℃	≥600℃

13. 立德粉（GB/T 1707—2012）

【用途】 本标准适用于由近似等分子比的硫化锌和硫酸钡共沉淀物经煅烧而成的白色颜料。产品主要用于涂料、油墨、橡胶和塑料等行业。

【产品分类】

根据硫化锌含量的不同，产品分为 20% 立德粉和 30% 立德粉两类。

20% 立德粉对应的品种为 C201。

30% 立德粉根据表面处理方式的不同分为四个品种，分别为：B301、

B302（表面处理）、B311 和 B312（表面处理）。

【要求】

项目	要求				
	B301	B302	B311	B312	C201
以硫化锌计的总锌和硫酸钡的总和的质量分数（%） ≥	99				93
以硫化锌计的总锌的质量分数（%） ≥	28		30		18
氧化锌的质量分数（%） ≤	0.8	0.3	0.3	0.2	0.5
105℃挥发物的质量分数（%） ≤	0.3				
水溶物的质量分数（%） ≤	0.5				
筛余物（63μm 筛孔）的质量分数（%） ≤	0.1			0.05	0.1
颜色	与商定的参照颜料相近				
水萃取液酸碱度	与商定的参照颜料相近				
吸油量/（g/100g）	商定				
消色力（与商定的参照颜料比）（%）	商定				
遮盖力（对比率）	商定				

二、有机颜料

1. 酞菁绿 G（GB/T 3673—1995）

【组成】 由铜酞菁在三氯化铝及氯化钠的熔融体中，以氯化铜为催化剂通以氯气而制成的多氯化铜酞菁经颜料化而成。

【用途】 属含铜酞菁颜料，色彩鲜艳，遮盖力强，耐光、耐热、耐酸碱性好，不溶于烃、醚、醇等。适用于油漆、油墨、橡胶、塑料和文教用品等行业。

【技术要求】

项 目	指标
颜色(与标准样比)	近似至微
相对着色力(与标准样比)(%) ≥	100
105℃挥发物(质量分数)(%) ≤	2.5
水溶物(质量分数)(%) ≤	1.5
吸油量/(g/100g)	32~42
筛余物(180μm 筛孔)(质量分数)(%) ≤	5.0
耐水性	5 级
耐油性	5 级
耐酸性	5 级
耐碱性 ≥	4~5 级
耐石蜡性	5 级
耐光性 ≥	7 级
耐热性 ≥	180℃

【施工参考】 在涂料生产中可配合树脂、助剂、溶剂和其他颜料制造色漆。

2. 酞菁蓝 B（GB/T 3674—1993）

【组成】 由邻苯二甲酸酐与氯化亚铜、尿素在催化剂存在下加热制得。

【用途】 含铜酞菁颜料，为蓝色粉末。色彩鲜艳，遮盖力极高（比群青高 20 倍），耐光，耐热，耐酸，耐碱，不渗色，不溶于烃、醚和醇等溶剂。可作为颜料用于涂料、油墨、塑料和橡胶等行业。

【技术要求】

项　　目		指　　标
颜色（与标准样比）		近似至微
相对着色力（与标准样比）（%）	≥	100
105℃挥发物（质量分数）（%）	≤	2.0
水溶物（质量分数）（%）	≤	1.5
吸油量/(g/100g)		35～45
筛余物（180μm 筛孔）（质量分数）（%）	≤	5.0
耐水性		5 级
耐酸性		5 级
耐碱性		5 级
耐油性		5 级
耐石蜡性		5 级

【施工参考】

序号	说　　明
1	在涂料生产中可配合树脂、助剂、溶剂等制造色漆
2	也可用作高温涂料的颜料

3. 耐晒黄 G（HG/T 2659—1995）

【组成】 可由对氯邻硝基苯胺经重氮化后与邻氯乙酸乙酰苯胺在醋酸介质中偶合制得。

【用途】 也称汉沙黄 G，略带绿光的黄色粉末。色泽鲜艳，耐热，耐晒，着色力比铬黄高 4～5 倍。遮盖力好，且无毒，能代替有毒的铬黄使用。可用于涂料、油墨、印花、印铁和文教用品等行业。

【技术要求】

项　　目		指　　标
颜色（与标准样比）		近似至微
相对着色力（与标准样比）（%）	≥	100
105℃挥发物（质量分数）（%）	≤	2.0
水溶物（质量分数）（%）	≤	1.5

（续）

项　目	指　标
吸油量/（g/100g）	25～35
筛余物（400μm 筛孔）（质量分数）（%）　≤	5.0
耐水性	5 级
耐酸性	5 级
耐碱性　　　　　　≥	4 级
耐油性　　　　　　≥	4 级
耐光性　　　　　　≥	7 级

【施工参考】　在涂料工业中可配合树脂、油料、助剂和溶剂等作为颜料，用于常温干燥漆、喷漆的制造。

4. 耐晒黄 10G（HG/T 3004—1999）

【组成】　可由邻硝基对氯苯胺经重氮化反应后与邻氯乙酰乙酰苯胺在醋酸介质中偶合反应而制得。

【用途】　也称汉沙黄 10G，带绿光的淡黄色粉末。不溶于水、乙醇、油等，遇硫不变色，耐光，耐热。可用于涂料、油墨、橡胶和塑料等行业。

【技术要求】

项　目	指　标
颜色(与商定样比)	近似至微
相对着色力(与商定样比)(%)　≥	100
105℃挥发物(质量分数)(%)　≤	2.0
水溶物(质量分数)(%)　≤	1.5
吸油量/(g/100g)	25～40
筛余物(400μm 筛孔)(质量分数)(%)　≤	5.0
耐水性	5 级
耐酸性	5 级
耐碱性　　　　　　≥	4 级
耐油性　　　　　　≥	4 级
耐光性　　　　　　≥	7 级

【施工参考】　在涂料生产中作为颜料与树脂、油料、助剂、溶剂等配套，用于自干性油漆、喷漆等的制造。

5. 大红粉（HG/T 2883—1997）

【组成】　可由苯胺经重氮化后与色酚 AS 在碱性介质中偶合并经酸化制得。

【用途】　红色粉末，不溶于水、油、乙醇、石蜡等，具有良好的耐酸碱性和耐光性。可用于涂料、橡胶和文教用品等行业。

【技术要求】

项　　目	指　　标
颜色（与标准样比）	近似至微
相对着色力（与标准样比）（%）　　≥	100
105℃挥发物（质量分数）（%）　　≤	1.0
水溶物（质量分数）（%）　　≤	1.0
吸油量/（g/100g）	30~40
筛余物（400μm筛孔）（质量分数）（%）　　≤	5
耐水性　　≥	4 级
耐酸性　　≥	4 级
耐油性　　≥	3 级
耐光性　　≥	6 级
耐热性　　≥	120℃

【施工参考】 在涂料工业中可配合树脂、油料、助剂、溶剂等作为颜料，用于一般油漆及喷漆的制造。

6. 甲苯胺红（HG/T 3003—1983）

【组成】 由邻硝基对甲苯胺经重氮化反应后与 β-萘酚在微碱性介质中偶合而制得。该颜料在工业生产中有一般型与易分散型两类。

【用途】 又称猩红、吐鲁定红，红色粉末。具有优良的耐光、耐水、耐油性和良好的耐酸性、遮盖力，质软而易于研磨，冲淡后的颜色耐久性差，只宜用于室内。可用于涂料、油墨和文教用品等行业。

【技术要求】

项　　目	一般型	易分散型
色光（与标准品比）	近似至微	近似至微
着色力（与标准品比）（%）	95~105	95~105
水分（%）　　≤	1.0	1.5
吸油量（%）	35~50	35~50
水溶物（%）　　≤	1.0	1.5
筛余物（40目）（%）　　≤	5	5
耐光性　　≥	6 级	6 级
耐热性	120℃	120℃

注：1. 表列项目中除耐光性、耐热性两项为保证指标外，其他项目为每批产品出厂必检指标。

2. 易分散型：同条件研磨至细度为20μm时所需时间应不大于普通型的70%。

【施工参考】 在涂料工业可配合树脂、油料、助剂、溶剂等作为颜料，用于水粉漆、喷漆、烘漆等的制造。

7. 联苯胺黄 G（HG/T 3005—1986）

【组成】 可由 3.3′-二氯联苯胺经过重氮化后与乙酰苯胺偶合而制得。

【用途】 着色力好，具有耐水、耐光和耐石蜡性。可用于油墨、橡胶、塑料、文教用品和涂料等行业。

【技术要求】

项　目		指　标
色光（与标准样品比）		近似至微
着色力（与标准样品比）（％）		95～105
105℃挥发物（％）	≤	2.0
水溶物（％）	≤	2.0
吸油量（％）	≤	55
筛余物（300μm）（％）	≤	5.0
流动度/mm		17～23
耐光性		3～4 级
耐酸性	≤	5 级
耐碱性		4～5 级
耐水性	≤	5 级
耐油性	≤	5 级
耐溶剂（乙醇）性		4～5 级
耐石蜡性		4～5 级

注：表中后 7 项在生产正常时每月至少抽样测定 1 次。

【施工参考】 在涂料工业可作为颜料，配合树脂、油料、助剂、溶剂用于色漆的制造。

三、金属颜料

1. 涂料用铝颜料　第 1 部分：铝粉浆（HG/T 2456.1—2013）

【用途】 本部分适用于铝、表面处理剂和有机溶剂经湿法球磨制成的铝粉浆。

【产品分类】 产品分为漂浮型和非浮型两种类型。

【要求】

项目		指　标	
		漂浮型	非浮型
105℃挥发物的质量分数（％）		≤35[①]	
有机溶剂可溶物的质量分数（％）		≤4.0	≤6.0
制漆外观		具有良好的银白色金属光泽及装饰性、平整性，与商定参照样品制备的漆膜外观接近	
筛余物的质量分数（％）	180μm 筛孔	无	
	45μm 筛孔	商定	
水面覆盖力/（m²/g）		≥1.35	—
漂浮力（％）		≥65	无

（续）

项目	指　标	
	漂浮型	非浮型
水含量的质量分数（%）	≤0.15	
铅含量的质量分数（以干颜料为基准）（%）	≤0.03	
铜＋铁＋铅＋硅＋锌总含量的质量分数（以干颜料为基准）（%）	≤1.0	

① 特殊产品该指标可商定。

2. 涂料用铝颜料　第 3 部分：聚合物包覆铝粉浆（HG/T 2456.3—2015）

【用途】　本部分适用于用雾化铝粉、表面处理剂和有机溶剂在湿法球磨后再由带有活性基团的有机物经化学反应形成的聚合物包覆在片状铝粒子表面而成的聚合物包覆铝粉浆。产品主要用于涂料工业。

【产品分类】

类型	耐化学性	用　途
A	优	主要用于耐候性、耐化学性要求较高的产品，如卷材涂料、建筑外墙涂料等
B	良	
C	一般	主要用于对耐化学性、铝粉附着力有一定要求的产品，如塑料涂料、油墨等

【要求】

项目		指　标		
		A	B	C
105℃不挥发物的质量分数（%）≥		45		50
涂膜外观		具有良好的银白色金属光泽及装饰性、平整性，与商定参照样品制备的涂膜外观接近		
筛余物的质量分数（%）	180μm 筛孔	无		
	45μm 筛孔	商定		
耐碱性（浸入质量分数为5%的 NaOH 溶液）		48h	24h	6h
耐酸性（浸入质量分数为5%的 HCl 溶液）		ΔE^* ≤3.0 或不大于商定参照样品涂膜样板浸泡前后色差 ΔE^*		
耐电压		施加 2000V 直流电压，正、负极间隔 10mm，1min 无放电击穿现象		施加商定直流电压，正、负极间隔 10mm，1min 无放电、击穿现象

（续）

项目	指　标		
	A	B	C
聚合物含量的质量分数（％）　≥	5	4	1
贮存稳定性	在 50℃ ±2℃ 贮存 30d 后与室温贮存的对比，目视无颗粒，遮盖力无明显下降		在 50℃ ±2℃ 贮存商定天数后与室温贮存的对比，目视无颗粒，遮盖力无明显下降
水含量的质量分数（％）　　≤	0.2		
铁含量的质量分数（％）　　≤	0.2		
铅含量的质量分数（％）　　≤	0.03		
铜＋铁＋铅＋硅＋锌总含量的质量分数（％）　　≤	1.0		

3. 涂料用铝颜料　第4部分：真空镀铝悬浮液（HG/T 2456. 4—2015）

【用途】　本部分适用于用真空镀铝膜为原材料制作的铝片厚度小于100nm 的悬浮液状铝颜料。产品主要用于涂料和印刷油墨。

【要求】

项　　目	指　标
105℃ 不挥发物的质量分数（％）	10.0 ±0.5 或商定
涂膜外观	具有良好的镀铬效果或镜面效果及装饰性、平整性，与商定参照样品制备的涂膜外观接近
粒径	商定
筛余物的质量分数（45μm 筛孔）（％）　≤	1.0
水含量的质量分数（％）　　≤	0.2
铜＋铁＋铅＋硅＋锌总含量的质量分数（％）　　≤	0.1

第十一章　涂料中有害物质限量

1. 室内装饰装修材料　溶剂型木器涂料中有害物质限量（GB 18581—2009）

【用途】　本标准适用于室内装饰装修和工厂化涂装用聚氨酯类、硝基类和醇酸类溶剂型木器涂料（包括底漆和面漆）及木器用溶剂型腻子，不适用于辐射固化涂料和不饱和聚酯腻子。

【术语和定义】

术语	定义
1. 挥发性有机化合物（VOC）	在 101.3kPa 标准大气压下，任何初沸点低于或等于 250℃的有机化合物
2. 挥发性有机化合物含量	按规定的测试方法测试产品所得到的挥发性有机化合物的含量
3. 聚氨酯类涂料	以由多异氰酸酯与含活性氢的化合物反应而成的聚氨（基甲酸）酯树脂为主要成膜物质的一类涂料
4. 硝基类涂料	以由硝酸和硫酸的混合物与纤维素酯化反应制得的硝酸纤维素为主要成膜物质的一类涂料
5. 醇酸类涂料	以由多元酸、脂肪酸（或植物油）与多元醇缩聚制得的醇酸树脂为主要成膜物质的一类涂料

【要求】

有害物质限量的要求

项目	限量值				
	聚氨酯类涂料		硝基类涂料	醇酸类涂料	腻子
	面漆	底漆			
挥发性有机化合物（VOC）含量[①]/（g/L）　≤	580[光泽（60°）≥80] 670[光泽（60°）<80]	670	720	500	550
苯含量[①]（%）　≤	0.3				
甲苯、二甲苯、乙苯含量总和[①]（%）　≤	30		30	5	30
游离二异氰酸酯（TDI、HDI）含量总和[②]（%）　≤	0.4		—	—	0.4（限聚氨酯类腻子）
甲醇含量[①]（%）　≤	—		0.3	—	0.3（限硝基类腻子）

（续）

项目		限量值			
		聚氨酯类涂料		硝基类涂料	醇酸类涂料	腻子

项目		限量值				
		聚氨酯类涂料 面漆	底漆	硝基类涂料	醇酸类涂料	腻子
卤代烃含量①③（%） ≤		0.1				
可溶性重金属含量（限色漆、腻子和醇酸清漆）/（mg/kg） ≤	铅 Pb	90				
	镉 Cd	75				
	铬 Cr	60				
	汞 Hg	60				

① 按产品明示的施工配比混合后测定。当稀释剂的使用量为某一范围时，应按照产品施工配比规定的最大稀释比例混合后进行测定。

② 当聚氨酯类涂料和腻子规定了稀释比例或由双组分或多组分组成时，应先测定固化剂（含游离二异氰酸酯预聚物）中的含量，再按产品明示的施工配比计算混合后涂料中的含量。当稀释剂的使用量为某一范围时，应按产品施工配比规定的最小稀释比例进行计算。

③ 包括二氯甲烷、1，1-二氯乙烷、1，2-二氯乙烷、三氯甲烷、1，1，1-三氯乙烷、1，1，2-三氯乙烷、四氯化碳。

2. 室内装饰装修材料　内墙涂料中有害物质限量（GB 18582—2008）

【用途】　本标准适用于各类室内装饰装修用水性墙面涂料和水性墙面腻子。

【术语和定义】

术语	定义
1. 挥发性有机化合物（VOC）	在 101.3kPa 标准压力下，任何初沸点低于或等于 250℃ 的有机化合物
2. 挥发性有机化合物含量①②	按规定的测试方法测试产品所得到的挥发性有机化合物的含量

① 墙面涂料为产品扣除水分后的挥发性有机化合物的含量，以 g/L 表示。

② 墙面腻子为产品不扣除水分的挥发性有机化合物的含量，以 g/kg 表示。

【要求】

有害物质限量的要求

项目	限量值	
	水性墙面涂料①	水性墙面腻子②
挥发性有机化合物含量（VOC） ≤	120g/L	15g/kg
苯、甲苯、乙苯、二甲苯总和/（mg/kg） ≤	300	
游离甲醛/（mg/kg） ≤	100	

（续）

项目		限量值	
		水性墙面涂料①	水性墙面腻子②
可溶性重金属/（mg/kg） ≤	铅 Pb	90	
	镉 Cd	75	
	铬 Cr	60	
	汞 Hg	60	

① 涂料产品所有项目均不考虑稀释配比。
② 膏状腻子所有项目均不考虑稀释配比；粉状腻子除可溶性重金属项目直接测试粉体外，其余3项按产品规定的配比将粉体与水或粘结剂等其他液体混合后测试。当配比为某一范围时，应按照水用量最小、粘结剂等其他液体用量最大的配比混合后测试。

3. 室内装饰装修材料 水性木器涂料中有害物质限量（GB 24410—2009）

【用途】 本标准适用于室内装饰装修和工厂化涂装用水性木器涂料以及木器用水性腻子。

【术语和定义】

术语	定 义
1. 挥发性有机化合物（VOC）	在101.3kPa标准大气压下，任何初沸点低于或等于250℃的有机化合物
2. 挥发性有机化合物含量①②	按规定的测试方法测试产品所得到的挥发性有机化合物的含量

① 涂料产品以扣除水分后的挥发性有机化合物的含量计，以 g/L 表示。
② 腻子产品以不扣除水分的挥发性有机化合物的含量计，以 g/kg 表示。

【要求】

有害物质限量的要求

项目		限量值	
		涂料①	腻子②
挥发性有机化合物含量 ≤		300g/L	60g/kg
苯系物含量(苯、甲苯、乙苯和二甲苯总和)/（mg/kg） ≤		300	
乙二醇醚及其酯类含量（乙二醇甲醚、乙二醇甲醚醋酸酯、乙二醇乙醚、乙二醇乙醚醋酸酯、二乙二醇丁醚醋酸酯总和）/（mg/kg） ≤		300	
游离甲醛含量/（mg/kg） ≤		100	

（续）

项目		限量值	
		涂料①	腻子②
可溶性重金属含量（限色漆和腻子）/（mg/kg） ≤	铅 Pb	90	
	镉 Cd	75	
	铬 Cr	60	
	汞 Hg	60	

① 对于双组分或多组分组成的涂料，应按产品规定的配比混合后测定。水不作为一个组分，测定时不考虑稀释配比。

② 粉状腻子除可溶性重金属项目直接测定粉体外，其余项目是指按产品规定的配比将粉体与水或粘结剂等其他液体混合后测定。当配比为某一范围时，水应按照水用量最小的配比量混合后测定，粘结剂等其他液体应按照其用量最大的配比量混合后测定。

4. 建筑用外墙涂料中有害物质限量（GB 24408—2009）

【用途】 本标准适用于直接在现场涂装、对以水泥基及其他非金属材料为基材的建筑物外表面进行装饰和防护的各类水性外墙涂料和溶剂型外墙涂料。

【术语和定义】

术　语	定　　义
1. 挥发性有机化合物（VOC）	在101.3kPa 标准大气压下，任何初沸点低于或等于250℃的有机化合物
2. 挥发性有机化合物含量（VOC含量）①②	按规定的测试方法测试产品所得到的挥发性有机化合物的含量

① 水性外墙底漆和面漆以扣除水分后的挥发性有机化合物含量计，以 g/L 表示；溶剂型外墙底漆和面漆挥发性有机化合物的含量以 g/L 表示。

② 水性外墙腻子以不扣除水分的挥发性有机化合物含量计，以 g/kg 表示。

【产品分类】 产品分为两大类：水性外墙涂料（包括腻子、底漆和面漆）和溶剂型外墙涂料（包括底漆和面漆）。其中溶剂型外墙涂料又分为色漆、清漆和闪光漆三类。

【要求】

有害物质限量的要求

项目	限量值					
	水性外墙涂料				溶剂型外墙涂料（包括底漆和面漆）	
	底漆①	面漆①	腻子②	色漆	清漆	闪光漆
挥发性有机化合物(VOC)含量/(g/L) ≤	120	150	15g/kg	680③	700③	760③

（续）

项目	限量值					
	水性外墙涂料				溶剂型外墙涂料（包括底漆和面漆）	
	底漆①	面漆①	腻子②	色漆	清漆	闪光漆
苯含量②（%） ≤	—			0.3		
甲苯、乙苯和二甲苯含量总和③（%）≤	—			40		
游离甲醛含量/（mg/kg） ≤	100			—		
游离二异氰酸酯（TDI 和 HDI）含量总和④（%） ≤（限以异氰酸酯作为固化剂的溶剂型外墙涂料）	—			0.4		
乙二醇醚及醚酯含量总和①②③（%）≤（限乙二醇甲醚、乙二醇甲醚醋酸酯、乙二醇乙醚、乙二醇乙醚醋酸酯和二乙二醇丁醚醋酸酯） ≤	0.03					
重金属含量（限色漆和腻子）/（mg/kg） ≤	铅（Pb）			1000		
	镉（Cd）			100		
	六价铬（Cr⁶⁺）			1000		
	汞（Hg）			1000		

① 水性外墙底漆和面漆的所有项目均不考虑稀释配比。
② 水性外墙腻子中膏状腻子的所有项目均不考虑稀释配比；粉状腻子除重金属项目直接测试粉体外，其余三项是指按产品明示的施工配比将粉体与水或粘结剂等其他液体混合后测试。当施工配比为某一范围时，应按照水用量最小、粘结剂等其他液体用量最大的施工配比混合后测试。
③ 溶剂型外墙涂料按产品明示的施工配比混合后测定。当稀释剂的使用量为某一范围时，应按照产品施工配比规定的最大稀释比例混合后进行测定。
④ 如果产品规定了稀释比例或由双组分或多组分组成，应先测定固化剂（含二异氰酸酯预聚物）中的二异氰酸酯含量，再按产品明示的施工配比计算混合后涂料中的含量。当稀释剂的使用量为某一范围时，应按照产品施工配比规定的最小稀释比例进行计算。

5. 汽车涂料中有害物质限量（GB 24409—2009）

【用途】 本标准适用于除腻子、特殊功能性涂料以外的各类汽车涂料。

本标准中特殊功能性涂料指聚丙烯底材附着力促进剂（PP 水）、主要功能为防（抗）石击性的涂料［不含辅助防（抗）石击功能的涂料］、消除新旧涂膜接合处痕迹的辅助材料（接驳口水）等。

【术语和定义】

术语	定　义
1. 实色漆	不含金属、珠光等效应颜料的色漆
2. 底色漆	表面需涂装罩光清漆的色漆
3. 本色面漆	表面不需涂装罩光清漆的实色漆
4. 挥发性有机化合物	在 101.3kPa 标准大气压下，任何初沸点低于或等于 250℃ 的有机化合物
5. 挥发性有机化合物含量	按规定的测试方法测试产品所得到的挥发性有机化合物的含量

【产品分类】　本标准中汽车涂料分为两类：A 类为溶剂型涂料，分为热塑型、单组分交联型和双组分交联型；B 类为水性（含电泳涂料）、粉末和光固化涂料。

【要求】

（1）A 类涂料中有害物质限量的要求

涂料品种		挥发性有机化合物（VOC）含量/(g/L)	限用溶剂含量（%）	重金属含量（限色漆）/(mg/kg)
热塑型	底漆、中涂、底色漆（效应颜料漆、实色漆）、罩光清漆、本色面漆	≤770	苯≤0.3 甲苯、乙苯和二甲苯 总量≤40 乙二醇甲醚、乙二醇乙醚 乙二醇甲醚醋酸酯、乙二醇乙醚醋酸酯 二乙二醇丁醚醋酸酯 总量≤0.03	Pb：≤1000 Cr^{6+}：≤1000 Cd：≤100 Hg：≤1000
单组分交联型	底漆	≤750		
	中涂	≤550		
	底色漆（效应颜料漆、实色漆）	≤750		
	罩光清漆、本色面漆	≤580		
双组分交联型	底漆、中涂	≤670		
	底色漆（效应颜料漆、实色漆）	≤750		
	罩光清漆	≤560		
	本色面漆	≤630		

注：1. 涂料供应商应提供组分配比和能保证施涂的稀释比例范围。测试挥发性有机化合物含量和限用溶剂含量项目时按组分配比和最大稀释比例配制后进行测试。

2. 进行重金属项目测试可不加稀释剂。

3. 汽车发动机、排气管等部位使用的耐高温涂料归入底漆类别；单组分交联型中用于 3C1B（三涂-烘干）涂装工艺喷涂的第 1、2 道涂料归入底色漆类别。

4. 某个产品作为不同涂料品种使用，应执行最严要求，如双组分交联型涂料中既能作为实色漆也能作为本色面漆使用的产品，应执行本色面漆的指标。

（2）B 类涂料中有害物质限量

涂料品种	限用溶剂含量（%）	重金属含量（限色漆）/（mg/kg）
水性涂料（含电泳涂料）	乙二醇甲醚、乙二醇乙醚、乙二醇甲醚醋酸酯、乙二醇乙醚醋酸酯、二乙二醇丁醚醋酸酯总量≤0.03	Pb：≤1000 Cr⁶⁺：≤1000 Cd：≤100 Hg：≤1000
粉末、光固化涂料	—	

注：对于水性涂料（含电泳涂料），涂料供应商应提供施工配比。进行限用溶剂含量测试时，不加水，将各组分和溶剂（如产品规定施涂时需加溶剂，试验时需要加入）混匀后进行测试。进行重金属含量测试时，水性涂料（含电泳涂料）不加水和溶剂，粉末涂料可直接进行测试，光固化涂料按产品的规定条件固化后测试。

6. 玩具用涂料中有害物质限量（GB 24613—2009）

【用途】 本标准适用于各类玩具用涂料。

【术语和定义】

术语	定义
1. 玩具用涂料	涂覆在玩具表面能形成涂膜的液体或固体涂料的总称
2. 挥发性有机化合物	在101.3kPa标准大气压下，任何初沸点低于或等于250℃的有机化合物
3. 挥发性有机化合物含量	按规定的测试方法测试产品所得到的挥发性有机化合物的含量

【要求】

有害物质限量的要求

项目		要求
铅含量①/（mg/kg） ≤		600
可溶性元素含量①/（mg/kg） ≤	锑（Sb）	60
	砷（As）	25
	钡（Ba）	1000
	镉（Cd）	75
	铬（Cr）	60
	铅（Pb）	90
	汞（Hg）	60
	硒（Se）	500

（续）

项目		要求
邻苯二甲酸酯含量②（%） ≤	邻苯二甲酸二异辛酯（DEHP）、邻苯二甲酸二丁酯（DBP）和邻苯二甲酸丁苄酯（BBP）总和	0.1
	邻苯二甲酸二异壬酯（DINP）、邻苯二甲酸二异癸酯（DIDP）和邻苯二甲酸二辛酯（DNOP）总和	0.1
挥发性有机化合物（VOC）含量③/（g/L） ≤		720
苯含量③（%） ≤		0.3
甲苯、乙苯和二甲苯含量总和③（%） ≤		30

① 按产品明示的施工配比（稀释剂无须加入）制备混合试样，并制备厚度适宜的涂膜。在产品说明书规定的干燥条件下，待涂膜完全干燥后，对干涂膜进行测定。粉末状涂料直接进行测定。

② 液体样品按产品明示的施工配比制备混合试样，先按规定的方法测定其含量，再折算至干涂膜中的含量。粉末状样品或干涂膜样品按规定的方法测定其含量。

③ 仅适用于溶剂型涂料。按产品明示的施工配比混合后测定。当稀释剂的使用量为某一范围时，应按照推荐的最大稀释量稀释后进行测定。

7. 铅笔涂层中可溶性元素最大限量（GB 8771—2007）

【用途】 本标准适用于各种有涂层的石墨铅笔和彩色铅笔。

【术语和定义】

术　语	定　义
1. 基体材料	可以在其上形成或附着涂层的材料
2. 涂层	在铅笔的基体材料上形成或附着的所有材料层，包括油漆、清漆、生漆、油墨、聚合物或其他类似性质的物质，不管是否含金属微粒，也不管是通过何种方法附着在铅笔上的，且可用锋利的刀刃移取
3. 测试方法的检出限	空白值标准偏差的3倍
4. 可溶性元素含量	相当于人体胃液酸度的溶液所提取的铅笔涂层中的锑、砷、钡、镉、铬、铅、汞、硒八种元素含量
5. 最大限量	根据铅笔涂层中锑、砷、钡、镉、铬、铅、汞、硒等元素的生物利用率（bioavailability），将目前可接受的各种铅笔涂层平均每天的摄入量与上述各元素的生物利用率数值结合起来而得到铅笔涂层中各种有害元素的上限，以减少儿童与铅笔涂层中有害元素接触的最大可接受限

【技术要求】

（1）铅笔涂层中可溶性元素的最大限量

表1

元素	限量/（mg/kg）
锑（Sb）	≤60
砷（As）	≤25
钡（Ba）	≤1000
镉（Cd）	≤75
铬（Cr）	≤60
铅（Pb）	≤90
汞（Hg）	≤60
硒（Se）	≤500

（2）结果说明

1）由于本标准规定的测试方法的精确度的原因，在考虑实验室之间测试结果时需要一个经校正的分析结果。第5章规定的测试方法分析结果应减去表2中分析校正系数计算出的校正值，以得到校正后的分析结果。

2）凡铅笔涂层材料的校正分析结果低于或等于表1中最大限量，则被认为符合本标准。

（3）各元素分析校正系数

表2

元　素	分析校正系数（%）
锑（Sb）	60
砷（As）	60
钡（Ba）	30
镉（Cd）	30
铬（Cr）	30
铅（Pb）	30
汞（Hg）	50
硒（Se）	60

示例：

铅的分析结果为120mg/kg，表2中铅的分析校正系数为30%，则铅的校正分析结果 = 120 – 120×30% = 120 – 36 = 84（mg/kg）。这个数字被认为符合本标准的要求（表1中可溶性元素铅的最大限量为90mg/kg）。

8. 建筑钢结构防腐涂料中有害物质限量（GB 30981—2014）

【用途】 本标准适用于对建筑物和构筑物钢结构表面进行防护和装饰的溶剂型防腐涂料和水性防腐涂料。

【术语和定义】

术语	定 义
1. 建筑物	用建筑材料构筑的空间和实体，供人们居住和进行各种活动的场所，如住宅、办公大楼、厂房、仓库、商场、体育馆、展览馆、图书馆、医院、学校、体育馆、机场、车站、剧院、教堂等
2. 构筑物	为某种使用目的而建造的、人们一般不直接在其内部进行生产和生活活动的工程实体或附属建筑设施，桥梁、铁塔、碑塔、电视塔等结构
3. 建筑钢结构	以钢材制作的建筑物和构筑物
4. 建筑钢结构防腐涂料	涂覆在建筑钢结构上的防腐涂料
5. 挥发性有机化合物	在所处的大气温度和压力下可以自然挥发的任何有机液体或固体
6. 挥发性有机化合物含量（VOC 含量）	在规定的条件下所测得的涂料中存在的挥发性有机化合物的含量

【产品分类】 本标准中将防腐涂料分为预涂底漆（车间底漆）、底漆、联接漆、中间漆和面漆。

【要求】

（1）挥发性有机化合物（VOC）的限量要求

涂料类型		挥发性有机化合物（VOC)的限量值/(g/L)
预涂底漆（车间底漆）	无机类	680
	环氧树脂类	680
	其他树脂类	700
底漆	无机类（富锌[①]）	660
	醇酸树脂类	550
	氯化橡胶类	620
	氯化聚烯烃树脂类	700
	环氧树脂类（富锌[①]）	650
	环氧树脂类	580
	其他树脂类	650
联接漆[②]		720
中间漆	醇酸树脂类	490
	环氧树脂类	550
	氯化橡胶类	600
	氯化聚烯烃树脂类	700
	丙烯酸酯类	550
	其他树脂类	500

（续）

涂料类型		挥发性有机化合物（VOC）的限量值/（g/L）
面漆	醇酸树脂类	590
	丙烯酸树脂类	650
	环氧树脂类	600
	氯化橡胶类	610
	氯化聚烯烃树脂类	720
	聚氨酯树脂类	630
	氟碳树脂类	700
	硅氧烷树脂类	390
	其他树脂类	700

注：1. 按产品明示的配比和稀释比例混合后测定。当稀释剂的使用量为某一范围时，应按照推荐的最大稀释量稀释后进行测定。

2. 该要求仅限溶剂型涂料。

① 富锌底漆是指不挥发分中金属锌含量≥60%的底漆。

② 在无机富锌底漆上涂覆的一道过渡涂料作为联接（封闭）涂层。

（2）有害溶剂的限量要求

项　目		限量值
苯含量（%）	≤	1
卤代烃（二氯甲烷、三氯甲烷、二氯乙烷、三氯乙烷、1，2-二氯丙烷、三氯乙烯、四氯化碳）总和含量（%）	≤	1
甲醇含量（限无机类涂料）（%）	≤	1
乙二醇醚（乙二醇甲醚、乙二醇乙醚）总和含量（%）	≤	1

注：1. 该要求适用于溶剂型涂料和水性涂料。

2. 溶剂型涂料按产品明示的配比和稀释比例混合后测定。当稀释剂的使用量为某一范围时，应按照推荐的最大稀释量稀释后进行测定。水性涂料不考虑稀释配比。

（3）有害重金属含量的推荐性要求

项　目		推荐值
铅（Pb）含量/（mg/kg）	≤	1000
镉（Cd）含量/（mg/kg）	≤	100
六价铬（Cr^{6+}）含量/（mg/kg）	≤	1000
汞（Hg）含量/（mg/kg）	≤	1000

注：1. 该要求仅限色漆，适用于溶剂型涂料和水性涂料。

2. 按产品明示的配比（稀释剂无须加入）混合各组分样品，并制备厚度适宜的涂膜。在产品说明书规定的干燥条件下，待涂膜完全干燥后，对干涂膜进行测定。

第十二章 涂料的选用

一、涂料的选用方法

1. 不同用途对涂料的选择

用途		1 油性涂料	2 虫胶涂料	3 沥青涂料	4 酚醛涂料	5 醇酸涂料	6 氨基涂料	7 环氧涂料	8 有机硅涂料	9 过氯乙烯涂料	10 二乙烯基乙炔涂料
车辆涂料	载重汽车、铁路车辆、油槽车					✓	✓			✓	
	轿车、摩托车						✓	✓			
建筑涂料	木壁、门窗、地板、楼梯	✓	✓		✓	✓					
	钢架、铁柱、水管、水塔	✓		✓	✓	✓					
	泥墙、砖墙、水泥墙	✓									
机械涂料	起重机、拖拉机、柴油机	✓				✓				✓	
	机床、纺织机、仪器、仪表					✓	✓	✓			
航空涂料	木材、织物、蒙布					✓				✓	
	轻金属合金				✓			✓	✓		
电绝缘涂料	漆包线、浸渍绕组、覆盖				✓	✓			✓		
	电线、电缆			✓				✓			
耐化学腐蚀涂料	大型化工设备及建筑物（自干）				✓			✓		✓	✓
	小型管道、蓄电池、仪表（烘干）						✓	✓	✓		
	耐酸			✓	✓			✓		✓	
	耐碱							✓		✓	
	耐油							✓			

（续）

漆种 用途		1 油性涂料	2 虫胶涂料	3 沥青涂料	4 酚醛涂料	5 醇酸涂料	6 氨基涂料	7 环氧涂料	8 有机硅涂料	9 过氯乙烯涂料	10 二乙烯基乙炔涂料
标志涂料	夜光涂料：仪表、坐标、钟表等										
	变色涂料：电机、轴承、锅炉					√	√				
	荧光涂料：标志、路牌、广告牌										
船舶涂料	水线以上：船壳、甲板、桅杆、船舱					√					
	水线以下：船底防锈防污		√					√			√
	木船	√		√							
	水闸			√	√						
防火高温涂料	木材：木质墙壁及易燃物					√	√			√	
	铁质：锅炉、烟囱、管道			√					√		
轻工产品用涂料	自行车、缝纫机		√				√				
	电冰箱、洗衣机						√	√			
	收音机、乐器、家具		√								
	食品罐头内、外壁					√	√	√			
	铅笔									√	
	橡胶、皮革、塑料涂染					√					
	油布、油毡、渔网	√		√							
	纸张上光、防雨帽、胶领		√		√					√	
	钟罩、水瓶、玩具					√	√				
	桥梁、塔架	√			√	√					

（续）

漆种 用途		11 聚醋酸乙烯涂料	12 聚乙烯醇缩丁醛涂料	13 丙烯酸涂料	14 聚氨酯涂料	15 聚酯涂料	16 氯醋树脂涂料	17 聚酰胺涂料	18 氯化橡胶涂料	19 硝基涂料	20 乙基纤维涂料	21 苄基纤维涂料
车辆涂料	载重汽车、铁路车辆、油槽车									√		
	轿车、摩托车			√						√		
建筑涂料	木壁、门窗、地板、楼梯					√						
	钢架、铁柱、水管、水塔											
	泥墙、砖墙、水泥墙	√		√					√			
机械涂料	起重机、拖拉机、柴油机											
	机床、纺织机、仪器、仪表									√		
航空涂料	木材、织物、蒙布									√		
	轻金属合金			√	√							
电绝缘涂料	漆包线、浸渍绕组、覆盖	√	√		√	√						
	电线、电缆				√					√		√
耐化学腐蚀涂料	大型化工设备及建筑物（自干）						√		√		√	
	小型管道、蓄电池、仪表（烘干）											
	耐酸				√							
	耐碱											
	耐油		√		√							
标志涂料	夜光涂料：仪表、坐标、钟表等			√								
	变色涂料：电机、轴承、锅炉											
	荧光涂料：标志、路牌、广告牌							√				

（续）

漆　种 用　途		11 聚醋酸乙烯涂料	12 聚乙烯醇缩丁醛涂料	13 丙烯酸涂料	14 聚氨酯涂料	15 聚酯涂料	16 氯醋树脂涂料	17 聚酰胺涂料	18 氯化橡胶涂料	19 硝基涂料	20 乙基纤维涂料	21 苄基纤维涂料
船舶涂料	水线以上：船壳、甲板、桅杆、船舱	√										
	水线以下：船底防锈防污						√		√			
	木船											
	水闸											
防火高温涂料	木材：木质墙壁及易燃物											
	铁质：锅炉、烟囱、管道											
轻工产品用涂料	自行车、缝纫机			√								
	电冰箱、洗衣机			√	√					√		
	收音机、乐器、家具			√	√	√				√		
	食品罐头内、外壁		√							√		
	铅笔									√		
	橡胶、皮革、塑料涂染			√	√					√		√
	油布、油毡、渔网											
	纸张上光、防雨帽、胶领						√			√		
	钟罩、水瓶、玩具									√		
	桥梁、塔架			√					√			

2. 不同材质对涂料的选择（5 分评比法）

涂料品种 被涂材质	油脂漆	醇酸树脂漆	氨基树脂漆	硝基漆	酚醛漆	环氧树脂漆	氯化橡胶漆	丙烯酸酯漆	氯醋共聚漆	偏氯乙烯漆	有机硅漆	聚氨酯漆	呋喃树脂漆	聚醋酸酯乙烯漆	醋丁纤维漆	乙基纤维漆
钢铁金属	5	5	5	5	5	5	5	4	5	4	5	5	5	5	4	4
轻金属	4	4	4	4	5	5	3	5	4	4	5	5	5	3	4	4
金属丝	4	4	5		4	5	4	2	5	4	5	5	2		4	5
纸 张	3	4	4	5	5	4	4	5	5	5	5	5	5	5	4	5
织物纤维	3	5	4	4	5	4	4	5	5	5	5	5	5	5	3	5
塑 料	3	4	4	4	5	5	4	5	5	5	5	5	5	5	4	5
木 材	4	5	4	4	5	4	4	5	5	5	5	5	5	5	4	5
皮 革	3	5	2	3	5	4	4	5	5	5	5	5	5	5	1	5
砖石、泥灰	3	2	3			5	5	4	5		5	5	5	4	1	3
混凝土	3	2		1	2	5	5	4	5	4		5	5	5	2	4
玻 璃	2	4	4	4	4	5	1	1	4	5		5	5	5	2	3

注：1 = 差，2 = 较差，3 = 中等，4 = 良好，5 = 优秀。

3. 不同使用环境对涂料的选择

涂料 品种	在一般大气条件下使用，对防腐蚀和装饰性要求不高	在一般大气条件下使用，要求耐候性和装饰性好	在一般大气条件下使用，但要求防潮，耐水性好	在湿热条件下使用，有"三防"要求	在化工大气条件下使用，要求耐化学腐蚀性好	要求在高温条件下使用，耐热性好
油性漆	√	√				
酯胶漆	√					
沥青漆			√		√	
酚醛漆	√		√		√	
醇酸树脂漆		√				
氨基树脂漆				√		
环氧树脂漆			√	√		
有机硅树脂漆						√
过氯乙烯树脂漆				√	√	
丙烯酸树脂漆				√		
聚氨酯漆				√	√	
硝基漆		√				

注：1. 表中"√"号表示可选用。
    2. "三防"即防湿热、防盐雾、防霉。

4. 海洋环境的划分和防腐涂料的选择

类 别	区 域	主要腐蚀介 质	腐蚀情况	防 腐 涂 料
大气带	海浪达不到的地方	盐 雾、潮 气	钢铁腐蚀速度比陆地快2倍	有机或无机富锌底漆（防锈）；环氧树脂漆（耐水） 聚氨酯、丙烯酸酯、乙烯共聚树脂漆（耐候，涂层厚度100~300μm） 装置内部可用环氧或聚氨酯沥青涂料，具有防潮、防腐蚀性
飞溅带	满潮线以上2~3m	紫外线、海浪、海上漂浮物，施工作业的冲击	腐蚀条件酷烈，比陆地上快10倍	合金钢，电化学防腐蚀为主，辅之以涂料：无机富锌底漆、环氧或聚氨酯沥青涂料
潮湿带	涨潮线与落潮线之间	微生物，机械冲击交叉，干湿交叉	腐蚀条件比较温和	涂料防腐蚀同飞溅带相接近，但有时要增加防污毒料，如铜汞化合物
水下带	落潮线以下的海面	海水微生物	海水成分、温度、流速、深浅对腐蚀的影响	涂料防腐蚀同飞溅带相接近，但有时要增加有防污毒料，如铜汞化合物 有时配以阴极保护
土下带	海底土中	和陆地地下基本相似，但条件更苛刻	与陆上地下腐蚀大致相同，但条件更苛刻	涂料防腐蚀同飞溅带相接近，但有时要增加有防污毒料，如铜汞化合物 有时配以阴极保护

5. 不同金属对底漆的选择

金属种类	推荐选用的底漆品种
黑色金属（铸铁、钢）	铁红醇酸底漆、铁红纯酚醛底漆、铁红酚醛底漆、铁红酯胶底漆、铁红过氯乙烯底漆、沥青底漆、磷化底漆、各种树脂的红丹防锈漆、铁红环氧底漆、铁红硝基底漆、富锌底漆、氨基底漆、铁红油性防锈漆、铁红缩醛底漆
铜及其合金	氨基底漆、磷化底漆、铁红环氧底漆或醇酸底漆
铝及铝镁合金	锌黄酚醛底漆、锶黄丙烯酸底漆、锌黄环氧底漆、锌黄过氯乙烯底漆
镁及其合金	锌黄或锶黄纯酚醛底漆或丙烯酸底漆、环氧底漆、锌黄过氯乙烯底漆
钛及钛合金	锶黄氯醋—氯化橡胶底漆
镉铜合金	铁红纯酚醛底漆或酚醛底漆、铁红环氧底漆、磷化底漆
锌金属	锌黄纯酚醛底漆、磷化底漆、锌黄环氧底漆、环氧富锌底漆
镉金属	锌黄纯酚醛或环氧底漆
铬金属	铁红环氧底漆或醇酸底漆
铅金属	铁红环氧底漆或醇酸底漆
锡金属	铁红醇酸底漆或环氧底漆、磷化底漆

6. 按面漆的性能选择底漆

面漆名称	黑色金属用底漆名称	铝和铝合金用底漆名称
天然树脂漆	磷化底漆、铁红油性防锈漆、铁红酚醛底漆、红丹防锈漆	磷化底漆、锌黄油性防锈漆、锌黄酚醛底漆
各色酚醛面漆	磷化底漆、铁红油性防锈漆、铁红酚醛底漆、红丹防锈漆	磷化底漆、锌黄油性防锈漆、锌黄酚醛底漆
沥青面漆	铁红环氧底漆、沥青底漆、电泳底漆	锌黄环氧底漆、沥青底漆、电泳底漆
各色醇酸面漆	磷化底漆、铁红油性防锈漆、铁红酚醛底漆、铁红醇酸底漆、红丹防锈漆、电泳底漆	磷化底漆、电泳底漆、锌黄酚醛底漆、锌黄醇酸底漆
各色氨基烘漆	铁红醇酸底漆、铁红环氧底漆、磷化底漆、电泳底漆	锌黄醇酸底漆、锌黄环氧底漆、磷化底漆、电泳底漆
各色过氯乙烯面漆	磷化底漆、铁红醇酸底漆、铁红过氯乙烯底漆	磷化底漆、锌黄环氧底漆、锌黄醇酸漆
各色丙烯酸面漆	磷化底漆、铁红酚醛底漆、铁红醇酸底漆、铁红环氧底漆、铁红丙烯酸底漆、电泳底漆	磷化底漆、锌黄酚醛底漆、锌黄醇酸底漆、锌黄环氧底漆、电泳底漆
各色硝基面漆	磷化底漆、铁红酚醛底漆、铁红醇酸底漆、铁红环氧底漆	磷化底漆、锌黄酚醛底漆、锌黄醇酸底漆、锌黄环氧底漆
各色环氧面漆	磷化底漆、铁红环氧底漆、电泳底漆	磷化底漆、锌黄环氧底漆、电泳底漆
各色聚氨酯面漆	磷化底漆、铁红聚氨酯底漆、电泳底漆	磷化底漆、电泳底漆
氯化橡胶面漆	磷化底漆、氯化橡胶底漆	

7. 特种涂料的选用

涂层特性	适用涂料种类
耐酸涂层	聚氨酯漆、氯丁橡胶漆、氯化橡胶漆、环氧树脂漆、沥青漆、过氯乙烯漆、乙烯漆、酚醛树脂漆
耐碱涂层	过氯乙烯漆、乙烯漆、沥青漆、氯化橡胶漆、氯丁橡胶漆、环氧树脂漆、聚氨酯漆等
耐油涂层	醇酸漆、氨基漆、硝基漆、缩丁醛漆、过氯乙烯漆、醇溶酚醛漆、环氧树脂漆
耐热涂层	醇酸漆、沥青漆、氨基漆、有机硅漆、丙烯酸漆
耐水涂层	氯化橡胶漆、氯丁橡胶漆、聚氨酯漆、过氯乙烯漆、乙烯漆、环氧树脂漆、酚醛漆、沥青漆、氨基漆、有机硅漆
防潮涂层	乙烯漆、过氯乙烯漆、氯化橡胶漆、氯丁橡胶漆、聚氨酯漆、沥青漆、酚醛树脂漆、有机硅漆、环氧树脂漆等

（续）

涂层特性	适 用 涂 料 种 类
耐磨涂层	聚氨酯漆、氯丁橡胶漆、环氧树脂漆、乙烯漆、酚醛树脂漆等
保色涂层	丙烯酸漆、氨基漆、有机硅漆、醇酸树脂漆、硝基漆、乙烯漆
保光涂层	醇酸漆、丙烯酸漆、有机硅漆、乙烯漆、硝基漆、乙酸丁酸纤维漆
耐大气涂层	天然树脂漆、油性漆、醇酸漆、氨基漆、硝基漆、过氯乙烯漆、丙烯酸漆、有机硅漆、酚醛树脂漆、氯丁橡胶漆等
耐溶剂涂层	聚氨酯漆、乙烯漆、环氧树脂漆
绝缘涂层	油性绝缘漆、酚醛绝缘漆、醇酸绝缘漆、环氧绝缘漆、氨基漆、聚氨酯漆、有机硅漆、沥青绝缘漆等

8. 美术漆的选择

品种	颜色	组成和性能	应用范围
皱纹漆	黑色及其他	由酚醛树脂、桐油等组成，并含有较多环烷酸钴催干剂，此外亦有使用醇酸树脂制成者	分细花与粗花两种，施工时可用喷涂法，经烘烤后形成美丽皱纹 可用于小五金零件、仪器、表壳、电气用具等
晶纹漆	透明和其他	由甘油松香、桐油等在轻度聚合的过程中利用不抗污气的特性而发生晶纹	用喷涂法经通有煤气或木炭气体的烘房内（在存有污气的环境下干燥一定时间）再经过烘烤硬化，能出现具有霜纹的晶纹图案 可用于金属美术器材表面
锤纹漆	银灰、银蓝、银绿、古铜等	烘干型：由氨基醇酸树脂液中加有不漂浮铝粉浆 自干型：由硝基醇酸或过氯乙烯清漆中加入不漂浮铝粉浆	喷涂后能形成锤击状的花纹，适用于收音机、仪器仪表等
裂纹漆	各种深色和浅色	硝基清漆中加入大量的颜料和填充料，但不含有增塑剂	喷涂后能生成美丽的裂纹，与底层的喷漆颜色深浅相映成趣，可喷涂各种物面及墙壁作装饰用
珠光漆	珍珠色及其他浅色	硝基清漆中加入适量的颜料和脱脂鱼鳞粉等	颜色带有珍珠光泽，干燥迅速，用于各种轻工业品、日用品等
荧光漆	各种颜色	氨基醇酸或聚酰胺树脂中加入各种有机荧光染料	涂层可呈现能变亮的荧光色泽，可应用于各种仪表、钟表指针、路标、广告路牌等

（续）

品种	颜色	组成和性能	应用范围
复色漆	各种颜色	硝基喷漆中加入部分水溶性（如聚乙烯醇或甲基纤维素等）物质和颜料等	用喷涂法施工，一次能喷出两种以上的颜色，形成美丽的不规则图案 可用于装饰性的器材等
闪光漆	各种颜色	含有闪光颜料的一种挥发性面漆	这种涂料要与彩色漆配合使用，喷涂后再用罩光漆盖面，能显现美丽的闪光（由于光线反射角的不同），增强了美术性，用于路牌和飞机标志等

二、油漆的配套性

1. 底漆与被涂覆材料的配套性

被涂覆材料 ＼ 底漆名称	磷化底漆	锌铬黄丙烯酸	铁红醇酸	锌铬黄醇酸	铁红环氧
黑色金属	+	−	+	−	+
铜	−	+	−	+	−
铝	+	+	−	+	−
非金属	−	−	+	+	−
镀锌	−	−	+	+	+
镀锌钝化	−	−	+	−	+
镀镉	+	−	−	−	−
镀镉钝化	−	−	−	−	+
镀镍	+	−	−	−	+
铝阳极化	−	+	−	+	−
木质	−	−	+	−	−

被涂覆材料 ＼ 底漆名称	锌铬黄环氧	过氯乙烯	有机硅铝粉	铁红酚醛	锌铬黄酚醛
黑色金属	−	+	+	+	−
铜	+	+	+	−	−
铝	+	+	−	−	+
非金属	−	−	−	+	+
镀锌	+	+	+	+	+
镀锌钝化	−	−	+	+	−
镀镉	+	+	+	−	+
镀镉钝化	−	−	+	−	−
镀镍	−	+	−	+	−
铝阳极化	−	+	+	+	+
木质	−	+	−	+	+

（续）

底漆名称 被涂覆材料	沥青底漆	酯胶底漆	硝基底漆	铝粉氧化橡胶	电泳漆
黑色金属	+	−	适用铸件	+	+
铜	+	−	适用铸件	+	+
铝	+	−	适用铸件	+	+
非金属	−		−	−	−
镀锌	+	−	−		
镀锌钝化	+	−	−	−	
镀镉	+	−	−	+	+
镀镉钝化	+	−	−	−	
镀镍	+	−	−	+	+
铝阳极化	+	−	−	+	+
木质	+	+	+	−	−

注："＋"表示可以配套使用，"－"表示不可以配套使用。

2. 面漆与底漆的配套性

底漆名称 面漆名称	油脂底漆	酚醛底漆	醇酸底漆	氨基底漆	硝基底漆	过氯乙烯底漆	聚氨酯底漆
油脂漆	+	+					
酚醛漆	+	+					
沥青漆		+	+				
醇酸漆		+	+	+			
氨基漆		+	+	+			
硝基漆		+	+		+		
过氯乙烯漆		+	+			+	
丙烯酸漆		+					
聚酯漆		+					+
聚氨酯漆		+					+
有机硅漆	+	+					
橡胶漆		+					
环氧漆		+					

底漆名称 面漆名称	有机硅底漆	橡胶底漆	环氧底漆	沥青底漆	丙烯酸底漆	电泳漆
油脂漆						
酚醛漆						
沥青漆			+	+		
醇酸漆			+			+
氨基漆			+			+
硝基漆			+		+	−

（续）

底漆名称 面漆名称	有机硅底漆	橡胶底漆	环氧底漆	沥青底漆	丙烯酸底漆	电泳漆
过氯乙烯漆					+	−
丙烯酸漆					+	
聚酯漆			+			
聚氨酯漆						
有机硅漆	+					
橡胶漆		+	+		+	
环氧漆		+	+		+	

注："＋"表示可以配套使用，空格表示不宜配套使用。

3. 罩光漆（清漆）与面漆的配套性

罩光漆名称 面漆名称	沥青清漆	酚醛清漆	醇酸清漆	丙烯酸清漆	过氯乙烯清漆	硝基清漆	氨基清漆	环氧清漆
沥青漆	+			+			+	
酯胶漆	+							
酚醛漆	+					+		
醇酸漆	+	+	+	+		+	+	
氨基漆			+	+			+	+
过氯乙烯漆					+			
硝基漆						+		
环氧漆	+						+	+
有机硅漆		+						

注："＋"表示宜配套使用。

附　　录

一、各种黏度标准换算

附表 1　各种黏度标准换算

标准黏度 /Pa	福特杯 /s	尼尔克杯 /s	恩格勒黏度计	涂-4黏度计 /s	涂-1黏度计 /s	格氏管 号数	气泡 s 数
	11	2	1.85	10	2.5		
	16	3	2.09	14	3.5		
0.50	20	4	2.79	18	4.5	A	
0.65	26	5	3.45	22	6.0	B	
0.85	34	6	4.14	28	7.0	C	
1.00	40	7	4.84	30	7.5	D	1.46
1.25	46	8	5.02	32	8.0	E	1.83
1.40	51	9	5.63	38	9.5	F	2.05
1.65	57	10	6.89	42	10.1	G	2.42
1.80	60	11		45	11.0	G-H	2.64
2.00	65	12	7.47	50	12.0	H	2.93
2.25	75	14	8.10	57	14.0	I	3.30
2.50	85	16		65	16.0	J	3.67
2.75	96	18	10.89	73	18.0	K	4.03
3.00	108	20	11.50	80	20.0	L	4.40
3.20	117	22		88	22.0	M	4.70
3.40	123	31		123	31.0	N	5.00
3.70	127	32		128	32.0	O	5.40
4.00	131	33		133	33.0	P	5.80
4.35	137	35		138	34.0	Q	6.40
4.70	144	36.5		144		R	6.90
4.80	147	37.0		147		R+	7.13
5.00	154			154		S	7.30
5.50	166			166		T	8.10
6.27						U	9.20
8.00						U-V	11.60
8.84						V	13.00
10.70						W	15.70
12.90						X	18.90
14.40						X+	21.10
17.60						Y	25.80

（续）

标准黏度/Pa	福特杯/s	尼尔克杯/s	恩格勒黏度计	涂-4黏度计/s	涂-1黏度计/s	格氏管 号数	格氏管 气泡s数
22.70						Z	33.80
23.50						Z^+	35.00
27.00						Z_1	39.60
34.00						Z_2	49.85
36.20						Z_2^+	54.10
46.30						Z_3	67.9
62.00						Z_4	91.00
63.40						Z_4^+	93.00
98.50						Z_5	144.50
120.00						Z_5^+	176.41
148.00						Z_6	217.10

二、各种细度标准换算

附表2　各种细度标准换算

测量计深度/英丝	刮板细度计/μm	筛目	海格曼细度计
	110	105　140#	
— 4 —	— 101.6 —	— —	— 0 —
— 3.5 —	— 88.9 —	88　170#	— 1 —
— 3 —	— 76.2 —	74　200#	— 2 —
— 2.5 —	— 63.5 —	62　230# / 53　270#	— 3 —
— 2 —	— 50.8 —	44　325#	— 4 —
— 1.5 —	— 38.1 —	—	— 5 —
— 1 —	— 25.4 —	—	— 6 —
— 0.5 —	— 12.7 —	—	— 7 —
0	0.0		8

注：1in = 2.54cm = 1000 英丝 = 25400μm；1 英丝 = 25.4μm。

三、各种色泽标准换算

附表3　各种色泽标准换算

100mL 浓硫酸溶液中含重铬酸钾/g	加氏标准色（Gardner Color）	海氏比色计（Hellige Color）	松氏标准色
0.003 9	1	−1	—
0.004 8	2	−1	—
0.007 2	3	−1	—
0.011 1	4	−1	—
0.020 4	5	1L	
0.032 1	6	1~2L	X
0.038 4	7	2	WW
0.044 9	7~8	2~3L	W-WG
0.051 6	8	3L	WG
0.078 0	9	3	N
0.121 0	9~10	3~4	M
0.164 1	10	4	M-K
0.207 0	10~11	4~5L	K
0.249 9	11	5L	I
0.380 1	12	5	H
0.572 1	13	6	G
0.762 9	14	7L	5
1.041 0	15	7	—
1.280 1	16	8L	E
2.220 0	17	8	—
3.000 0	18	9L	D

四、各国标准筛目数与网孔直径对照表

附表4　各国标准筛目数与网孔直径对照表

网孔直径/mm　各种标准　目数	公制①ISO-TC24	法国①AfnorX11-50	德国②TGL488DIN4188	俄罗斯①ГОСТ3584
5		1.25	1.25	1.25
6	1.0	1.0	1.0	1.0
8	0.71		0.75	0.70
10		0.63	0.63	0.63
12	0.5	0.5	0.5	0.5
14			0.43	
16		0.4	0.4	0.4

（续）

网孔直径/mm 目数 各种标准	公制[1] ISO-TC 24	法国[1] Afnor X11-50	德国[2] TGL488 DIN4188	俄罗斯[1] ГОСТ 3584
18				
20		0.315	0.315	0.315
22				
24	0.25	0.25	0.25	0.25
30		0.2	0.2	0.2
32				
35				
36				
40		0.16	0.15	0.16
42				
44				
50	0.125	0.125	0.125	0.125
60		0.1	0.102	0.1
70	0.09		0.09	0.09
80			0.071	0.071
100	0.063		0.063	0.063
115				
120				
130		0.04	0.04	
140				
150				
170				
200				
250				
270				
300				
325				
350				
400				

网孔直径/mm 目数 各种标准	美国[3] ASTM E11~85T	美国[3] Taylor	英国[3] BS410 1955	国际商业海运公司 I.M.M.
5	4.0	4.0	3.353	2.540
6	3.36	3.36	2.812	1.60
8	2.38	2.38	2.057	1.60

（续）

网孔直径/mm 各种标准 目　数	美国③ ASTM E11~85T	美国③ Taylor	英国③ BS410 1955	国际商业 海运公司 I. M. M.
10	2.00	1.68	1.676	1.27
12	1.68	1.41	1.405	1.059
14	1.41	1.168	1.204	
16	1.19	0.991	1.003	0.795
18	1.0		0.853	
20	0.84	0.833		0.635
22			0.699	
24		0.701		
30	0.59		0.5	0.424
32		0.495		
35	0.5	0.417		
36			0.422	
40	0.42			0.317
42		0.351		
44			0.353	
50	0.297			0.254
60	0.25	0.246	0.251	0.211
70	0.21			0.180
80	0.177	0.175		0.160
100	0.149	0.149	0.152	0.127
115		0.124		
120	0.125		0.124	0.104
130				
140	0.105			
150		0.104	0.104	0.084
170	0.088	0.088	0.089	
200	0.074	0.074	0.076	0.063
250	0.062	0.062		
270	0.053	0.53		
300			0.053	
325	0.044	0.043		
350			0.044	
400	0.037	0.038		

①　表示法国、俄罗斯、公制的筛孔均按孔目数（cm^2）。

②　表示德国筛目单位 DIN。

③　表示英、美筛目单位 Mesh，筛孔按孔目数（in^2）。1in = 2.54cm。

五、各类溶剂的安全特性

附表 5　各类溶剂的安全特性

分类	名　　称		分子式	沸点/℃	闪点/℃	爆炸下限（%）	爆炸上限（%）
烃类	石油醚		混合物	30~120	< -18	1.4	5.9
	200 号溶剂汽油		混合物	145~200	33	1.0	6.2
	松节油		混合物	150~170	35	0.8	
	苯		C_6H_6	80.1	-11.1	1.4	8
	甲苯		$C_6H_5CH_3$	110.6	4.4	1.37	7
	二甲苯 混合		$C_6H_4(CH_3)_2$	135~145	25.6	1.1	6.6
	邻			144.4	17	1.09	6.4
	间			139.1	27	1.09	6.4
	对			138.4	25	1.1	6.6
	Solvesso100		混合物	150~177	42	1.3	8
	Solvesso150		混合物	188~210	66		
	环己烷		C_6H_{12}	80.7	-17	1.3	8
醇类	甲醇		CH_3OH	64.5	12	6	30
	乙醇		C_2H_5OH	78.3	14	3.3	19
	异丙醇		$(CH_3)_2CHOH$	82.4	11.7	2	12.7
	正丁醇		C_4H_9OH	117.7	35	3.7	10.2
	异丁醇		$(CH_3)_2CHCH_2OH$	107.9	27.5	1.7	10.6
酮类	丙酮		CH_3COCH_3	56.1	-17.8	2.55	12.8
	丁酮		$CH_3COC_2H_5$	79.6	-7.2	1.8	10
	甲基异丁基酮		$(CH_3)_2CHCH_2COCH_3$	115.9	15.6	1.35	7.6
	环己酮		$(CH_2)_5CO$	155.7	44	1.1	9.4
	二丙酮醇		$(CH_3)_2C(OH)CH_2COCH_3$	166	9	1.8	6.9
酯类	醋酸乙酯		$CH_3COOC_2H_5$	77.1	-4	2.2	11.4
	醋酸正丁酯		$CH_3COOC_4H_9$	126.1	27	1.4	8
	醋酸异丁酯		$CH_3COOCH_2CH(CH_3)_2$	117.3	21	1.3	10.5
醚酯类	乙二醇乙醚乙酸酯		$CH_3COOCH_2CH_2OC_2H_5$	156.3	51	1.7	13
	丙二醇甲醚乙酸酯		$CH_3COOCH_2CH_2CH_2OCH_3$	145~146	42		
醚醇类	乙二醇单乙醚		$C_2H_5OCH_2CH_2OH$	135.6	45	1.7	14
	乙二醇单丁醚		$C_4H_9OCH_2CH_2OH$	170.2	61	1.1	10.6
	丙二醇单甲醚		$CH_3OCH_2CH_2CH_2OH$	120	39		
	二乙二醇单甲醚		$CH_3OCH_2CH_2OCH_2CH_2OH$	194.1	93		
	二乙二醇单乙醚		$C_2H_5OCH_2CH_2OCH_2CH_2OH$	202	94		
	二乙二醇单丁醚		$C_4H_9OCH_2CH_2OCH_2CH_2OH$	230.4	78		

注：表中数据仅供参考，各检测机构报道的特性数据略有差异。

六、常用涂料稀释剂的配方比例

附表6　常用涂料稀释剂的配方比例

溶　剂 稀释剂名称	醋酸乙酯	醋酸丁酯	乙醇	丁醇	丙酮	环己酮	甲苯	二甲苯	200号溶剂汽油	松节油
X-1 硝基漆稀释剂	14	16	2	12			56			
X-2 硝基漆稀释剂	12	14	6	8			60			
X-20 硝基漆稀释剂	18	25	2	10			45			
X-3 过氯乙烯漆稀释剂①		14			26		60			
X-3 过氯乙烯漆稀释剂②		20			10	5	65			
X-4 氨基漆稀释剂①				10				90		
X-4 氨基漆稀释剂②				20				80		
X-4 氨基漆稀释剂				30				70		
X-5 丙烯酸漆稀释剂①	16	45		22	5		12			
X-5 丙烯酸漆稀释剂②	5	50		30			15			
X-6 醇酸漆稀释剂①								20	60	20
X-6 醇酸漆稀释剂②									90	10
X-7 环氧漆稀释剂①		20		20				60		
X-7 环氧漆稀释剂②				30				70		
X-7 环氧漆稀释剂				15		5		80		
X-10 聚氨酯漆稀释剂①						50		50		
X-10 聚氨酯漆稀释剂②		40						60		
X-10 聚氨酯漆稀释剂		20				30		50		

① 表中相同型号的稀释剂组成配比不同，具有不同的溶解能力和挥发速度。

② 每种型号的稀释剂可有多种配方，表中所列仅为参考，应根据所用涂料品种的特性、涂装工艺、季节、温度、湿度等条件选用或调配稀释剂。